职业教育课程改革系列教材

计算机使用安全与防护

徐 津 胡晓菲 潘 威 主 编

钮瑗瑷 李殿勋 李 松 副主编

电子工业出版社

Publishing House of Electronics Industry

北京·BEIJING

内 容 简 介

随着网络的日益普及，计算机使用安全与防护的重要性也日益突出。为了方便读者理解计算机的使用安全与防护，本书采用通俗易懂的方式介绍了计算机使用安全与防护所涉及的知识，精心选取典型的案例，系统地介绍如何降低网络威胁，提高计算机的使用安全系数。

本书以大量的实例对计算机使用安全防范设置进行详细的分析，并对一些需要注意的安全事项进行重点提示，在讲解过程中还加入一些安全防范技巧，旨在帮助读者了解计算机使用安全与防护领域的相关知识，建立计算机使用的安全意识，对保证计算机系统的安全具有实际的指导意义。本书知识讲解全面，案例丰富，操作性强，既可提高读者对计算机使用安全的理论水平，又可提高读者的安全与防护操作技能。

本书是职业教育计算机相关专业的基础教材，也可作为各类计算机培训班的教材，还可以供希望了解和学习计算机使用安全与防护的读者用做安全上网的指导参考书。

图书在版编目（CIP）数据

计算机使用安全与防护/徐津，胡晓菲，潘威主编. —北京：电子工业出版社，2011.9
职业教育课程改革系列教材
ISBN 978-7-121-14663-3

Ⅰ. ①计…　Ⅱ. ①徐…②胡…③潘…　Ⅲ. ①电子计算机－安全技术－中等专业学校－教材
Ⅳ. ①TP309

中国版本图书馆CIP数据核字（2011）第194731号

策划编辑：关雅莉　杨波
责任编辑：杨波
印　　刷：北京丰源印刷厂
装　　订：三河市鹏成印业有限公司
出版发行：电子工业出版社
　　　　　北京市海淀区万寿路173信箱　邮编100036
开　　本：787×1092　1/16　印张：16.75　字数：428.8千字
印　　次：2011年9月第1次印刷
印　　数：3 000册　定价：27.80元

前　言

随着计算机和网络技术的迅速发展、普及和应用，社会经济建设与发展越来越依赖计算机和网络。由于互联网的开放性不断增强，计算机病毒事件、黑客攻击与非法入侵事件也在不断发生，从个人计算机到网络系统都面临着黑客入侵的威胁，计算机使用安全与防护问题也越来越引起人们的关注。

由于病毒破坏和黑客攻击往往会给社会造成巨大的经济损失，甚至危害到社会的安定，因此计算机使用安全与防护已经成为关系个人与社会生活的重大问题，也同样成为一个亟待解决而又十分复杂的课题。

本书从实用的角度出发，以培养应用型和技能型人才为根本，所讲解的经典案例都来自生活，符合职业教育教学的规律，适合职业学校学生的理解能力和接受程度。

全书共9章：第1章讲解常用网络安全防御技术，介绍了IE安全设置、QQ安全设置、E-mail安全设置等内容和操作技能；第2章讲解Windows常用安全设置，介绍了组策略设置、本地安全策略设置、共享设置及常用网络测试命令等内容和操作技能；第3章讲解Windows系统漏洞检测工具，介绍了漏洞的基本概念、端口扫描、网络和操作系统弱点扫描器、扫描检测工具、间谍软件检测工具等内容和操作技能；第4章讲解Windows系统安全加固技术，介绍了个人防火墙设置、账号和口令的安全设置、文件系统安全设置等内容和操作技能；第5章讲解计算机病毒的检测和防范，介绍了计算机病毒概述、计算机病毒的特征与分类、计算机病毒的机制、计算机病毒的检测与防范、特洛伊木马的检测与防范、中毒后的系统恢复等内容和操作技能；第6章讲解常用杀毒软件，介绍了瑞星杀毒软件、金山毒霸、江民杀毒软件、卡巴斯基杀毒软件、360杀毒软件等内容和操作技能；第7章讲解常用黑客防御技术，介绍了恶意网页代码技术、木马及其破解、防火墙技术、奇虎360安全卫士和IceSword（冰刃）等其他安全工具的内容和操作技能；第8章讲解轻松实现安全网络支付，介绍了淘宝密码安全设置、支付宝密码安全设置、网银账户安全设置、使用支付宝充值与付款、支付宝收款与提现、查看支付宝交易状况、支付宝数字证书等内容和操作技能；第9章讲解计算机系统维护和数据恢复工具，介绍了备份和恢复、数据恢复工具等内容和操作技能。本书对于重要的知识内容，在不同的应用中从不同角度进行了反复强调和补充。

本书注重学习的循序渐进，注重技能的实际操作训练，可作为职业教育计算机相关专业的基础教材，也可作为各类计算机培训班的教材，还可以供希望了解和学习计算机使用安全的读者用做安全上网的指导参考书。

本书主编：徐津、胡晓菲、潘威。副主编：钮瑗瑗、李殿勋、李松。参加本书编写的还有王大印、王刚、于志博、王安涛、冯志良、钟剑波、崔红波、韩忠、王志军、刘华威、刘晓兰、张礼伟、王智佳等。由于计算机使用安全与防护的内容日新月异，加之时间仓促，作者水平有限，书中内容难免有疏漏和不妥之处，恳请广大读者批评指正。

为了提高学习效率和教学效果，方便教师教学，本书还配有教学指南、电子教案和习题答案。请有此需要的读者登录华信教育资源网（http://www.hxedu.com.cn）免费注册后进行下载，有问题时请在网站留言板留言或与电子工业出版社联系（E-mail:hxedu@phei.com.cn）。

编　者

2011年8月

目　　录

第1章　常用网络安全防御技术

在最近20年的时间里，互联网已逐渐成为人们生活中不可缺少的一部分，无论工作、学习，还是休闲、娱乐，互联网因其快速便捷的特点给我们的生活带来了极大的方便。与此同时，网络世界也潜伏着我们看不到的杀手——"黑客"。

2010年1月12日，上午6时，全球最大的中文搜索引擎——百度突然出现大规模无法访问的事故，主要表现为跳转到雅虎出错页面等，范围涉及四川、福建、江苏、吉林、浙江、北京、广东等国内绝大部分省市。这次百度大面积故障长达5个小时，也是百度2006年9月以来最严重的一次断网事故，在互联网界造成了重大影响，被百度称为"史无前例"的安全灾难。

2010年3月15日，央视"315"晚会曝光了一个名叫"顶狐"的黑客，他通过自己制造的木马程序，盗取他人的网银信息，然后对盗取回来的信息进行分类整理，将密码等信息廉价出售，而网络银行的用户信息则以400元每GB的价格打包售出，导致大量的网银用户存款被盗，危及大量网银用户的安全。

沦为"肉鸡"的计算机，除了网银账号受到威胁之外，黑客还可以轻易获得用户的炒股账号密码、网游账号密码、QQ密码、E-mail密码等信息。此外，黑客还可以远程控制用户的摄像头，获取用户的隐私，窃取"肉鸡"计算机里的虚拟财产及商业机密，甚至在现实生活中敲诈、勒索当事人。

木马、病毒背后已形成一条巨大的黑色产业链。不管是网银中真实的金钱，还是虚拟的财产，制造木马、传播木马、盗窃账户信息、第三方平台销赃、洗钱，他们的分工明确，形成了一个完整的流水性作业程序。

如今黑色产业链商业模式日益完善和成熟，对于企业用户而言，防病毒不可能单靠某一个环节就可以了，必须同时投入更多的人力和物力才能达到更好的防御效果；而对于我们广大的一般百姓、个人用户而言，应该加强自身对互联网安全的全面认识。

那么，怎样才能够保证我们上网时能够保护好自己的计算机免受病毒和黑客的攻击呢，这就要看我们的计算机安全防护工作做得是否到位了。

本章将介绍个人计算机常用网络安全防御技术，主要包括关于IE、QQ及E-mail安全设置，希望这些内容对读者安全上网能起到帮助作用。

本章重点：

- IE安全设置
- QQ安全设置
- E-mail安全设置

1.1　IE安全设置

网络浏览器是计算机中最重要的软件之一，我们很多的上网时间都花费在搜索信息、收发E-mail电子邮件、购物、使用网络银行、阅读资讯等活动中，而这些活动通常都是通过网络浏览器进行的。网络浏览器因此也成为病毒、木马传播的主要通道，恶意黑客和病毒编译者能利用网络浏览器中的不安全设置来侵入计算机，所以IE的安全设置极为重要。IE是Internet Explorer的缩写，是微软公司Windows系列操作系统捆绑的网络浏览器，也是普通网民使用最频繁的软件之一，常常受到网络攻击。在IE中有不少容易被我们忽视的安全设置，通过这些设置我们能够在很大程度上避免受到网络攻击。

1.1.1　清除上网痕迹

下面我们以IE 7为例介绍如何清除网络浏览器中的上网痕迹，使IE浏览器中不留下任何踪迹可寻。

我们要养成删除Internet临时文件、Cookie、历史记录、表单数据和密码的好习惯，因为在里面有很多我们上网时留下的个人隐私信息。

在IE浏览器的"工具"菜单中选择"Internet选项"命令，打开"Internet选项"对话框，在"常规"选项卡中找到"删除历史记录"选项栏，单击"删除"按钮，弹出"删除浏览的历史记录"对话框，如图1-1所示，单击"全部删除"按钮就可以删除浏览的历史记录等上网痕迹。

1.1.2　设置安全级别

IE的安全机制共分为高、中、中低、低这4个级别，分别对应着不同的网络功能。高级是最安全的浏览方式，但功能最少；而且由于禁用Cookies，可能造成某些需要进行验证的站点不能登录。中级是比较安全的浏览方式，能在下载潜在的不安全内容之前给出提示，同时屏蔽了Active X控件下载功能，适用于大多数站点。中低的浏览方式接近中级，但在下载潜在的不安全内容之前不能给出提示，同时大多数内容运行时都没有提示，适用于内部网络。低级别的安全机制不能屏蔽任何活动内容，大多数内容自动下载并运行，只能提供最低级别的安全防护措施。

在IE浏览器的"工具"菜单中选择"Internet选项"命令，打开"Internet选项"对话框，在"安全"选项卡中找到"自定义级别"按钮，如图1-2所示。

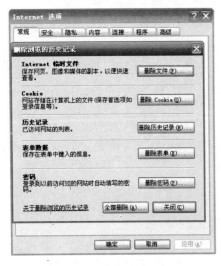

图1-1　删除历史记录

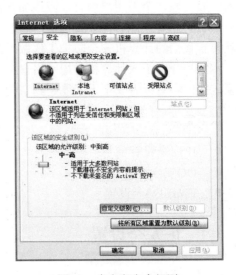

图1-2　自定义安全级别

单击"自定义级别"按钮打开"安全设置-Internet区域"对话框，在对话框中可以根据用户所使用网络的特点来设置安全级别，如图1-3所示。

　　在"Internet选项"对话框中单击"隐私"选项卡，也可以设置隐私安全级别，如图1-4所示。

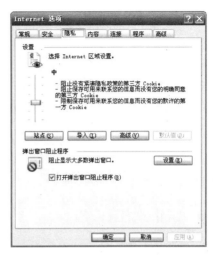

图1-3　设置IE安全级别　　　　　　　　图1-4　设置隐私安全级别

1.1.3　阻止弹出窗口

　　很多木马、病毒都是通过弹出的广告或不良信息、虚假的中奖信息，来麻痹用户，当用户不小心点击后，病毒、木马就会感染计算机中的文件甚至立刻发作。

　　在IE浏览器的"工具"菜单中选择"Internet选项"命令，打开"Internet选项"对话框，在"隐私"选项卡中单击"设置"按钮。在"弹出窗口阻止程序设置"对话框中的"筛选级别"中自定义需要选择的级别，可选择自己要阻止弹出窗口的方式，如图1-5所示。

1.1.4　禁用自动完成功能

　　IE提供的自动完成表单和Web地址功能为我们带来了很多便利，但同时也存在泄密的危险。默认情况下IE的"自动完成"功能是打开的，尤其是对于在公共场所上网的用户，在申请邮箱或申请QQ时填写的个人资料信息、密码提示信息等，这些表单信息，都会被IE记录下来，包括用户名和密码。当我们下次打开同一个网页时，只要输入用户名的第一个字母，完整的用户名和密码都会自动显示出来。当我们输入用户名、密码并提交时，会弹出"自动完成设置"对话框，如果不是自己的计算机，这里千万不要单击"是"按钮，否则下次其他人访问就不需要输入密码了。如果不小心单击了"是"按钮，也可以通过下面步骤来清除。

　　（1）在IE浏览器的"工具"菜单中选择"Internet选项"命令，打开"Internet选项"对话框，在"内容"选项卡中单击"自动完成"栏中的"设置"按钮。

　　（2）在弹出的"自动完成设置"对话框中，如图1-6所示，取消选择"Web地址"、"表单"、"表单上的用户名和密码"复选框，并取消选择"提示我保存密码"复选框。

　　（3）单击"确定"按钮即可。

这样，别人就不会知道我们曾经进入过什么样的网站、填写过什么样的表单信息了。

图1-5　弹出窗口阻止程序设置

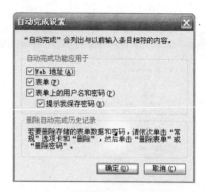

图1-6　"自动完成设置"对话框

1.1.5　禁止弹出式广告

随着互联网的发展，越来越多的广告转移到了网络上，使我们在上网时经常受到网站广告的骚扰。使用IE上网冲浪时，不时弹出的广告窗口阻挡了视线，降低了上网速度，让我们很是烦恼。其实，可以通过修改IE选项相关的设置拒绝弹出式广告的出现。

图1-7　禁用"活动脚本"

在"Internet属性"对话框中，选择"安全"选项卡，单击"自定义级别"按钮，系统将弹出"安全设置"对话框。在"设置"列表框中，找到"脚本"选项，在"活动脚本"中，选择"禁用"单选框，单击"确定"按钮之后网络中的弹出式广告就不会打扰我们了，如图1-7所示。

1.1.6　直接进入精选网址

使用IE上网的用户都喜欢使用"收藏夹"功能，但很少有人知道，收藏夹功能会在一定程度上影响系统速度，当对IE的"收藏夹"进行操作时，系统是对"C:\Windows\Favorites"文件夹进行读或写的操作。如果计算机的配置较低时，就会感觉到明显的操作延迟现象。我们完全可以把自己的"收藏夹"制作成一个HTML文件，并把该文件设置成IE的起始页，这样就可以直接进入自己的精选网址，还避免了在菜单中选择网址的不便。具体操作方法如下。

（1）选择IE"文件"菜单中的"导入和导出"命令，如图1-8所示。

（2）在弹出的"导入/导出向导"对话框中单击"下一步"按钮，如图1-9所示。

（3）在"请选择要执行的操作"列表框中，选择"导出收藏夹"选项，如图1-10所示。单击"下一步"按钮。

（4）在"导出收藏夹源文件夹"列表框中的"Favorites"下选择自己需要放在精选网址中的网址所在的文件夹，或者直接选择"Favorites"文件夹，如图1-11所示。单击"下一步"按钮。

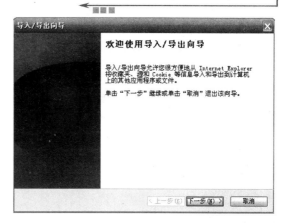

图1-8　选择"导入和导出"命令　　　　　　　图1-9　"导入/导出向导"对话框

图1-10　选择"导出收藏夹"　　　　　　　　　图1-11　选择"Favorites"文件夹

（5）在"导出到文件或地址"文本框中，可以直接输入导出路径和文件名，也可以单击"浏览"按钮选择导出路径。我们以系统默认值"C:\我的文档\bookmark.htm"作为导出文件，将收藏夹导出，如图1-12所示。单击"下一步"按钮。

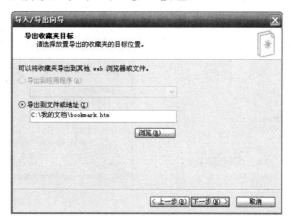

图1-12　"导出到文件或地址"设置

（6）在"导入/导出向导"对话框中，单击"完成"按钮确认，如图1-13所示。

（7）在"Internet选项"对话框中，选择"常规"选项卡，在"主页"选项的"地址"文本框中输入"C:\我的文档\bookmark.htm"，如图1-14所示。单击"确定"按钮之后每次启动IE时，自己的精选网址将首先展现在眼前，要进到其中任意一个网址都非常方便。

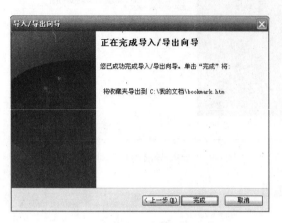

图1-13　完成

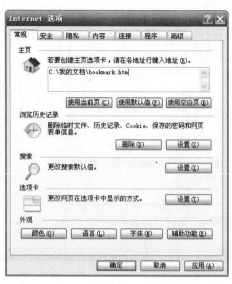

图1-14　在地址栏输入地址

1.1.7　使用代理服务器上网

在浏览一些网站时，我们会发现自己的IP地址、操作系统等信息都会显示在对方的网站上，让人感觉十分恐怖。因为对方获取了我们的IP地址以后，相当于射击找准了靶子，如果操作系统又有漏洞，就可能有被攻击的危险。在使用IE上网时，我们可以通过IE的选项设置使用代理服务器上网，从而避免对方获取我们的真实IP地址信息。

在"Internet选项"对话框中，选择"连接"选项卡，单击"局域网设置"按钮，如图1-15所示。在弹出的"局域网（LAN）设置"对话框中选择"为LAN使用代理服务器（这些设置不会应用于拨号或VPN连接）"，并输入代理服务器的地址以及端口，如图1-16所示。

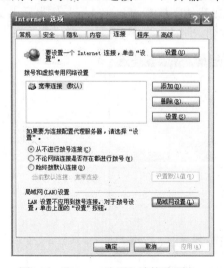

图1-15　"Internet选项"连接选项卡

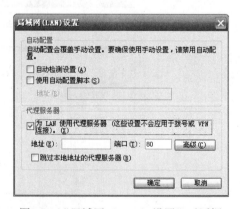

图1-16　"局域网（LAN）设置"对话框

系统默认对于HTTP、FTP浏览器都是使用相同的代理服务器设置，如果对这些服务有不同的代理，则需单击"高级"按钮，勾选取消"对所有协议均使用相同的代理服务器"复选框，并分别在不同的服务器地址中输入各自的地址和端口，如图1-17所示。单击"确定"按钮保存以上设置后，IE就可以使用代理服务器上网了，别人能看到的也只是代理服务器的IP

地址，也就无法通过IP地址进行攻击了。

1.1.8　设置分级审查

互联网是一把双刃剑，它在提供各种有用信息的同时也充斥着暴力、反动、色情等各种不良信息，对青少年的健康成长造成不好的影响。对此家长们总是担心自己的孩子上网学坏，我们可以通过IE选项的内容分级审查功能对孩子能浏览的互联网站点进行限制，从而达到去其糟粕、取其精华的目的。

在"Internet选项"对话框中，选择"内容"选项卡，如图1-18所示，单击"内容审查程序"区域中的"启用"按钮。

在弹出的"内容审查程序"对话框中选择"常规"选项卡，如图1-19所示，在"监护人密码"处，单击"创建密码"按钮。

图1-17　"代理服务器设置"对话框

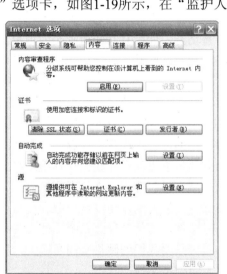

图1-18　启用"内容审查程序"

图1-19　"内容审查程序"对话框

在弹出的如图1-20所示的"创建监护人密码"对话框中输入密码并确认密码。

图1-20　"创建监护人密码"对话框

单击"内容审查程序"对话框的"分级"选项卡，分别对可能影响青少年身心健康的项目设置适当的分级审查级别（一般来说，将所有选项都设置为"无"比较安全），如图1-21所示。另外还可以在"许可站点"中设置许可和未许可的站点，如图1-22所示。

图1-21　设置分级审查级别

图1-22　设置许可和未许可的站点

单击"确定"按钮以后我们就启用了IE的分级审查功能，此后只有知道密码的用户才能访问那些包含不良信息的站点，不知道密码的用户将无法对这些站点进行访问，从而可以较好地达到防止青少年接触不良信息的目的

1.1.9　改变IE临时文件大小

使用IE上网浏览时，计算机操作系统会自动将网页中的内容在硬盘上保存一个副本（IE临时文件），以后我们再次浏览相同网站时，系统就会自动将事先保存在我们计算机硬盘上的副本与Internet上的网页进行对照，若内容没有发生变化就直接打开保存在硬盘上的副本，从而加快网络浏览速度。操作系统对IE临时文件的大小有一定的限制，超过这个范围之后就会将最早的临时文件删除，以便腾出位置来保存新的临时文件，这就会导致系统不能支持稍长时间之前浏览过的网站，从而影响用户的浏览速度。其实只要我们的硬盘空间足够大，就可以通过IE选项修改临时文件的大小，以便能够保存更多的副本文件。

在"Internet选项"对话框中，选择"常规"选项卡，在"浏览历史记录"选项中，单击"设置"按钮，如图1-23所示。

系统弹出"Internet临时文件和历史记录设置"对话框，在"要使用的磁盘空间"右面的文本框中输入一个较大的数值，也可以单击微调按钮增大Internet临时文件夹使用的磁盘空间大小，单击"确定"按钮即可，如图1-24所示。如果我们经常浏览的网页为相对固定的一些网站，适当加大临时文件夹的磁盘空间大小可以加快浏览速度。但是如果每次浏览的网页都不固定，则这个临时文件夹就没有必要设置得过大，也防止IE浏览器在硬盘的临时文件夹中搜索浪费时间。

1.1.10　加速网页下载

网络的速度一直是我们上网所关心的首要问题，在网络上速度就是金钱，但是网页中越来越多的图像、动画、视频等使浏览速度大大降低。我们可以通过修改IE选项设置关闭这些信息，加快网页浏览速度。

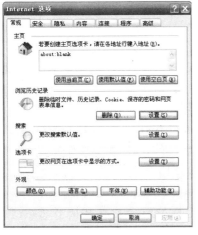

图1-23　设置"浏览历史记录"

图1-24　设置"要使用的磁盘空间"

在"Internet选项"对话框中，选择"高级"选项卡，然后从"多媒体"区域中取消不想显示的信息所对应的项目，如图1-25所示，如去掉"显示图片"、"在网页中播放动画"、"在网页中播放声音"及"智能图像抖动"等选项即可。

取消上述选项之后，我们在浏览网页时，系统就不会下载相关文件，也就是说以后我们将不再查看网页中的图片、动画等信息，这会在一定程度上影响我们对网页的浏览效果。若用户要求临时浏览其中的部分图片信息时，只需使用鼠标右键单击需要显示图片的位置，然后从弹出的快捷菜单中选择"显示图片"命令即可。

1.1.11　禁止网站偷窃隐私

上网浏览时，有些上网浏览习惯会被保存到Cookie中。当我们进入一个网站时，页面上出现"欢迎你第××次访问，再次谢谢您的光临！"之类的话语，这就是Cookie的作用。Cookie是网站在我们硬盘上留下的记录，用来记录我们在网站中输入的信息或访问站点时所做的选择，方便下次访问网站，这在无意中会泄露我们私人的信息，不过我们可以通过IE选项设置不同的安全级别来限制Cookie的使用。

在"Internet选项"对话框中，选择"隐私"选项卡，将滑块上移到更高的隐私级别。如果移动到最顶端则是选择"阻止所有Cookie"，此时系统将阻止所有网站的Cookie，而且网站不能读取计算机上已有的Cookie，单击"确定"按钮即可，如图1-26所示。

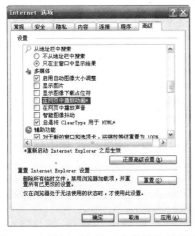

图1-25　取消网页中的"多媒体"显示功能

图1-26　阻止所有Cookie

1.1.12 IE高级安全设置

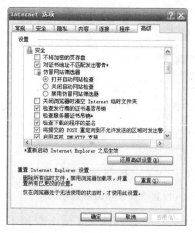

图1-27 "Internet选项"高级设置

有很多用户对于IE的高级安全设置很混淆，下面将向大家介绍这些高级安全设置，以及如何以最好的方式配置各个功能。

在IE浏览器的"工具"菜单中选择"Internet选项"命令，打开"Internet选项"对话框，在"高级"选项卡中可以看到安全设置选项，如图1-27所示。

具体安全设置如下。

（1）允许来自CD中的活动内容在我的计算机上运行：活动内容包括ActiveX控件和很多网站使用的Web浏览器插件。通常情况下，这些程序是被禁用的，因为它们可能会影响系统正常运行或者被黑客利用在我们不知情的情况下执行某些有危害的任务。

默认：未选择　　推荐：未选择

（2）允许活动内容在我的计算机上的文件中运行：与上面相同，不过不是CD中的内容。

默认：未选择　　推荐：未选择

（3）允许运行或安装软件，即使签名无效：签名是与特定应用程序以及安装相关联的，签名可以帮助用户确定应用程序或安装是否有效，必须确保签名的有效性才能运行或安装软件。

默认：未选择　　推荐：未选择

（4）检查发行商的证书吊销：通常情况下，由于密钥破坏或者证书过期，证书需要被撤销，本设置会在使用证书前检查撤销列表中是否有该证书。

默认：已选择　　推荐：已选择

（5）不将加密的页存盘：不将加密的页面存入硬盘。当来自HTTPS网站连接的数据被保存到磁盘时，这可能促使潜在攻击者通过临时Internet文件夹中保存的数据来访问磁盘数据。更快速更有效的方法就是将这些数据保存到磁盘以便日后访问网站，不保存这种加密数据比保存加密数据更加安全。

默认：未选择　　推荐：已选择

（6）关闭浏览器时清空Internet临时文件夹：IE的临时文件夹存储了用户访问的所有网站的大量数据，这些信息都被缓存在磁盘中以便下次能够更快地访问这些网站。然而，蠕虫病毒和其他恶意软件可能与良好的网站数据一起缓存在磁盘中。因此，定期清理临时文件夹是更加安全的做法。

默认：未选择　　推荐：已选择

（7）启用集成Windows身份验证（需要重启动）：迫使IE使用Kerberos或NTLM来进行身

份验证，而不要使用匿名或简单身份验证。

默认：已选择　　推荐：已选择

（8）使用SSL 2.0：当连接到电子商务网站时，例如银行或电子商务网站，IE会使用安全连接（利用安全套接字层技术）来加密通信，这种加密是基于证书来进行的，该证书能够提供IE有效信息来与网站进行安全通信。证书还可以用来验证网站的所有者或公司信息。

默认：未选择　　推荐：未选择

（9）使用SSL 3.0：与SSL 2.0相同，这是更新的版本。

默认：已选择　　推荐：已选择

（10）使用TLS 1.0：TLS（传输层安全）1.0主要用于（访问SSL网站时）保护和加密数据以及连接。

默认：已选择　　推荐：已选择

（11）在安全和非安全模式之间转换时发出警告：如果网站混有HTTP和HTTPS链接，或者HTTPS网站向非安全的HTTP网站转换，将发出警告。

默认：已选择　　推荐：已选择

（12）将提交的POST重定向到不允许发送的区域时发出警告：如果访问的网址将重定向到完全不同的网址，将发出警告，这将有助于防止信息或浏览器被重定向到非安全网站。

默认：已选择　　推荐：已选择

1.2　QQ安全设置

QQ是腾讯公司开发的一款基于Internet的即时通信软件。腾讯QQ支持在线聊天、视频电话、点对点断点续传文件、共享文件、网络硬盘、自定义面板、QQ邮箱等多种功能，并可与移动通信终端等多种通信方式相连。QQ是目前使用最广泛的聊天软件之一，因此QQ的安全设置就成为一个极为重要的问题。如果我们忽略了其安全设置就有可能被黑客利用来盗取我们的QQ密码进而登录QQ，获取我们的聊天记录和好友信息进行诈骗等犯罪活动。为了避免以上情况的发生，我们应该注重QQ安全设置的重要性，通过以下的方法来避免发生类似的情况。

在使用QQ时，我们应该具备以下的一些基本安全意识。

（1）在多人共用的计算机上，如网吧等地方的计算机，使用QQ时，首先需要确定该计算机是安全的。

（2）不在非腾讯或非腾讯授权的合作伙伴提供的网站或其他服务中输入QQ号码和密码。

（3）慎防网络欺诈，遇到QQ好友询问或索要密码，应首先确定对方的真实身份，并且不要轻易告诉自己的密码。

（4）不要轻易单击QQ消息中的网站链接或打开好友发送的文件。

为了预防QQ号码被盗，还应注意以下几点。

（1）防止木马病毒入侵计算机。

（2）为QQ号码申请密码保护。

（3）使用复杂密码，定期修改，并避免在其他网站中输入QQ密码。

下面介绍一些关于QQ的安全设置，使读者能够更便捷地使用QQ。

1.2.1　密码保护

申请并设置密码保护能够有效地在QQ密码丢失或遗忘时找回密码，从而保障QQ账号的安全。只需按照以下各步骤的操作要求，填写申请人的相关信息，就可得到腾讯公司提供的免费密码保护服务。

（1）登录QQ安全中心的网址http://aq.qq.com/cn/index，登录需要密码保护的QQ账号，如图1-28所示。

（2）登录成功后在页面中会显示该账号此时的密保状态，如图1-29所示。

图1-28　"用户登录"对话框　　　　　　图1-29　QQ安全中心

（3）在密保状态中，可以看到此时的密保状态为无密码保护。单击"密保管理"选项卡，进入密码保护设置页面，如图1-30所示。

（4）单击"现在升级"按钮，进入"升级二代密保"页面，选择"密保问题"选项，单击"下一步"按钮，如图1-31所示。

图1-30　密码保护设置　　　　　　　　图1-31　选择密保手段设置

（5）进入密码问题设置与回答页面，可由用户自行设置问题与回答，如图1-32所示，填写完毕后单击"下一步"按钮。

（6）确认刚刚填写的问题答案，如图1-33所示。

（7）依次填写完毕后，单击"下一步"按钮，密保问题设置完毕。还可设置密保手机的服务，在此不再详细介绍。设置成功后，页面会显示密保问题设置成功，如图1-34所示。

（8）单击"账号安全体检"按钮可对账户进行体检，如图1-35所示。

图1-32　选择问题及答案

图1-33　确认选择问题及答案

图1-34　密保问题设置成功

图1-35　账号安全体检

1.2.2　加密聊天记录

越来越多公司的业务工作也使用QQ来联系,有大量的涉密信息会随着聊天记录而存入计算机硬盘。

聊天记录的加密在QQ软件中是比较简单的操作,因为它提供了一套记录加密的方案。

（1）单击QQ主菜单,选择"系统设置"→"安全和隐私"选项,启动"系统设置"对话框,如图1-36所示。

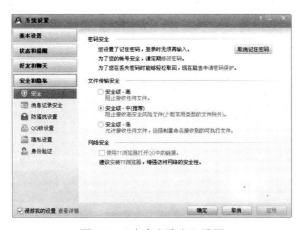

图1-36　"安全和隐私"设置

（2）单击"安全和隐私"下的"消息记录安全"选项,设置"启用消息记录加密"选项,设置完加密口令后,单击"确定"按钮,如图1-37所示。

（3）重启QQ以后,刚才设置的加密口令便开始生效了。如图1-38所示,是打开QQ时弹出的"验证消息记录密码"提示对话框，只有正确输入消息记录密码之后才可以顺利进入QQ聊天软件。

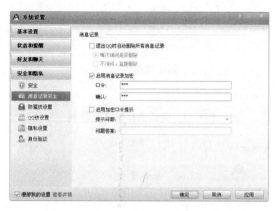

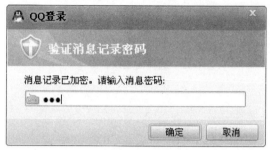

图1-37　设置QQ消息记录加密口令　　　　图1-38　"验证消息记录密码"对话框

1.2.3　设置身份验证

登录QQ后单击QQ主菜单，在其中找到"系统设置"→"安全和隐私"选项，启动"系统设置"对话框，进入"身份验证"设置，如图1-39所示。

身份验证设置中有如下5种单选选项。

（1）允许任何人。

（2）需要验证信息。

（3）需要正确回答问题。

（4）需要回答问题并由我审核。

（5）不允许任何人。

下面简单介绍如何需要正确回答问题进行身份验证这一选项。

为了防止恶意QQ用户加我们为好友，拒绝加入我们不愿意加的人，可以设置回答我们所设置的问题才能加我们为好友，操作步骤如下。

进入"身份验证"一栏，单击"需要正确回答问题"选项，设置问题并将正确答案输入在"设置答案"中，单击"确定"按钮，如图1-40所示。

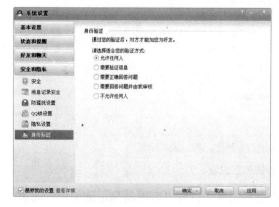

图1-39　身份验证　　　　　　　　图1-40　设置回答问题进行身份验证

设置成功后，陌生人需要正确回答以上设置的问题才能加我们为好友。

1.2.4 拒绝陌生人消息

在QQ中，通过一些个性化设置，可以更好地保护自己的隐私。通过简单设置，就能轻松实现"不和陌生人说话"。而对于陌生人发过来的消息，只需选择"不接收任何临时会话消息"复选框，就可以将陌生人的一切消息彻底地阻挡在外。

登录QQ后单击QQ主菜单，在其中找到"系统设置"→"安全和隐私"选项，弹出"系统设置"对话框，进入"防骚扰设置"选项，在"陌生人信息"位置勾选"不接收任何临时会话消息"复选框，如图1-41所示。

图1-41 设置"不接收任务临时会话消息"

1.3 E-mail安全设置

E-mail作为网络中人际交往使用最广泛的通信工具，它的安全问题在数年前就引起了各方面的关注。电子邮件用户所面临的安全风险变得日益严重，病毒、蠕虫、垃圾邮件、网页仿冒欺诈、间谍软件和一系列更新、更复杂的攻击方法，使电子邮件通信和电子邮件基础结构的管理成为一种高风险的行为。可能发生许多身份被窃的事件，将导致知识产权受到侵害和个人信息（如信用卡号和社会安全号）丢失，这些问题我们应引起足够的重视。E-mail在安全方面的问题主要有以下直接或间接的几个方面。

- 密码被窃取：木马、暴力猜解、软件漏洞、嗅探等诸多方式均有可能让邮箱的密码在不知不觉中就拱手送人。
- 邮件内容被截获。
- 附件中带有大量病毒：它常常利用人们接收邮件心切，容易受到邮件主题吸引等心理，潜入、破坏计算机系统和网络。目前邮件病毒的危害已远远超过了传统病毒的危害。
- 邮箱炸弹的攻击：发送大量的垃圾邮件使我们无法正常使用电子邮件。
- 本身设计上的缺陷：软件设计时出现的错误和漏洞，给电子邮件程序带来安全性和稳定性方面的隐患。

下面将针对电子邮件可能对我们构成的种种威胁，从保障邮箱与邮件的安全，以及对系统安全的目的出发，介绍一些切实可行的防范对策。

1.3.1 邮箱密码的设置

电子邮箱密码是目前最容易遭到破解的注册密码之一，电子邮箱密码被破解的危害性之大、波及范围之广均不容忽视。因此我们应采用以下措施来尽量降低风险。

（1）使用"足够长度的不规律密码组合 + 定时更换的密码"。

（2）设置密码提示问题及回答要复杂。在注册邮箱的时候大都会需要设置一个密码提示问题，用于恢复密码时使用。但是这有时将会给黑客带来"猜解"的机会。例如一些用户的提示问题是123456，回答的答案是654321。稍有经验的黑客都会首先测试这样的问题与答案，从而不费力地将邮箱密码破解掉。对于提示问题和密码，还是应该设置一个有意义，容易记忆且又不易被黑客猜中的问题和密码为宜。

（3）不要用生日、电话、自己家的邮政区号或门牌号码做密码。很多容易被破解的电子邮箱，通常都是利用密码心理学来破解密码的。一般情况下，黑客总能在QQ或者论坛等其他地方找到用户的一些信息，第一步他们会先利用这些数字信息去猜邮箱密码，这样的密码设置是非常不安全的。也不要设置像000000、111111等这种简单的密码。有人曾经以2000个用户名为目标，以密码123456进行测试，结果发现了200多个可以进入的用户账号。有些人为了方便多个邮箱使用同一个密码，这样也很危险，如果一个邮箱被破解了，其他的邮箱也会被破解。另外也不要把密码写在密码提示上，这可是一种更危险的行为。

（4）不要把密码放在ID上，也就是账号和密码相同，这是最容易破解的，不需要任何工具，而且百发百中；也不要在账号后加数字，而且密码就是那数字。如果电子邮箱是这种密码的，说不定早就被破解了。有些人会觉得电子邮箱没什么重要的东西，但在申请注册信箱的时候，千千万万要谨记一个原则：不要把重要的个人档案和资讯记录在上面，如电话、地址等信息，以免电子邮箱被破解不说，连一些个人的隐私也都曝光了！老实说，没有一个密码是绝对安全的，因此定时更改密码是必要的保护措施。

1.3.2　使用多个邮箱

为了方便管理多个邮箱，我们会使用邮件客户端程序如Foxmail等应用软件。但如果是我们临时去网吧或者是在某些没有安装这些客户端软件的计算机上使用邮箱的时候，怎么办呢？难道就只能上网站每个邮箱挨个打开来管理吗？当然不是。我们可以申请一个网易163邮箱，利用它的邮箱搬家功能（其他邮箱也有类似功能），就可以轻松满足我们在网页中管理多个邮箱的需求。

1．让所有的邮箱搬进一个家

以网易163邮箱为例，在网页中进入邮箱，单击邮箱右上角的"设置"按钮，在弹出的邮箱设置界面中，单击"邮件收发设置"选项下的"邮箱搬家"链接按钮，如图1-42所示。

在弹出的界面中单击"新建搬家邮箱"，然后在"搬家邮箱地址"输入框中输入邮箱地址，在"对应密码"输入框中输入密码，单击"确定"按钮后，邮箱便成功添加进去了，通过这种方法可以添加多个邮箱，如图1-43所示。

图1-42　邮箱搬家　　　　　　　　　　图1-43　填写搬家邮箱地址及密码

2．轻松删除其他邮箱

如果使用了一段时间，感觉所有邮箱邮件都放在一个电子邮箱中不方便，按照下述方法也可以轻松地将添加进来的邮箱删除。

删除添加进来的邮箱：单击邮箱右上角的设置选项，然后单击"邮箱搬家"链接按钮，就可以看到加入到该邮箱中的其他邮箱地址的列表，单击其他邮箱地址右侧的"删除"按钮将其删除，这样以后就不会再收到发送到该邮箱的邮件了，如图1-44所示。

图1-44　删除其他邮箱

1.3.3　找回密码

如果邮箱密码忘了，可以先单击"忘记密码"按钮，然后按照系统提示，输入个人资料，如出生日期、安全邮箱、手机号码等，系统会重新发送一个新的邮箱密码到用户的安全邮箱或手机短信中，打开邮箱，用新密码登录就行了。

如果注册电子邮箱时设定了有密码保护问题的，系统会问密码保护问题，答对了问题的答案，系统也会重新发送一个新密码。然后就可以马上修改密码，并设定新的密码保护问题。有些电子邮箱有3个密码保护问题，就需要3个问题全部答对才能找回密码。

1.3.4　邮箱安全防范

1．防范"邮件病毒"

"邮件病毒"的传播途径主要是通过电子邮件，所以被称为"邮件病毒"。它们一般都是通过邮件中的"附件"进行扩散的，运行了附件中的病毒程序，就能使计算机系统感染病毒。根据这一特点，我们不难采取相应的措施进行防范。

首先，不要轻易打开陌生人来信中的附件文件。当收到陌生人寄来的一些自称是"不可不看"的有趣邮件时，千万不要不假思索地贸然打开邮件，尤其对于一些".exe"之类的可执行程序文件以及Word和Excel文档，更要慎之又慎。

其次，做好邮箱的管理工作。一般每个人都会有多个电子邮箱，进行适当的分类，利用好邮箱过滤和转发功能，都可以减少邮件病毒的威胁。

2．防范"邮件炸弹"

"邮件炸弹"是指那些自身体积（字节数）超过了信箱容量的电子邮件，或者在短时间内连续不断地向同一个信箱发送大量的电子邮件。要想防范这种信箱杀手，应该注意以下几个方面。

（1）不要树敌。在网络上，无论在聊天室同人聊天，还是在论坛上与人争鸣，都要注意言辞不可过激，更不能进行人身攻击。否则，一旦对方知道了我们的信箱地址，很有可能会因此炸你一下。另外，也不要轻易在网上到处乱贴网页地址、产品广告之类的帖子，或直接向陌生人的信箱里发送有可能被对方认为是垃圾邮件的邮件，因为这样做极有可能引起别人的反感，甚至招致对方"邮件炸弹"的报复。

（2）小心使用自动回信功能。有些邮件服务器为了提高服务品质，往往设有"自动回信"功能，即对方给这个信箱发来一封信而我们又没有及时收取的话，邮件系统会按照事先的设置自动给发信人回复一封确认收到的信。这个功能本来给大家带来了方便，但也有可能制造成"邮件炸弹"！试想一下，如果发信人使用的邮件账号系统也开启了自动回信功能，当我们收到他发来的信而没有及时收取时，系统就会给他自动发送一封确认信。恰巧在这段时间对方也没有及时收取信件，那么系统又会自动发送一封确认收到的信。如此一来，这种自动发送的确认信便会在双方的邮件系统中不断发送，直到把双方的信箱都撑爆为止。为了慎重起见，一定要小心使用"自动回信"功能。

（3）设置邮件过滤。如果担心哪一天被别人发来一个巨型邮件炸了我们的邮箱，可以提前在邮件软件中启用过滤功能。以Outlook Express为例，打开"工具/收件箱助理"，单击"添加"按钮，在对话框中根据信箱容量在条件对话框中选择"大于"选项，在数值栏中填定数值（如2M）。然后在操作对话框中选择"从服务器上删除"选项，只要邮件服务器收到体积超过2M的大邮件时，都会进行自动删除，从而保证了信箱的安全。

3．拒收"垃圾邮件"

（1）"退"：大部分比较正规的广告公司，虽然在冒昧地发送第一封广告邮件时多少显得有点不礼貌，但是它会在信中首先进行道歉，然后说明"如果你对此类信件不感兴趣，可以给某某网络地址发一封退订信即可"。对于这类颇有"人情味"的垃圾邮件，可以按照其信中所说，往它所提供的退订地址发一封空白信，在信件的"主题"栏内填入"unsubscribe"（注销账户），信件的正文区一般不用填写任何内容。用这种方法，也可以对主动订阅的邮件列表进行退订。

（2）"拒"：某些垃圾邮件是"强买强卖"性质的，根本不提供退订地址，而且给它回信要求退订也不予理睬。对付这种顽固的、不讲道理的垃圾邮件，只有在邮件软件上进行相应的过滤设置，利用电子邮件软件所提供的过滤功能进行拒收。比如在Outlook Express中，可以通过"收件箱助理"来完成对垃圾邮件的过滤。

（3）"防"：以上所说，都是在已经遭遇垃圾邮件的前提下，怎样去摆脱垃圾邮件的侵扰。要想避免垃圾邮件骚扰，关键是要采取适当的保密措施。无论在聊天室里，还是在各种媒体报刊以及网上论坛等，都不要轻易公开信箱地址，尤其是ISP分配的信箱地址。不要轻易填写网上的各种索取信箱地址的表格，也不要盲目贪吃"邮件列表"。要知道，某些邮件列表是"请神容易送神难"，为了少找麻烦，还是小心一些为好。

1.3.5 邮件病毒入侵后的清除步骤

（1）断开网络。当不幸遭遇病毒入侵之后，当机立断的第一件事应该是断开网络连接，以避免病毒的进一步扩散。

（2）文件备份。删除带毒的邮件，再运行杀毒软件进行清除。为了防止杀毒软件误杀或删除还没有处理完的文档和重要的邮件，应该首先将它们备份转移到其他存储设备上。

有些长文件名的文件和未处理的邮件要求在Windows系统下备份，所以建议先不要退出Windows系统，病毒一旦发作，也许就不能进入Windows系统了。不管这些文件是否带病毒了，都应该备份。因为有些病毒是专门针对某个杀毒软件设计的，一运行就会破坏其他的文件，所以先备份是以防万一的措施。等清除完硬盘内的病毒后，再来慢慢分析、处理这些额外备份的文件较为稳妥。另外，重要文件也要做备份，最好是备份到其他移动存储设备上，如U盘、移动硬盘、刻录盘等，尽量不要使用本地硬盘，以确保数据的安全。

如果在平时制作了GHOST备份，可以利用映像文件来恢复系统，这样连潜在的木马程序也就被清除了，当然这要求GHOST备份是没有病毒的。

（3）杀毒。做好前面的准备工作后，这时就可以关闭计算机后再重新启动机器，然后用一张干净的启动盘来引导系统。由于中病毒后，Windows系统可能已经被破坏了部分关键文件，会频繁地非法操作，Windows系统下的杀毒软件可能会无法运行，所以我们应该准备一个DOS下的杀毒软件以防万一。

即使能在Windows系统下运行杀毒软件的情况，也尽量用两种以上的杀毒软件来交叉清理。在多数情况下Windows系统可能要求重装，因为病毒会破坏掉一部分关键文件让系统变慢或出现频繁的非法操作。由于杀毒软件在开发时侧重点不同、使用的杀毒引擎不同，各种杀毒软件都有自己的优势和劣势，交叉使用的杀毒效果较理想。

现在流行的杀毒软件在技术上都有所提高，并能及时更新病毒库，一般情况下所碰到的病毒应该是在杀毒软件的围剿范围内的。

（4）安全处理。因为很多蠕虫病毒发作后会向外随机发送信息。我们登录网络的用户名、密码、邮箱和QQ密码等，为了防止黑客已经在上次入侵过程中知道了密码，适当的密码更换措施是必要的。

1.4　本章小结

通过本章的介绍，我们学习了IE选项、QQ、E-mail完全设置的常用功能。其实，在一些选项中还有很多实用的安全防御功能，这里我们不一一详细介绍，请读者慢慢发掘其功能。

1.5　思考与练习

1. 填空题

（1）_____的传播途径主要是通过电子邮件，它们一般都是通过邮件中的"附件"进行扩散的。

（2）_____是指那些自身体积（字节数）超过了信箱容量的电子邮件，或者在短时间内连续不断地向同一个信箱发送量大的电子邮件。

（3）我们很多的上网时间都花费在搜索信息、收发电子邮件、购物、使用网络银行、阅读资讯等活动中，而这些活动通常都是通过_____进行的。

（4）IE的安全机制中_____的安全机制不能屏蔽任何活动内容，大多数内容自动下载并运行，只能提供最小的安全防护措施。

（5）很多_____、_____都是通过弹出的广告或不良信息、中奖信息，来麻痹用户，当用户不小心点击后，就会感染计算机中的文件甚至立刻发作。

（6）互联网是一把双刃剑，它在提供各种有用信息的同时也充斥着各种不良信息，我们可以通过IE选项的_____功能对浏览的互联网站点进行限制，从而达到去其糟粕、取其精华的目的。

（7）_____是腾讯公司开发的一款基于Internet的即时通信软件。

（8）IE的安全机制共分为_____、_____、_____、_____这4个级别，分别对应着不同的网络功能

（9）IE的安全机制中_____是比较安全的浏览方式，能在下载潜在的不安全内容之前给出提示，同时屏蔽了Active X控件下载功能，适用于大多数站点。

（10）IE提供的自动完成表单和Web地址功能为我们带来了便利，但同时也存在泄密的危

险。默认情况下"自动完成"功能是_____的。

2．简答题

（1）邮件病毒入侵后的清除步骤。

（2）为了预防QQ号码被盗，应注意什么？

（3）如何加密QQ聊天记录？

（4）E-mail在安全方面的问题主要有几个方面？

（5）邮箱如何安全防范？

3．操作题

（1）设置禁用IE自动完成功能。

（2）设置IE分级审查。

（3）给自己的QQ设置密码保护。

（4）给自己的QQ设置身份验证。

第2章 Windows常用安全设置

每次微软的Windows系统漏洞被发现后，针对这些漏洞的恶意代码很快就会出现在网上。一系列案例表明，从漏洞被发现到恶意代码的出现，中间的时间差变得越来越短。如果不重视操作系统的安全设置，及时将这些系统漏洞或缺陷弥补，对其进行正确的设置，提高系统的安全性能，我们的计算机就很容易被黑客攻击，引发个人信息或重要资料被盗、密码被破解等问题，给我们带来很大的隐患。

例如，2005年2月8日，微软安全中心发布了当年2月份的漏洞安全公告MS05-009，其危害等级为"严重"，利用该漏洞，黑客可以完全控制用户的计算机，以用户的权限进行任何操作。该漏洞于当年5月份就被病毒"MSN鬼脸"（Exploit.MSN.Atmaca）利用。"MSN鬼脸"利用微软漏洞MS05-009，即MSN Messenger在处理PNG图片时存在缓冲区溢出的漏洞，制造出PNG格式的病毒图片。黑客可以通过将该病毒图片放入自定义头像中使与其聊天的用户被病毒感染。被感染的用户会自动连接某个带有恶意程序的网站，并将恶意程序下载到本地计算机执行。

目前我们大部分个人计算机用户使用的都是Windows操作系统，由于微软公司在Windows系统上留下了大量的安全漏洞，使得袭击个人计算机成为一件异常容易的事情。对于新安装的Windows XP操作系统，使用的过程中很多隐患已经危害到了我们的系统和数据安全；另外，系统的一些默认设置并不适合我们，需要根据我们自己的实际情况做出调整。为了确保运行安全，有必要进行一些相关的设置，才能保障在上网运行的过程中不会频繁受到黑客的攻击，也可以尽量减少系统中毒的机会。

本章重点：

- 组策略设置
- 本地安全策略设置
- 共享设置及常用网络测试命令

2.1 组策略设置

组策略是管理员对计算机进行设置的主要工具。通过使用组策略可以设置各种软件、计算机和用户策略。有的读者将组策略比作深藏在系统中的"大内高手"，笔者觉得这个比喻非常恰当。组策略确实有其他第三方安全软件所无法比拟的优势，这不仅是其与Windows系统的密切"关系"，更在于它强大的安全功能。除了可通过其进行系统配置，还可对系统中几乎所有的软硬件实施管理，全方位地提升系统安全性能。到目前为止，似乎没有任何一款第三方软件可提供如此多的配置选项。随着Windows系统的更新换代，组策略也是越来越强大。

合理设置组策略能够增强操作系统的安全性，例如，我们可以通过组策略防范AutoRun病毒、冲击波病毒等。

提示：需要说明的是这里的"计算机配置"是对整个计算机中的系统配置进行设置，对计算机中所有用户的运行环境起作用；而"用户配置"则是对当前用户的系统配置进行设置，仅对当前用户起作用。

2.1.1　组策略基础知识

安装完Windows XP之后，我们的Windows XP并不是安全的。使用Windows XP中的组策略可以轻松地打造一个安全的Windows XP使用环境。说到组策略，就不得不提注册表。注册表是Windows系统中保存系统、配置应用软件的数据库，随着Windows功能的越来越丰富，注册表里的配置项目也越来越多。很多配置都是可以自定义设置的，但这些配置分布在注册表的各个角落，如果要手工配置，可想是多么困难和繁杂。而组策略则将系统重要的配置功能汇集成各种配置模块，供管理人员直接使用，从而达到方便管理计算机的目的。

1．Windows XP组策略

简单地说，组策略就是修改注册表中的配置。当然，组策略使用自己更完善的管理组织方法，可以对各种对象中的设置进行管理和配置，比手工修改注册表方便、灵活，功能也更加强大。利用它可以更改系统中的某些重要设置，不仅可以省去记忆关键值的痛苦，还可以免受因修改注册表不慎而带来的危险。

> 提示：组策略不等同于"注册表编辑器"，"注册表编辑器"理论上可以更改任意的键值，从而让其更满足我们的要求。但是组策略只是对某些项目进行控制，从某种意义上来说组策略能够完成的任务，修改注册表一定能够完成。但反之，修改注册表能够完成的任务，通过组策略则不一定能够有效。

2．启动组策略

选择"开始"→"运行"命令，在"运行"对话框的"打开"输入栏中输入"gpedit.msc"，如图2-1所示。单击"确定"按钮，启动WindowsXP组策略编辑器。

在打开的组策略对话框中，如图2-2所示，左侧窗格中是以树状结构给出的控制对象，右侧窗格中则是针对左边某一配置可以设置的具体策略。

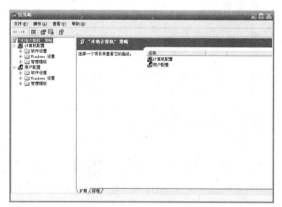

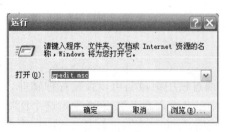

图2-1　运行　　　　　　　　　　　　　　图2-2　组策略

> 提示：（1）在图2-2的对话框中，还提供了更改历史记录、颜色和Internet临时文件设置等项目的禁用功能。如果启用了这个策略，在IE浏览器的"Internet 选项"对话框中，其"常规"选项卡"主页"区域的设置将变成灰色。
> （2）如果设置了位于"用户配置"→"管理模板"→"Windows组件"→"Internet Explorer"→"Internet 控制面板"中的"禁用常规页"策略，则无需设置该策略。因为"禁用常规页"策略将删除界面上的"常规"选项卡。

（3）逐级展开"用户设置"→"管理模板"→"Windows组件"→"Internet Explorer"，我们可以在其中设置"Internet控制面板"、"脱机页"、"浏览器菜单"、"工具栏"、"持续行为"和"管理员认可的控件"等策略选项。

3．IP安全策略

在"计算机配置"→"Windows设置"→"安全设置"→"IP安全策略，在本地计算机"项目中有与网络有关的几个设置项目。如果大家对网络知识较为熟悉，也可以通过它来添加或修改更多的网络安全设置，这样在 Windows上运行网络程序或者畅游Internet时将会更加安全。

提示：由于此项较为专业，其间会涉及很多的专业概念，一般用户用不到，在这里只是给网络管理员们提个醒，后面章节会有详细的介绍。

4．禁用IE组件自动安装

选择"计算机配置"→"管理模板"→"Windows组件"→"Internet Explorer"项目，用鼠标双击右边窗口中"禁用Internet Explorer组件的自动安装"项目，在打开的窗口中选择"已启用"单选按钮，禁止Internet Explorer自动安装组件。这样可以防止 Internet Explorer 在用户访问到需要某个组件的网站时下载该组件，篡改IE的行为也会得到遏制，相对来说IE也会更安全。

提示：如果禁用该策略或不对其进行配置，则用户在访问需要某个组件的网站时，将会收到一则消息，提示用户下载并安装该组件。如果用户看也不看就选择"安装"则往往会出问题。网上的很多恶意代码往往都是这样工作的。

5．把用户的行动都记录下来

如果使用Windows XP作为局域网的域控制器，这样登录的用户必然较多。同时，Windows XP也是一个运行多用户的操作平台。因此，我们有必要对每个用户的行为进行一定的记录，以便对他们的行为进行监控，并进行记录，以供系统管理员查看和分析。所有的这些记录全部集中在"计算机配置"→"Windows设置"→"安全设置"→"本地策略"→"审核策略"中。如图2-3所示，我们可以看到有很多与审核有关的项目：如审核策略更改、审核登录事件、审核对象访问、审核过程追踪、审核目录服务访问、审核特权使用、审核系统事件、审核账户登录事件和审核账户管理等。用鼠标双击某一个项目后，会出现如图2-4所示的对话框，勾选"成功"和"失败"复选框即可。

提示：（1）审核是Microsoft从Windows NT版本起就开始使用的一项技术，所有被审核的对象会在系统的日志中创建出相应的项目，并会被记录下操作的时间、审核类别及相应的结果。

（2）所有的审核记录结果，可以通过选择"开始"→"控制面板"→"性能和维护"→"管理工具"→"事件查看器"来查看。如果双击其中的某个审核项目，还可以看到它的详细资料，包括审核项目的日期、来源、时间、类别、类型、信息、事件、用户、计算机、描述和数据等项目。相信通过它，对于我们更加方便、安全地管理计算机是相当有用的。

图2-3　组策略　　　　　　　　　　　图2-4　本地安全设置

2.1.2　组策略安全设置

下面介绍几种常见组策略的安全设置来提高系统的安全性。

1．禁止访问注册表编辑工具

为防止黑客通过病毒或木马修改我们的注册表，可以在组策略中禁止访问注册表编辑工具。

依次展开"用户配置"→"管理模板"→"系统"，在右边窗口中找到并用鼠标双击"阻止访问注册表编辑工具"选项，并将其设置为"已启用"，如图2-5所示。这样用户在试图启动注册表编辑器时，系统将提示"注册编辑已被管理员停用"。

另外，如果注册表编辑器被禁止使用，也可以用鼠标双击此设置，在弹出的对话框的"设置"选项卡中单击"未被设置"选项，这样注册表就可以使用了。如果要防止用户使用其他注册表编辑工具打开注册表，用鼠标双击启用"只运行许可的Windows应用程序"选项，这样用户就只能运行所指定的程序了。

图2-5　禁止访问注册表

2．隐藏或删除资源管理器中的项目

资源管理器是Windows系统中最重要的工具，如何高效、安全地管理资源一直是计算机用户的不懈追求。依次展开"用户配置"→"管理模板"→"Windows组件"→"Windows资源管理器"选项，可以看到"Windows资源管理器"节点下的所有设置，如图2-6所示。

　　"文件夹选项"是资源管理器中一个重要的菜单选项，通过它可修改文件的查看方式，编辑文件类型的打开方式，为了防止其他人随意更改，可将此菜单选项删除。找到并用鼠标双击启用"从'工具'菜单删除'文件夹选项'菜单"便能完成这一设置，如图2-7所示。

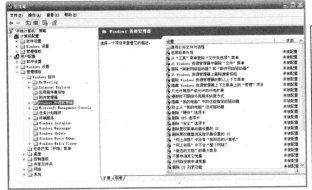

图2-6　Windows资源管理器　　　　　　　　图2-7　文件夹选项配置

　　用鼠标双击启用"隐藏Windows资源管理器上下文菜单上的'管理'项目"选项则可以屏蔽计算机中的"管理"菜单；用鼠标双击启用"不要将已删除的文件移到回收站"，则以后删除文件时将不进入回收站直接删除掉。

　　从"控制面板"中的"添加或删除程序"项目中可以安装、卸载、修复、添加或删除Windows的功能和组件以及Windows应用程序。如果想阻止其他用户安装或卸载程序，也可利用组策略来实现。依次展开"用户配置"→"管理模板"→"控制面板"→"添加/删除程序"，在右边窗口中启用"删除添加/删除程序"即可。此外，在"添加/删除程序"分支中还可以对Windows"添加/删除程序"选项中的"添加新程序"、"从CD-ROM或软盘添加程序"、"从Microsoft添加程序"、"从网络添加程序"等选项进行隐藏，通过这些策略项目的设置，可以在一定程度上保护计算机中的系统文件及应用程序。

3．隐藏计算机的驱动器

　　隐藏计算机的驱动器可以让其他用户无法访问驱动器，保护其内部的数据更加的安全，其具体操作如下所示。

　　依次展开"用户配置"→"管理模板"→"Windows组件"→"Windows资源管理器"，启用"隐藏'我的电脑'中的这些指定的驱动器"后，如图2-8所示。发现我的计算机里的磁盘驱动器全不见了，但在地址栏输入盘符后，仍然可以访问，如果再把下面的"防止从'我的计算机'访问驱动器"设置为"已启用"，在地址栏输入盘符就无法访问了，但在开始菜单的运行命令对话框里直接输入"cmd"命令后，在DOS命令提示符状况下可以查看驱动器。

设置	状态
通用打开文件对话框	
启用经典外观	未被配置
从"工具"菜单删除"文件夹选项"菜单	未被配置
从 Windows 资源管理器中删除"文件"菜单	未被配置
删除"映射网络驱动器"和"断开网络驱动器"	未被配置
从 Windows 资源管理器上删除搜索按钮	未被配置
删除 Windows 资源管理器的默认上下文菜单	未被配置
隐藏 Windows 资源管理器上下文菜单上的"管理"项目	未被配置
只允许每用户或允许的外壳扩展	未被配置
漫游时不跟踪外壳程序快捷方式	未被配置
隐藏"我的电脑"中的这些指定的驱动器	已启用
防止从"我的电脑"访问驱动器	未被配置
删除"硬件"选项卡	未被配置

图2-8　隐藏计算机的驱动器设置

4. 禁用CMD命令

在Windows操作系统中，运行cmd.exe命令打开"命令提示符"窗口，可以继续运行一些DOS命令或其他命令行程序，为了系统安全，有时可以禁用该功能。

依次展开"用户配置"→"管理模板"→"系统"，选择"阻止访问命令提示符"，启用后如图2-9所示。

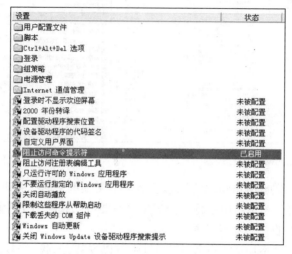

图2-9 禁用CMD命令

5. 禁用控制面板

为了防止其他用户在"控制面板"中更改系统的相关设置，可以通过组策略来实现对"控制面板"的禁用。

依次展开"用户配置"→"管理模板"→"控制面板"，选择"禁止访问控制面板"，启用后如图2-10所示。

如果只想显示隐藏某些配置，可选择下面的"隐藏指定的控制面板程序"，启用后如图2-11所示。

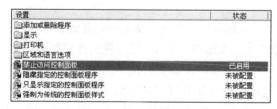

图2-10 禁用CMD命令

图2-11 隐藏指定的控制面板程序

例如，在控制面板中隐藏Internet选项，则在隐藏控制面板程序里添加Inetcpl.cpl，如图2-12所示，具体名称可查看Windows\System32里以cpl结尾的文件。

6. 隐藏文件夹

隐藏文件夹后，只需在文件夹选项里显示所有文件，就可以看见隐藏的文件夹。我们可以在组策略里删除这个选项，使不想让别人看到的文件夹完全隐藏起来。

依次展开"用户配置"→"管理模板"→"Windows组件"→"Windows资源管理器"，选择"从'工具'菜单删除'文件夹选项'菜单"，启用后如图2-13所示。

图2-12 添加项目

图2-13 隐藏文件夹

7．关闭缩略图缓存

在Windows XP系统中，缩略图缓存功能可以快速显示图片的缩略图，但该功能会导致系统的运行速度变慢，占用硬盘空间等。如果没有必要可将此功能关闭。同时，我们在文件夹中存放过图片，后来移动或删除了，但缩略图的缓存文件仍然能被其他人读取。通过以下设置可关闭缩略图的缓存。

依次展开"用户配置"→"管理模板"→"Windows组件"→"Windows资源管理器"，选择"关闭缩略图的缓存"，启用后如图2-14所示。

设置	状态
"网上邻居"中没有"我附近的计算机"	未被配置
"网上邻居"中不含"整个网络"	未被配置
"最近的文档"的最大数目	未被配置
不要申请其它凭据	未被配置
为网络安装申请凭据	未被配置
删除 CD 刻录功能	未被配置
不要将已删除的文件移动到"回收站"	未被配置
删除文件时显示确认对话框	未被配置
回收站允许的最大大小	未被配置
从"我的电脑"删除共享文档	未被配置
关闭缩略图的缓存	已启用
关闭 Windows+X 热键	未被配置
关闭外壳协议受保护模式	未被配置

图2-14 关闭缩略图的缓存

8．删除开始菜单中的"文档"菜单

开始菜单中的"文档"菜单，会记载我们近期编辑过的文档，这样可能会让"别有用心"的人查看到我们此前所做的操作，为防止这样的事情发生，可以删除这个菜单。

依次展开"用户配置"→"管理模板"→"Windows组件"→"任务栏和开始菜单"，选择"从「开始」菜单上删除'文档'菜单"，启用后如图2-15所示。

图2-15　删除"文档"菜单

9．隐藏"屏幕保护程序"选项卡

我们设置的屏幕密码保护很容易被人修改，通过以下设置，可以隐藏这一选项，保证密码的安全。

依次展开"用户配置"→"管理模板"→"控制面板"→"显示"，选择"隐藏'屏幕保护程序'选项卡"，启用后如图2-16所示。

设置	状态
📁 桌面主题	
删除"控制面板"中的"显示"	未被配置
隐藏"桌面"选项卡	未被配置
阻止更改墙纸	未被配置
隐藏"外观和主题"选项卡	未被配置
隐藏"设置"选项卡	未被配置
隐藏"屏幕保护程序"选项卡	已启用
屏幕保护程序	未被配置
可执行的屏幕保护程序的名称	未被配置
密码保护屏幕保护程序	未被配置
屏幕保护程序超时	未被配置

图2-16　隐藏"屏幕保护程序"选项卡

10．禁止更改TCP/IP属性

我们设定的IP地址可能会被更改，为了防止其他用户随意更改我们的IP地址，只要关闭它的属性页就可以了。

依次展开"用户配置"→"管理模板"→"网络"→"网络连接"。

把"为管理员启用Windows 2000网络连接设置"和"禁止访问LAN连接组件的属性"这两项设置为"已启用"，如图2-17和图2-18所示。

设置	状态
重命名 LAN 连接或重命名所有用户可用的远程访问连接的...	未被配置
禁止访问 LAN 连接组件的属性	未被配置
禁止访问远程访问连接组件的属性	未被配置
禁用 TCP/IP 高级配置	未被配置
禁止到"高级"菜单上的"高级设置"的访问	未被配置
禁止添加或删除用于 LAN 连接或远程访问连接的组件	未被配置
禁止访问 LAN 连接的属性	未被配置
禁止启用/禁用 LAN 连接的组件	未被配置
更改所有用户远程访问连接的属性	未被配置
禁止更改专用远程访问连接的属性	未被配置
禁止删除远程访问连接	未被配置
删除所有用户远程访问连接	未被配置
禁止连接和断开连接远程访问连接	未被配置
启用/禁用 LAN 连接的能力	未被配置
禁止访问"新建连接向导"	未被配置
重命名 LAN 连接的能力	未被配置
重命名所有用户远程访问连接的能力	未被配置
禁止重命名专用远程访问连接	未被配置
禁止访问"高级"菜单上的"远程访问首选项"菜单项	未被配置
禁止查看活动连接的状态	未被配置
为管理员启用 Windows 2000 网络连接设置	已启用
连接被限制或无连接时关闭通知	未被配置

图2-17　网络连接设置

设置	状态
重命名 LAN 连接或重命名所有用户的远程访问的...	未被配置
禁止访问 LAN 连接组件的属性	已启用
禁止访问远程访问连接组件的属性	未被配置
禁用 TCP/IP 高级配置	未被配置
禁止到"高级"菜单上的"高级设置"的访问	未被配置
禁止添加或删除用于 LAN 连接或远程访问连接的组件	未被配置
禁止访问 LAN 连接的属性	未被配置
禁止启用/禁用 LAN 连接的组件	未被配置
更改所有用户远程访问连接的属性	未被配置
禁止更改专用远程访问连接的属性	未被配置
禁止删除远程访问连接	未被配置
删除所有用户远程访问连接	未被配置
禁止连接和断开连接远程访问连接	未被配置
启用/禁用 LAN 连接的能力	未被配置
禁止访问"新建连接向导"	未被配置
重命名 LAN 连接的能力	未被配置
重命名所有用户远程访问连接的能力	未被配置
禁止重命名专用远程访问连接	未被配置
禁止访问"高级"菜单上的"远程访问首选项"菜单项	未被配置
禁止查看活动连接的状态	未被配置
为管理员启用 Windows 2000 网络连接设置	已启用
连接被限制或无连接时关闭通知	未被配置

图2-18　禁止访问LAN连接组件

11. 删除"任务管理器"

可别小看了"任务管理器",它除了可以终止程序、进程外还可以重启、关机、搜索程序的执行文件名及更改程序运行的优先顺序,通过以下设置可以禁止启动"任务管理器"。

依次展开"用户配置"→"管理模板"→"系统"→"Ctrl+Alt+Del选项",选择"删除'任务管理器'",启用后如图2-19所示。

设置	状态
删除"任务管理器"	已启用
删除"锁定计算机"	未被配置
删除"更改密码"	未被配置
删除注销	未被配置

图2-19　删除"任务管理器"

12. 删除"添加或删除程序"

阻止其他用户通过"添加或删除程序"来安装或卸载程序,可利用组策略来实现。

依次展开"用户配置"→"管理模板"→"控制面板"→"添加/删除程序",选择"删除'添加或删除程序'",启用后如图2-20所示。

设置	状态
删除"添加或删除程序"	已启用
隐藏"更改或删除程序"页面	未被配置
隐藏"添加新程序"页面	未被配置
隐藏"添加/删除 Windows 组件"页面	未被配置
隐藏"设置程序访问和默认"页面	未被配置
隐藏"从 CD-ROM 或软盘安装程序"选项	未被配置
隐藏"从 Microsoft 添加程序"选项	未被配置
隐藏"从网络中添加程序"选项	未被配置
直接打开"组件向导"	未被配置
删除支持信息	未被配置
为"添加新程序"指定默认类别	未被配置

图2-20　启用"添加或删除程序"

13. 禁用IE"工具"菜单下的"Internet选项"菜单项

为了阻止别人对IE浏览器的设置随意更改,启动禁用"Internet选项",来保护IE的安全性。

依次展开"用户配置"→"管理模板"→"Windows组件"→"Internet Explorer"→"浏览器菜单",选择"'工具'菜单:禁用'Internet选项...'菜单项",启用后如图2-21所示。

设置	状态
"文件"菜单:禁用"另存为..."菜单项	未被配置
"文件"菜单:禁用"新建"菜单项	未被配置
"文件"菜单:禁用"打开"菜单项	未被配置
"文件"菜单:禁用另存为"网页,全部"格式	未被配置
"文件"菜单:禁用关闭浏览器和资源管理器窗口	未被配置
"查看"菜单:禁用"源文件"菜单项	未被配置
"查看"菜单:禁用"全屏显示"菜单项	未被配置
隐藏"收藏夹"菜单	未被配置
"工具"菜单:禁用"Internet 选项..."菜单项	已启用
"帮助"菜单:删除"每日提示"菜单项	未被配置
"帮助"菜单:删除"Netscape 用户"菜单项	未被配置
帮助菜单:删除"教程"菜单选项	未被配置
"帮助"菜单:删除"发送反馈意见"菜单项	未被配置
禁用上下文菜单	未被配置
禁用"在新窗口中打开"菜单项	未被配置
禁用"将该程序保存到磁盘"选项	未被配置

图2-21　启用"'工具'菜单:禁用'Internet选项'菜单项"

14．只运行许可的Windows应用程序

如果启用这个设置，用户只能运行自己加入"允许运行的应用程序列表"中的程序，其他没有经过"允许"的程序都会被"拒之门外"。

依次展开"用户配置"→"管理模板"→"系统"，选择"只运行许可的Windows应用程序"，启用后如图2-22所示。

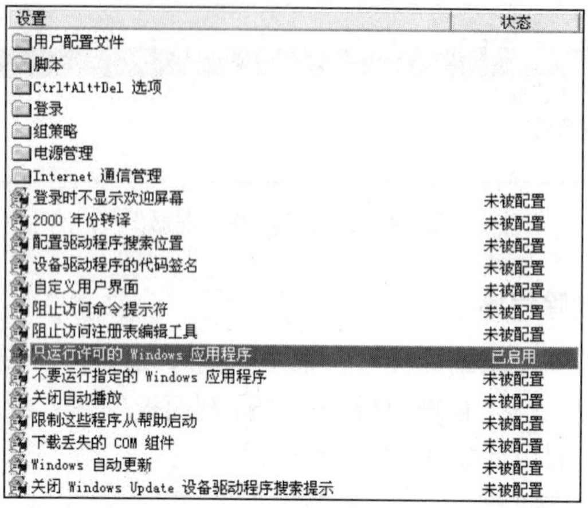

图2-22　只运行许可的Windows应用程序

Windows XP中的组策略功能非常强大，有很多有用的设置可供我们修改，限于篇幅，笔者不在这里一一说明。

最后补充一个实用的技巧，为了防止其他用户通过组策略来更改我们的设置，可以在System32文件夹下把gpedit.msc重新命名，比如改为myedit.msc，不影响正常使用，而其他人不就找不到这个文件了。

2.1.3　开机策略

1．账户锁定策略

账户锁定策略用于域账户或本地用户账户，用来确定某个账户被系统锁定的情况和时间长短。要设置"账户锁定策略"，可打开组策略控制台，依次展开"计算机配置"→"Windows设置"→"安全设置"→"账户策略"→"账户锁定策略"。

（1）账户锁定阈值

该安全设置确定造成用户账户被锁定的登录失败尝试的次数。锁定的账户则无法使用，除非管理员进行了重新设置或该账户的锁定时间已过期。登录尝试失败的范围可设置为0～999之间。如果将此值设为0，则将无法锁定账户。

对于使用"Ctrl+Alt+Delete"或带有密码保护的屏幕保护程序锁定的计算机上，失败的密码尝试也计入失败的登录尝试次数中。

在组策略窗口中，用鼠标双击"账户锁定阈值"选项，显示"账户锁定阈值属性"对话框，选中"定义这个策略设置"复选框，在"账户不锁定"文本框中输入无效登录的次数，例如"3"，则表示3次无效登录后，系统将锁定登录所使用的账户。

建议启用该策略，并设置为允许3次登录尝试，以避免非法用户登录。

（2）账户锁定时间

该安全设置确定锁定的账户在自动解锁前保持锁定状态的分钟数。有效范围为0～99999

分钟。如果将账户锁定时间设置为0，那么在管理员明确将其解锁前，该账户将被锁定。

如果定义了账户锁定阈值，则账户锁定时间必须大于或等于重置时间。

打开"账户锁定时间"的属性对话框，选中"定义这个策略设置"复选框，在"账户锁定时间"文本框中输入账户锁定时间，如"30"，表示账户被锁定的时间为30分钟，30分钟后方可再次使用被锁定的账户。

只有当指定了账户锁定阈值时，该策略设置才有意义。

（3）复位账户锁定计数器

该安全设置确定在某次登录尝试失败之后将登录尝试失败计数器被复位为0（即0次失败登录尝试）之前所需要的时间，有效范围为1～99999分钟。

如果定义了账户锁定阈值，则该复位时间必须小于或等于账户锁定时间。

打开"复位账户锁定计数器"的属性对话框，选中"定义这个策略设置"复选框，在"复位账户锁定计数器"文本框中输入账户锁定复位的时间，例如"30"，表示30分钟后复位被锁定的账户。

只有当指定了账户锁定阈值时，该策略设置才有意义。

2．密码策略

组策略还可以帮助网络管理员对管理部门（组织单位），而不是单个用户对客户端计算机发布安全策略，控制用户对桌面设置和应用程序的访问，保护客户端计算机的安全。

通过设置密码策略，可以增强用户账户的安全性。

（1）强制密码历史

该策略通过确保旧密码不能继续使用，从而使管理员能够增强安全性。重新使用某个旧密码之前，该安全设置确定与某个用户账户相关联的唯一新密码的数量。该值必须为0～24之间的一个数值，其具体操作步骤如下。

①打开组策略控制台，依次展开"计算机配置"→"Windows设置"→"安全设置"→"账户策略"→"密码策略"，如图2-23所示。

②在右侧的策略窗口中用鼠标双击"强制密码历史"选项，打开"强制密码历史属性"对话框，如图2-24所示。

图2-23　展开密码策略　　　　　　　　图2-24　强制密码历史属性

③选中"定义这个策略设置"复选框，然后在"保留密码历史"文本框中，输入许可保留的密码个数，例如"10"。单击"确定"按钮，即可完成强制密码历史的修改。

默认在域控制器上为24，独立服务器上为0，且成员计算机的配置与其域控制器的配置相同。要维护密码历史记录的有效性，还要同时启用密码最短使用期限安全策略设置，在更改密码之后，不允许立即再次更改密码。

（2）密码最长存留期

该安全设置确定系统要求用户可以使用一个密码的时间（单位为天）。可将密码的过期天数设置在1～999天之间，如果设置为0，则指定密码永不过期。如果密码最长使用期限在1～999天之间，那么密码最短使用期限必须小于密码最长使用期限。如果密码最长使用期限设置为0，则密码最短使用期限可以是1～998天之间的任何值。

打开"密码最长使用期限"的属性对话框，选中"定义这个策略设置"复选框，在"密码过期时间"文本框中，输入许可保留的天数，如"30"天。使密码每隔30～90天过期一次是一种安全最佳操作。通过这种方式，攻击者只能够在有限的时间内破解用户密码并访问我们的网络资源。

（3）密码最短存留期

该安全策略设置确定用户可以更改密码之前必须使用该密码的时间（单位为天），允许设置为从1～998天之间的某个值，如果设置为0，则允许立即更改密码。

打开"密码最短使用期限"的属性对话框，选中"定义这个策略设置"复选框，在"可以立即更改密码"文本框中，输入许可更改的天数即可。密码最短使用期限必须小于密码最长使用期限，除非密码最长使用期限设置为0。如果密码最长使用期限设置为0，那么密码最短使用期限可设置为0～998天之间的任意值。

如果希望强制密码历史有效，将密码最短有效期限配置为大于0。如果没有密码最短有效期限，则用户可以重复循环通过密码，直到获得喜欢的旧密码。默认设置不遵从这种推荐方法，管理员可以为用户指定密码，然后要求当用户登录时更改管理员定义的密码。如果将该密码的历史记录设置为0，则用户不必选择新密码。因此，默认情况下将密码历史记录设置为1。

（4）密码长度最小值

该安全设置确定用户账户的密码可以包含的最少字符个数，可以设置为1～14个字符之间的某个值，建议设置为8个字符或者更高。如果将字符数设置为0，则表示设置不需要密码。

打开"密码长度最小值"的属性对话框，选中"定义这个策略设置"复选框，在"密码必须至少是"文本框中输入密码的长度，例如"8"。默认值在域控制器上为7，独立服务器上为0。

（5）密码必须符合复杂性要求

该安全设置强制用户必须使用符合复杂性要求的密码。建议启用该策略，以保护用户账户的安全。

打开"密码必须符合复杂性要求"的属性对话框，选中"定义这个策略设置"复选框，然后选择"已启用"单选按钮，则表示必须使用符合密码规则的密码，方可通过策略的认证。

在启用该策略时，要确定密码是否必须符合复杂性要求。密码必须满足以下最低要求。

● 不能包含全部或部分的用户账户名。

● 长度至少为6个字符。

● 包含来自以下4个类别中的3类字符。

    ➢ 英文大写字母（A～Z）。

    ➢ 英文小写字母（a～z）。

> ➤ 10个基本数字（0～9）。
● 非字母字符（例如!、$、#、%）。
● 更改或创建密码时强制执行复杂性要求。

（6）为域中所有用户使用可还原的加密来储存密码

该安全设置确定操作系统是否使用可还原的加密来存储密码。如果应用程序使用了要求知道用户密码才能进行身份验证的协议，则该策略可对它提供支持。使用可还原的加密存储密码和存储明文版本密码本质上是相同的。因此，除非应用程序有比保护密码信息更重要的要求，否则不必启用该策略。

当使用质询握手身份验证协议（CHAP）通过远程访问或Internet身份验证服务（IAS）进行身份验证时，该策略是必须的。在Internet信息服务（IIS）中使用摘要式验证时也要求该策略。

打开"用可还原的加密来储存密码"的属性对话框，选中"定义这些策略设置"复选框，然后选择"已启用"单选按钮，则表示允许使用可还原的加密存储密码。

3．更改系统默认的系统管理员账户

Administrator管理员账户是系统默认的账户，拥有最高的管理员权限。可对计算机进行任何操作。黑客入侵通常都是获取管理员账号和密码，只有重新配置Administrator账户才能保证安全。更换管理员账户的设置方法如下。

（1）执行"开始"→"控制面板"→"性能和维护"→"管理工具"→"本地安全策略"命令，打开"本地安全设置"对话框。

（2）在右侧对话框的"账户：重命名系统管理员账户"选项上单击鼠标右键，在弹出的快捷菜单中选择"属性"命令，弹出"账户：重命名系统管理员账户属性"对话框，如图2-25所示。

（3）在该对话框中输入希望设定的名称，单击"确定"按钮即可完成账户名称的更改。

（4）设置好之后，别忘了给账户设置一个较复杂的密码。然后再创建一个没有管理员权限的Administrator账号用于迷惑入侵者，这样就可以相对减少被入侵的危险性了。

在"运行"命令行中输入"gpedit.msc"打开组策略，展开"计算机配置"→"Windows设置"→"安全设置"→"本地策略"，然后单击"安全选项"在右边弹出的选项中直接拉到最后一项"重命名系统管理员账户"，如图2-26所示单击进入后，也可以直接修改系统管理员账户。

图2-25　账户：重命名系统管理员账户　属性　　　　图2-26　本地安全策略

2.1.4　安全设置

1．禁用Guest账户

在默认情况下，没有特殊用户登录需求，Guest账户是禁用的，如果仅使用管理员账号进行所有操作，建议将Guest账号禁用，降低被攻击的风险。

Guest账户是指来宾账户，它是可以受限访问计算机，但Guest账户也为黑客入侵打开了方便之门。如果不需要用到Guest账户，建议最好禁用它。在Window XP专业版中，打开"控制面板"，选择"管理工具"，单击"计算机管理"，在左边列表中选择"本地用户和组"并单击其中的"用户"选项，在右边窗格中，双击Guest账户，选中"账户已停用"，单击"确认"按钮即可。Windows XP家庭版不允许停用Guest账户，但是允许为Guest账户设置密码。在命令行环境中执行Net user guest password命令，然后进入"控制面板"，在进入"用户设置"菜单，即可为Guest账户设置密码。

2．禁用Administrator账户

Administrator账户是系统默认的管理员账户，在有其他账户的情况下禁用Administrator账户可以提高系统的安全性。

要想禁用Administrator账户的话，需要新建一个账户，并将其指定为管理员账户。然后在"我的电脑"上单击鼠标右键，选择"管理"命令。展开"本地用户和组"→"用户"，在右侧的窗口中找到Administrator，然后用鼠标双击，打开Administrator属性。勾选"账户已停用"复选框，单击"确定"退出，重启计算机后Administrator账户就被禁用了，如图2-27所示。

图2-27　禁用Administrator账户

3．禁止使用文件夹选项

在Windows XP中"文件夹选项"对话框是管理、设置文件和文件夹的重要场所，是"资源管理器"中的一个重要菜单项，通过它我们可以修改文件的查看方式，编辑文件的打开方式等。如果不希望别人修改自己的设置，可将其从"工具"菜单中删除。

其具体操作如下。

（1）在"运行"对话框中输入"gpedit.msc"，按键盘上的Enter键执行该命令，打开"组策略"对话框。

（2）依次展开"用户设置"→"管理模板"→"Windows组件"选项，单击其下的"Windows资源管理器"选项。在右侧窗口中用鼠标双击"从'工具'菜单中删除'文件夹选项'"选项，打开"从'工具'菜单中删除'文件夹选项'属性"对话框，在对话框中选择"已启用"单选项。

（3）单击"确定"按钮关闭对话框，设置生效。以后别人就不能使用我们的"资源管理器"中的"文件夹选项"对话框了，如图2-28所示。

图2-28　禁止使用文件夹选项

4．禁用注册表编辑器

在注册表中记录着Windows的软件和硬件的设置，如果系统出现问题，注册表被病毒恶意修改，计算机会出现很大的安全隐患，通过以下的介绍可以让读者自由地禁用，以及恢复使用注册表编辑器

（1）打开注册表编辑器。

（2）HKEY_CURRENT_USER\Software\Microsoft\Windows\CurrentVersion \Policies\System子键并选中它。如果用户发现Policies下面没有System子键，可新建一个子项，命名为System。

（3）在System子键右侧窗口中，新建一个双字节值，命名为"DisableRegistryTools"，将其"数值数据"设为"1"，重启计算机后，注册表编辑器将被禁用。

为了防止他人修改注册表，可以禁止注册表编辑器regedit.exe运行。操作方法如下。

（1）打开注册表，找到HKEY_CURRENT_USER\Software\Microsoft\Windows\CurrentVersion\Policies\System，如果在Policies下面没有System的话，请请在它下面新建一项（主键），将其命名为System。

（2）然后在右边空白处新建一个双字节（DWORD）值，将其命名为DisableRegistryTools。

（3）双击DisableRegistryTools，将其数值数据修改为1（原来为0）。

通过上述之后，退出注册表编辑器，再次打开注册表时，则提示"注册表编辑已被管理员禁用"，以后别人、甚至是本人都无法再用regedit.exe。

如果要恢复并可以进行编辑的话，使用Windows自带的记事本（或者任意的文本编辑器）建立一个*.reg文件（*表示文件名可任意取）。我们可以用下面的两种方法解锁注册表。

方法一：

```
REGEDIT4
[HKEY_CURRENT_USER\Software\Microsoft\Windows\CurrentVersion\Policies\System]
"DisableRegistryTools"=dword:00000000
```

将上述内容保存为一个*.reg文件，双击打开该reg文件，当询问用户"确实要把*.reg内的信息添加到注册表吗？"时，选择"是"，即可将信息成功输入注册表中。

然后用鼠标双击该文件即可导入注册表并解锁；如果方法一不起作用的话，可以采用方法二，解锁方法同上（注意行与行之间必须要有空行）。

方法二：

```
REGEDIT4
[HKEY_USERS\.DEFAULT\Software\Microsoft\Windows\CurrentVersion\Policies\System]
"DisableRegistryTools"=dword:00000000
```

2.2 本地安全策略设置

Windows XP系统自带的"本地安全策略"是一个很不错的系统安全管理工具，利用好它可以使我们的系统更安全。如果我们的计算机不是用做服务器的话，就可以用本地安全策略禁用一些不需要的服务。

2.2.1 打开方式

选择"控制面板"→"性能和维护"→"管理工具"→"本地安全策略"，进入"本地安全策略"对话框。在此可通过菜单栏上的命令设置各种安全策略，并可选择查看方式，导出列表及导入策略等操作。

2.2.2 安全设置

1. 禁止枚举账号

某些具有黑客行为的蠕虫病毒可以通过扫描系统的指定端口，然后通过共享会话猜测管理员系统口令。因此，我们需要通过在"本地安全策略"中设置禁止枚举账号，从而抵御此类入侵行为。

在"本地安全策略"左侧列表的"安全设置"目录树中，逐层展开"本地策略"→"安全选项"。查看右侧的相关策略列表，在此找到"网络访问：不允许SAM账户和共享的匿名枚举"，如图2-29所示。用鼠标右键单击，在弹出的快捷菜单中选择"属性"命令，在弹出的"网络访问：不允许SAM账户的匿名枚举 属性"对话框中激活"已启用"选项，最后单击"应用"按钮使设置生效，如图2-30所示。

图2-29 禁止枚举账号

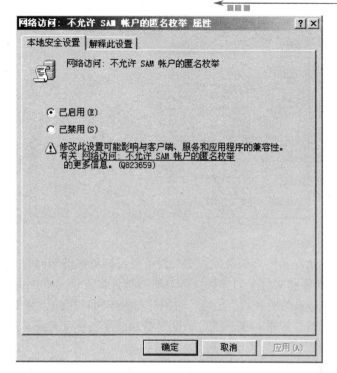

图2-30 "网络访问：不允许SAM账户的匿名枚举 属性"对话框

2．账户管理

为了防止入侵者利用漏洞登录机器，我们还要在此设置重命名系统管理员账户名称及禁用来宾账户。

在"本地策略"→"安全选项"分支中，找到"账户：来宾账户状态"策略，在右键快捷菜单中选择"属性"，然后在弹出的属性对话框中设置其状态为"已禁用"，单击"确定"按钮退出，如图2-31所示。

查看"账户：重命名系统管理员账户"这项策略，调出其属性对话框，在其中的文本框中可自定义账户名称，如图2-32所示。

图2-31 来宾账户状态属性

图2-32 重命名来宾账户属性

3．指派本地用户权利

如果是系统管理员身份，可以指派特定权利给组账户或单个用户账户。在"安全设置"中，定位于"本地策略"→"用户权利指派"，而后在其右侧的设置视图中，可针对其下的各项策略分别进行安全设置，如图2-33所示。

图2-33　用户权利指派

例如，若是希望允许某用户获得系统中任何可得到的对象的所有权，包括注册表项、进程和线程以及NTFS文件和文件夹对象等（该策略的默认设置仅为管理员），首先应找到列表中"取得文件或其他对象的所有权"策略，用鼠标右键单击，在弹出菜单中选择"属性"，在此单击"添加用户或组"按钮，在弹出对话框中输入对象名称，并确认操作即可。

4．活用IP策略

无论是哪一种黑客程序，大多都是通过端口作为通道。因此，需要关闭那些可能成为入侵通道的端口。可以上网查询一下相关危险端口的资料，以做到有备而战。下面我们以Telnet利用的23端口为例来加以说明（笔者的操作系统为Windows XP）。

（1）选择"运行"命令，在命令输入框中输入"mmc"然后回车，弹出控制台的窗口。依次选择"文件"→"添加/删除管理单元"在独立标签栏中单击"添加"→"IP安全策略管理"，最后按提示完成操作。如图2-34所示，我们已把"IP安全策略管理"添加到了在本地计算机的"控制台根节点"下。

（2）双击"IP安全策略"就可以新建一个管理规则。用鼠标右键单击"IP安全策略"，在弹出的快捷菜单中选择"创建IP安全策略"，打开IP安全策略向导，单击"下一步"按钮，名称默认为"新IP安全策略"，不必选择"激活默认响应规则"。

> 注意：在单击"下一步"的同时，需要确认此时"编辑属性"被选中，然后选择"完成"，出现"新IP安全策略属性"窗口，如图2-35所示，选择"添加"，然后一直单击"下一步"按钮，不必选择"使用'添加向导'"选项。

图2-34　添加/删除管理单元

图2-35　新IP安全策略属性

（3）在寻址栏的源地址应选择"任何IP地址"，目标地址选择"我的IP地址"（不必选择镜像）。在协议标签栏中，注意类型应为TCP，并设置IP协议端口从任意端口到此端口23，最后单击"确定"按钮即可。这时在"IP筛选器列表"中会出现一个"新IP筛选器"，选中它，切换到"筛选器操作"标签栏，依次单击"添加"按钮，"名称默认为新筛选器操作"，添加"阻止"完成。

新策略需要被激活才能起作用，在"新IP安全策略"上单击鼠标右键，选择"指派"刚才制定的策略。

现在，当从另一台计算机Telnet到设防的这一台时，系统会报告登录失败；用扫描工具扫描这台机子，会发现23端口仍然在提供服务。以同样的方法，大家可以把其他任何可疑的端口都封杀掉，让不速之客们大叫"不妙"去吧。

5．加强密码安全

在"安全设置"中，先定位于"账户策略"、"密码策略"，在其右侧设置视图中，可酌情进行相应的设置，以使我们的系统密码相对安全，不易破解。防破解的一个重要手段就是定期更新密码，可据此进行如下设置：用鼠标右键单击"密码最长存留期"，在弹出的快捷菜单中选择"属性"命令，在弹出的对话框中，大家可自定义一个密码设置后能够使用的时间长短（限定于1～999之间）。

此外，通过"本地安全设置"，还可以通过设置"审核对象访问"跟踪用于访问文件或其他对象的用户账户、登录尝试、系统关闭或重新启动以及类似的事件。诸如此类的安全设置，不一而足。在实际应用中我们会逐渐发觉"本地安全设置"的确是一个不可或缺的系统安全工具。

2.3　共享设置及常用网络测试命令

共享设置虽然非常简单，可是牵涉到了操作系统若干个细节的设置，这使得文件共享显得有些复杂。只要精通文件共享的各个细节，用好文件共享并不难。网络测试命令许多读者并不能很好地掌握和应用，通过以下的详细介绍，能够让读者更好地使用和维护好网络。

2.3.1　Windows XP系统中的共享设置

网络衍生了众多的应用，文件共享成为网络用户使用频率最高的一项网络应用。有了文件共享功能，网络中各台计算机之间交换文件变得更加便捷，数G文件，一个复制粘贴命令几分钟就可以移动到另外一个位置。下面介绍各种操作系统下的文件共享操作。

1．简单文件共享操作

Windows XP操作系统中内置了"简单文件共享"这一功能，这项功能默认情况下是打开的，这一功能是专门为初级计算机用户而设计的。使用"简单文件共享"功能，网络用户可以轻松共享文件夹。

文件夹和磁盘分区都可以共享的。打开"我的电脑"之后，选择磁盘分区或文件夹后单击鼠标右键，会出现包含一个"共享和安全"命令的快捷菜单，选择该命令，出现如图2-36所示的对话框。将"在网络上共享这个文件夹"选项勾选之后，然后系统会让用户填写共享名字，并设置权限。默认状态下，共享名字是文件夹或磁盘分区的卷标，如无特殊需求，不需要更改共享名字。

如果用户仅仅想共享文件，不希望他人修改共享的文件夹及其中的文件，则不要启用"允许网络用户更改我的文件"选项。因为启用了该选项之后，网络用户可以向共享的文件夹写入文件，也可以删除共享文件夹中的所有内容。

文件夹被共享之后，会出现一个手托着文件夹的图标。在另外一台计算机的运行中输入"\\IP地址或者\\计算机名字"就可以访问到共享文件夹了。

简单文件共享功能，仅仅可以共享文件，没有太多的功能，也无法设置共享文件的权限。不过，简单文件共享操作非常适合计算机初学者。

2. 高级文件共享详细设置

对于高级用户而言，简单文件共享操作中的设置是无法满足其需要的，要想使用更多的共享功能，可以使用更详细的文件共享功能。要想使用更详细的文件共享功能，必须关闭简单文件共享功能。

打开"我的电脑"，在"工具"菜单中打开"文件夹选项"菜单，在"查看"选项中，取消"使用简单文件共享"功能，如图2-37所示。

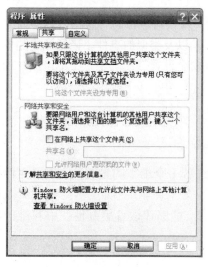

图2-36　简单文件共享界面

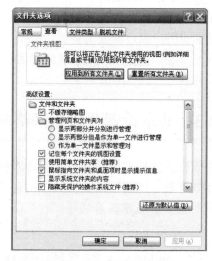

图2-37　关闭简单文件共享

再次单击"我的电脑"中的磁盘分区或文件夹，启用文件共享之后，可以发现文件共享功能多了一些选项，增加了权限和用户数限制等功能，如图2-38所示。

其中增加的权限功能在设置文件共享之后，是为了限制网络用户对该文件夹的操作权利的功能。权限有"读取"、"更改"和"完全控制"这3种。显而易见，"完全控制"是对共享文件夹拥有写入、删除所有操作的权限；"更改"是可以对共享文件夹中的文件进行改名和修改操作；"读取"则只有使用文件的权限，无法对文件进行其他操作。

即便是超级用户，也可以设置其权限。例如，共享"我的文档"这个文件夹，设置为Guest用户可以读取，超级用户Administrator设置为完全控制。首先删除everyone用户组，再一一设置每个用户的具体权限，如图2-39所示。

其中用户数访问限制选项是限制同时访问该共享文件夹的人数限制，如果设置为10，则第11个人无法访问该共享文件夹。

不难看出，高级文件共享功能中多出了一些实用功能。用户可以根据自己的实际情况进行设置。总体来说，文件共享设置还是非常简单的一项操作，尽管如此，在使用中也经常会出现一些疑难问题。

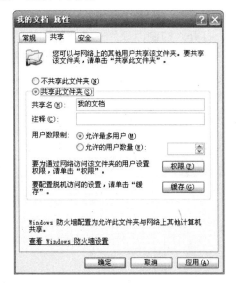

图2-38　增加的功能选项

图2-39　文件夹共享权限设置

文件共享中常见的疑难状况如下。

设置了共享文件夹之后，通过其他计算机却无法访问共享文件夹，原因在哪里呢?其实，文件共享还牵涉到其他的一些设置，只要开启相关的设置就可以了。下面，笔者将一些常见的文件共享疑难杂症分享给大家。

（1）共享文件不存在

无论是网上邻居，还是在运行菜单中输入共享文件夹的IP地址和用户名，都无法访问共享文件资源，而且弹出"共享文件不存在"的提示。但在DOS命令提示符下Ping对方的机器，一切正常。检查网上邻居的配置，发现"Microsoft网络客户端"和"Microsoft网络的文件和打印机共享"没有安装，安装之后，故障解决。

另外，计算机不在同一网段，也会出现上述故障，不过计算机不在同一网段的概率很小，因为不在同一网段是无法共享上网的。

（2）文件夹无法共享

想共享一个名字为"Work"的文件夹，使用"简单文件共享"功能启用共享时，单击确定后出现没有启动服务的相关提示。其实，这是因为 Windows XP操作系统中的共享服务被禁用的缘故。在运行中输入"Services.msc"后，在服务中找到"Server"选项，启动即可。为了方便使用，建议用户将Server服务的状态设置为自动。

（3）访问共享文件需要密码

访问共享文件夹时，弹出用户名和密码的对话框。其实，这并不是一个故障，而是两台计算机的用户名不同的原因。例如，我们通过B计算机访问A计算机中共享的文件夹，B计算机使用"123"用户登录，而A计算机是使用"123Wireless"用户名登录，这种情况下，通过B计算机访问A计算机的共享资源，必须输入A计算机中的授权用户名和密码才可。

如果两台计算机的用户名相同，密码不同，访问共享文件夹时，则会弹出需要输入密码的提示，这里输入的密码，是共享文件夹所在计算机的密码。

（4）输入正确用户名和密码无法访问共享文件

访问共享文件夹，提示无法访问。Microsoft网络的文件和打印机共享服务也安装了，Guest用户也开启了，原因在哪里呢？

Windows XP操作系统有组策略，其中包括网络访问策略，如果安全策略中禁止匿名用户访问共享，开启了Guest账户也无法访问共享资源的。打开"控制面板"→"性能和维护"→"管理工具"→"本地安全策略"，展开"本地策略"→"安全选项"，用鼠标双击"网络访问：可以匿名访问共享"，将需要开启的共享添加进去，然后单击"确定"按钮就可以访问共享资源了，如图2-40所示。

图2-40　修改组策略中的网络访问控制

（5）能够看到共享文件夹无法访问

通过网上邻居可以看到共享文件夹，可是双击该文件夹却无法访问。能够看到共享文件夹，证明该文件夹是存在的，无法访问，可能是权限不足。因为在设置共享文件夹时设置用户权限时，必须针对访问的计算机才可。为此，建议用户使用统一的用户名登录，这样不仅方便设置权限，也容易出现权限和用户混乱的情况。

（6）无法访问共享但能Ping通对方机器

共享文件夹设置完成之后，无法访问共享资源。使用Ping命令检测两台机器的通信是否完好，发现可以Ping通对方的机器。在访问对方机器的共享文件夹时，发现任务栏上有感叹号的图标，仔细检查发现，原来是防火墙弹出的警告消息。从防火墙的日志可以看出，原来设置共享文件夹的机器，禁用了文件共享端口135和445，将该端口启用即可访问共享文件夹了。

2.3.2　常用网络测试命令

可能经常会遇到这样一种情形：访问某一个网站时可能会花费好长时间来进行连接，或者根本就无法访问需要的网站。那如何才能知道线路质量的好坏呢？请看本文中的几个网络测试命令，掌握它们有助于更好地使用和维护网络。

1. Ping

相信玩过网络的人都会对"Ping"这个命令有所了解或耳闻。Ping命令是Windows 9X/NT中集成的一个专用于TCP/IP协议的测试工具，Ping命令是用于查看网络上的主机是否在工作，它是通过向该主机发送ICMP ECHO_REQUEST包进行测试而达到目的的。一般凡是应用

TCP/IP协议的局域或广域网络，不管是内部只有几台计算机的家庭、办公室局域网，还是校园网、企业网甚至国际互联网，当客户端与客户端之间无法正常进行访问或者网络工作出现各种不稳定的情况时，建议大家一定要先试试用 Ping这个命令来测试一下网络的通信是否正常，多数时候是可以一次奏效的。

（1）Ping命令的语法格式

Ping命令看似小小的一个工具，但它带有许多参数，要完全掌握它的使用方法还真不容易，要达到熟练使用则更是难上加难，但不管怎样我们还得来看看它的真面目，首先我们还是从最基本的命令格式入手吧！

Ping命令的完整格式如下。

Ping [-t] [-a] [-n count] [-l length] [-f] [-i ttl] [-v tos] [-r count] [-s count] [[-j -Host list] | [-k Host-list]] [-w timeout] destination-list

从这个命令式中可以看出它的复杂程度，Ping命令本身后面都是它的执行参数，现对其参数作一下详细讲解。

-t: 有这个参数时，当你Ping一个主机时系统就不停的运行Ping这个命令，直到你按下Control-C。

-a: 解析主机的NETBIOS主机名，如果你想知道你所Ping的要机计算机名则要加上这个参数了，一般是在运用Ping命令后的第一行就显示出来。

-n count：定义用来测试所发出的测试包的个数，默认值为4。通过这个命令可以自己定义发送的个数，对衡量网络速度很有帮助，例如，我想测试发送20个数据包的返回的平均时间为多少，最快时间为多少，最慢时间为多少就可以通过执行带有这个参数的命令获知。

-l length：定义所发送缓冲区的数据包的大小，在默认的情况下Windows的Ping发送的数据包大小 为32byte，也可以自己定义，但有一个限制，就是最大只能发送65500byte，超过这个数时，对方就很有可能因接收的数据包太大而死机，所以微软公司为了解决这一安全漏洞于是限制了Ping的数据包大小。

-f: 在数据包中发送"不要分段"标志，一般所发送的数据包都会通过路由分段再发送给对方，加上此参数以后路由就不会再分段处理。

-i ttl: 指定TTL值在对方的系统里停留的时间，此参数同样是帮助检查网络运转情况的。

-v tos: 将"服务类型"字段设置为"tos"指定的值。

-r count: 在"记录路由"字段中记录传出和返回数据包的路由。一般情况下发送的数据包是通过一个个路由才到达对方的，但到底是经过了哪些路由呢。通过此参数就可以设定用户想探测经过的路由的个数，不过限制在了9个，也就是说只能跟踪到9个路由。

-s count: 指定"count"指定的跃点数的时间戳，此参数和-r差不多，只是这个参数不记录数据包返回所经过的路由，最多也只记录4个。

-j host-list: 利用"computer-list"指定的计算机列表路由数据包。连续计算机可以被中间网关分隔IP允许的最大数量为 9。

-k host-list: 利用"computer-list"指定的计算机列表路由数据包。连续计算机不能被中间网关分隔IP 允许的最大数量为 9。

-w timeout: 指定超时间隔，单位为毫秒。

destination-list: 是指要测试的主机名或IP地址 。

（2）Ping命令的应用

我们知道可以用Ping命令来测试一下网络是否通畅，这在局域网的维护中经常用到，方法很简单，只需要在DOS或Windows的开始菜单下的"运行"子项中用Ping命令加上所要测试的目标计算机的IP地址或主机名即可（目标计算机要与所运行Ping命令的计算机在同一网络或通过电话线或其他专线方式已连接成一个网络），其他参数可全不加。如要测试台IP地址为196.168.1.21的工作站与服务器是否已连网成功，就可以在服务器上运行：Ping -a 196. 68.123.56 即可，如果工作站上TCP/IP协议工作正常，即会以DOS屏幕方式显示如下所示的信息：

Pinging cindy[196.168.1.21] with 32 bytes of data:

Reply from 196.168.1.21: bytes=32 time<10ms TTL=254

Reply from 196.168.1.21: bytes=32 time<10ms TTL=254

Reply from 196.168.1.21: bytes=32 time<10ms TTL=254

Reply from 196.168.1.21: bytes=32 time<10ms TTL=254

Ping statistics for 196.168.1.21:Packets: Sent = 4, Received = 4, Lost = 0 (0% loss),Approximate round trip times in milli-seconds: Minimum = 0ms, Maximum = 0ms, Average = 0ms

从上面我们就可以看出目标计算机与服务器连接成功，TCP/IP协议工作正常，因为加了"-a"这个参数所以还可以知道IP为196.168.1.21的计算机的NetBIOS名为cindy。

如果网络未连成功则显示如下错误信息。

Pinging[196.168.1.21] with 32 bytes of data

Request timed out.

Request timed out.

Request timed out.

Request timed out.

Ping statistice for 196.168.1.21: Packets:Sent=4,Received =0,Lost=4(100% loss), Approximate round trip times in milli-seconds Minimum=0ms,Maximum=0ms,Average=0ms

为什么不管网络是否连通在提示信息中都会有重复4次一样的信息呢？（如上面的"Reply from 196.168.1.21: bytes=32 time<10ms TTL=254"和"Request timed out"），那是因为一般系统默认每次用Ping测试时是发送4个数据包，这些提示就是告诉用户所发送的4个数据包的发送情况。

出现以上错误提示的情况时，就要仔细分析一下网络故障出现的原因和可能有问题的网上结点了，一般首先不要急着检查物理线路，先从以下几个方面来着手检查：一是看被测试计算机是否已安装了TCP/IP协议；二是检查被测试计算机的网卡安装是否正确且是否已经连通；三是看被测试计算机的TCP/IP协议是否与网卡有效的绑定（具体方法是通过选择"开始"→"控制面板"→"网络和Internet连接"来查看）；四是检查Windows NT服务器的网络服务功能是否已启动（可通过选择"开始"→"控制面板"→"性能和维护""管理工具""服务"，在出现的对话框中找到"Server"一项，看"状态"下所显示的是否为"已启动"），如图2-41所示。

图2-41　查看Server状态

如果通过以上四个步骤的检查还没有发现问题的症结，这时再查物理连接，我们可以借助查看目标计算机所接HUB或交换机端口的指示灯状态来判断目标计算机现网络的连通情况。

利用Ping这个工具我们可以获取对方计算机的IP地址，特别是在局域网中，我们经常是利用NT或WIN2K的DHCP动态IP地址服务自动为各工作站分配动态IP地址，这时当然我们要知道所要测试的计算机的NETBIOS名，即我们通常在"网上邻居"中看到的"计算机名"。

使用Ping命令时我们只要用Ping命令加上目标计算机名即可，如果网络连接正常，则会显示所Ping的这台机的动态IP地址。其实我们完全可以在互联网使用，以获取对方的动态IP地址，这一点对于黑客来说是比较有用的，当然首先的一点就是你先要知道对方的计算机名。上述应用技巧其实重点是Ping命令在局域网中的应用，其实Ping命令不仅在局域网中广泛使用，在Internet互联网中也经常使用它来探测网络的远程连接情况。平时，当我们遇到以下两种情况时，需要利用Ping工具对网络的连通性进行测试。例如，当某一网站的网页无法访问时，可使用Ping命令进行检测。另外，我们在发送E-mail之前也可以先测试一下网络的连通性。许多因特网用户在发送E-mail后经常收到诸如"Returned mail:User unknown"的信息，这说明您的邮件未发送到目的地。为了避免此类事件再次发生，所以建议大家在发送E-mail之前先养成Ping对方邮件服务器地址的习惯。例如，当给163网站邮件用户发邮件时，可先输入"ping 163.com"（其实163.com就是网易的其中一台服务器的名称）进行测试，如果返回类似于"Bad IP address 163.com"或"Request times out"或"Unknow host 163.com"等的信息，说明对方邮件服务器的主机未打开或网络未连通。这时即使将邮件发出去，对方也无法收到。

2．Ipconfig

与Ping命令有所区别，利用Ipconfig命令可以查看和修改网络中的TCP/IP协议的有关配置，如IP地址、网关、子网掩码等。Ipconfig是以DOS的字符形式显示。

Ipconfig命令的语法格式如下。

Ipconfig[/all][/batch file][/renew all][/release all][/renew n][/release n]

All：显示与TCP/IP协议相关的所有细节信息，其中包括测试的主机名、IP地址、子网掩码、节点类型、是否启用IP路由、网卡的物理地址、默认网关等。

Batch file：将测试的结果存入指定的"file"文件名中，以便于逐项查看，如果省略file文件名，则系统会把这测试的结果保存在系统的"winipcfg.out"文件中。

renew all：更新全部适配器的通信配置情况，所有测试重新开始。

release all：释放全部适配器的通信配置情况。

renew n：更新第n号适配器的通信配置情况，所有测试重新开始。

release n：释放第n号适配器的通信配置情况。

3．Netstat

与上述几个网络检测软件类似，Netstat命令也是可以运行于Windows的DOS提示符下的工具，利用该工具可以显示有关统计信息和当前TCP/IP网络连接的情况，用户或网络管理人员可以得到非常详尽的统计结果。当网络中没有安装特殊的网管软件，但要对整个网络的使用状况作详细了解时，就是Netstat大显身手的时候了。

它可以用来获得系统网络连接的信息（使用的端口和在使用的协议等），收到和发出的数据，被连接的远程系统的端口等。

Netstat命令的语法格式如下。

netstat [-a] [-e] [-n] [-s] [-p protocol] [-r] [interval]

参数解释如下：

-a：用来显示在本地机上的外部连接，它也显示我们远程所连接的系统，本地和远程系统连接时使用和开放的端口，以及本地和远程系统连接的状态。这个参数通常用于获得你的本地系统开放的端口，用它可以自己检查系统上有没有被安装木马，如果在机器上运行Netstat的话，发现诸如Port 12345(TCP) Netbus、Port 31337(UDP) Back Orifice之类的信息，则机器上就很有可能感染了木马。

-n：这个参数基本上是-a参数的数字形式，它是用数字的形式显示以上信息，这个参数通常用于检查自己的IP时使用，也有些人使用它是因为更喜欢用数字的形式来显示主机名。

-e：显示静态太网统计，该参数可以与 -s 选项结合使用。

-p protocol：用来显示特定的协议配置信息，它的格式为：Netstat -p xxx，xxx可以是UDP、IP、ICMP或TCP，如要显示机器上的TCP协议配置情况则我们可以用：Netstat -p tcp。

-s：显示机器的默认情况下每个协议的配置统计，默认情况下包括TCP、IP、UDP、ICMP等协议。

-r：用来显示路由分配表。

Interval：每隔"interval"秒重复显示所选协议的配置情况，直到按CTRL+C组合键中断。

从以上各参数的功能我们可以看出Netstat工具至少有以下方面的应用。

显示本地或与之相连的远程机器的连接状态，包括TCP、IP、UDP、ICMP协议的使用情况，了解本地机开放的端口情况。

检查网络接口是否已正确安装，如果在用Netstat这个命令后仍不能显示某些网络接口的信息，则说明这个网络接口没有正确连接，需要重新查找原因。

通过加入"-r"参数查询与本机相连的路由器地址分配情况。

还可以检查一些常见的木马等黑客程序，因为任何黑客程序都需要通过打开一个端口来达到与其服务器进行通信的目的，不过这首先要使你的这台机连入互联网才行，不然这些端口是不可能打开的，而且这些黑客程序也不会起到入侵的本来目的。

4. NBTSTAT

NBTSTAT命令用于查看当前基于NETBIOS的TCP/IP连接状态，通过该工具可以获得远程或本地机器的组名和机器名。虽然用户使用Ipconfig工具可以准确地得到主机的网卡地址，但对于一个已建成的比较大型的局域网，要去每台机器上进行这样的操作就显得过于费事了。网管人员通过在自己上网的机器上使用DOS命令NBTSTAT，可以获取另一台上网主机的网卡地址。它的语法格式如下。

NBTSTAT [[-a RemoteName] [-A IP address] [-c] [-n] [-r] [-R] [-RR] [-s] [-S] [interval]]

参数解释如下。

-a Remotename：说明使用远程计算机的名称列出其名称表，此参数可以通过远程计算机的NetBios名来查看其当前状态。

-A IP address：说明使用远程计算机的IP地址并列出名称表，这个和-a不同的是就是这个只能使用IP，其实-a就包括了-A的功能了。

-c：列出远程计算机的NetBIOS名称的缓存和每个名称的IP地址这个参数就是用来列出在你的NetBIOS里缓存的你连接过的计算机的IP。

-n：列出本地机的NetBIOS名称，此参数与上面所介绍的一个工具软件"netstat"中加"–a"参数功能类似，只是这个是检查本地的，如果把netstat -a后面的IP换为自己的就和nbtstat -n的效果是一样的了。

-r：列出Windows网络名称解析的名称解析统计。在配置使用WINS的Windows 2000 计算机上，此选项返回要通过广播或WINS来解析和注册的名称数。

-R：清除NetBIOS 名称缓存中的所有名称后，重新装入 Lmhosts 文件，这个参数就是清除nbtstat -c所能看见的缓存里的IP。

-S：在客户端和服务器会话表中只显示远程计算机的IP地址。

-s：显示客户端和服务器会话，并将远程计算机IP地址转换成NETBIOS名称。此参数和-S差不多，只是这个会把对方的NetBIOS名给解析出来。

-RR：释放在 WINS 服务器上注册的 NetBIOS 名称，然后刷新它们的注册。

Interval：每隔interval秒重新显示所选的统计，直到按CTRL+C组合键停止重新显示统计。如果省略该参数，nbtstat将打印一次当前的配置信息。此参数和netstat的一样，nbtstat中的"interval"参数是配合-s和-S

一起使用的。

关于NBTSTAT的应用就不多讲了，相信看了它的一些参数功能也就明白了它的功能，只是要特别注意这个工具中的一些参数是区分大、小写的，使用时要特别留心。另外在系统中还装有许多这方面的工具，如ARP命令是用于显示并修改Internet到以太网的地址转换表；nslookup命令的功能是查询一台机器的IP地址和其对应的域名，通常需要一台域名服务器来提供域名服务，如果用户已经设置好域名服务器，就可以用这个命令查看不同主机的IP地址对应的域名。另外还要说明的一点就是不同的系统中的相应命令参数设置可能有不同之处，但大体功能是一致的。

2.4　本章小结

简单地说，组策略设置就是在修改注册表中的配置。当然，组策略使用了更完善的管理组织方法，可以对各种对象中的设置进行管理和配置，远比手工修改注册表方便、灵活，功能也更加强大。通过本章的关于组策略设置、本地安全策略设置、共享设置及常用网络测试命令的介绍，相信读者通过自己的动手还会发现其还有很多其他方面的功能，这就需要靠读者慢慢地挖掘了。

2.5　思考与练习

1．填空题

（1）目前我们大部分个人计算机用户使用的都是Windows操作系统，由于微软公司在Windows系统上留下了大量的＿＿＿＿＿＿，使得袭击个人计算机成为一件异常容易的事情。

（2）＿＿＿＿＿＿策略是管理员对计算机进行设置的主要工具。

（3）＿＿＿＿＿＿是Windows系统中保存系统、配置应用软件的数据库，随着Windows功能的越来越丰富，其配置项目也越来越多。

（4）为防止黑客通过病毒或木马修改我们的注册表，可以在组策略中禁止进行访问注册表＿＿＿＿＿＿工具。

（5）从"控制面板"中的＿＿＿＿＿＿项目中可以安装、卸载、修复、添加或删除Windows的功能和组件以及Windows应用程序。

（6）＿＿＿＿＿＿账户是系统默认的管理员账户，在有其他账户的情况下禁用其可以提高系统的安全性。

（7）在Windows XP中＿＿＿＿＿＿对话框是管理、设置文件和文件夹的重要场所，是"资源管理器"中的一个重要菜单项，通过它可以修改文件的查看方式，编辑文件的打开方式等。

（8）某些具有黑客行为的蠕虫病毒可以通过扫描系统的指定端口，然后通过共享会话猜测管理员系统口令。因此，需要通过在＿＿＿＿＿＿策略中设置禁止枚举账号，从而抵御此类入侵行为。

（9）利用＿＿＿＿＿＿命令可以查看和修改网络中的TCP/IP协议的有关配置，如IP地址、网关、子网掩码等。

（10）利用＿＿＿＿＿＿这个工具可以获取对方计算机的IP地址。

2．简答题

（1）如何启动组策略？

（2）如何打开本地安全策略？

（3）介绍几种常用网络测试命令。

（4）说明Ipconfig[/all]中all参数的含义。

3．操作题

（1）Windows XP系统中的共享设置中的简单文件共享操作。

（2）设置禁止访问注册表编辑工具。

（3）设置隐藏或删除资源管理器中的项目。

（4）在计算机中设置隐藏文件夹。

（5）设置禁止更改TCP/IP属性。

（6）设置禁用IE"工具"菜单下的"Internet选项"菜单项。

（7）设置禁用Administrator账户。

（8）设置禁用注册表编辑器。

（9）设置禁止枚举账号。

（10）设置指派本地用户权利。

第3章　Windows系统漏洞检测工具

互联网络的飞速发展给人们的工作、生活带来了巨大的方便，但同时也带来了一些不容忽视的问题，网络信息的安全保密问题就是其中之一，网络开放性及黑客攻击是造成网络不安全的主要原因。

黑客入侵网络的过程一般是先利用扫描工具搜集目标主机或网络的详细信息，进而发现目标系统的漏洞或脆弱点，然后根据漏洞或脆弱点的特点展开攻击。"钓鱼"骗局是黑客常采用的一种技术，它们用电子邮件将用户骗到看起来极其真实的假冒网站，比如我们开户银行的仿冒网站。一旦用户登录，被骗者就无意识地泄露了个人财务信息，骗子就可用这些信息进行电子商务欺诈，并实施身份欺诈和盗窃。

例如：小王到公司后打开自己的电子邮箱，发现收到"招商银行"要求用户重新设置密码的邮件通知，邮件末尾还给出了设置密码的地址链接，小王立刻点击进行操作。下午再次登录网络银行却发现卡内的全部现金都不翼而飞。诈骗者一般都以银行、公安局等"权威"机构的名义向公众散发短信、电子邮件等，急切要求我们对某些关系到个人切身重大利益的事迅速做判断，很多人下意识地都会按照对方的提示操作以致受骗。

安全管理员可以利用扫描工具的扫描结果信息及时发现系统漏洞并采取相应的补救措施，避免受入侵者的攻击。因此检测和消除系统中存在的漏洞或脆弱点成为安全管理员的重要课题。

黑客在选择目标时，首先要确定目标主机存在哪些漏洞，是否可以利用这些漏洞为跳板实施攻击。所以，在我们的日常网络管理工作中，全面封堵这些漏洞是非常必要的。在系统漏洞方面，又以操作系统本身的安全漏洞最受黑客欢迎，当然对应用程序的安全漏洞也不能熟视无睹。下面将介绍Windows系统漏洞检测的一些方法。

本章重点：

- 漏洞的概念
- 端口扫描的基本理论
- 扫描器的基本理论
- 扫描器软件的使用

3.1　漏洞的基本概念

漏洞即某个程序（包括操作系统）在设计时未考虑周全，当程序遇到一个看似合理，但实际无法处理的问题时，引发的不可预见的错误。系统漏洞又称为安全缺陷，会对用户造成不良后果。

（1）如果漏洞被恶意用户利用，会造成信息泄露，如黑客攻击网站就是利用网络服务器操作系统的漏洞。

（2）对用户的操作使用造成不便，如不明原因的死机和文件丢失等。

因此只有堵住系统漏洞，用户才会有一个安全和稳定的工作环境。

漏洞的产生大致有以下3个原因。

（1）编程人员的人为因素：在程序编写过程，为实现不可告人的目的，编程人员在程序代码的隐蔽处保留后门；或者受编程人员的能力、经验和当时的安全技术所限制，在程序中存在不足之处，轻则影响程序效率，重则导致非授权用户的权限提升。

（2）硬件原因：编程人员无法弥补硬件的漏洞，从而使硬件的问题通过软件系统表现出来。

（3）客观原因：系统漏洞层出不穷也有其客观原因。任何事物都不能十全十美。Windows操作系统也是如此，而且由于其在桌面操作系统领域的垄断地位，使其存在的问题会很快暴露。此外和Linux等开放源代码的操作系统相比，Windows属于暗箱操作，普通用户无法获取源代码，安全问题都由微软公司自己解决。

一台计算机网络安全的漏洞有多方面的属性，主要可以用以下几个方面来概括。

● 漏洞可能造成的直接威胁。

● 漏洞的成因。

● 漏洞的严重性。

● 漏洞被利用的方式。

下面围绕这几个方面谈谈漏洞的分类。

1. 漏洞可能造成的直接威胁

按漏洞可能对系统造成的直接威胁分类，漏洞大致可以分成以下几类。

（1）远程管理员权限。攻击者无需用一个账号登录到本地计算机而直接获得远程系统的管理员权限，通常通过攻击以root（超级用户）身份执行的有缺陷的系统守护进程来完成。漏洞的绝大部分来源于缓冲区溢出，少部分来自守护进程本身的逻辑缺陷。

（2）本地管理员权限。攻击者在已有一个本地账号能够登录到系统的情况下，通过攻击本地某些有缺陷的suid程序，竞争条件等手段，得到系统的管理员权限。

（3）普通用户访问权限。攻击者利用服务器的漏洞，取得系统的普通用户存取权限，对UNIX类系统通常是shell（命令解析器）访问权限，对Windows系统通常是cmd.exe（命令提示符窗口）的访问权限，能够以一般用户的身份执行程序，存取文件。攻击者通常攻击以非root（超级用户）身份运行的守护进程，有缺陷的cgi（通用网关接口）程序等手段获得这种访问权限。

（4）权限提升。攻击者在本地通过攻击某些有缺陷的sgid程序，把自己的权限提升到某个非root（超级用户）用户的水平。获得管理员权限可以看作是一种特殊的权限提升，只是因为威胁的大小不同而把它独立出来。

（5）读取受限文件。攻击者通过利用某些漏洞，读取系统中其没有权限访问的文件，这些文件通常是与安全相关的。这些漏洞的存在可能是文件权限设置不正确，或者是特权进程对文件的不正确处理和意外dump core（核心转储），使受限文件的一部分内容到内存的映像（core）文件中。

（6）远程拒绝服务。攻击者利用这类漏洞，无需登录即可对系统发起拒绝服务攻击，使系统或相关的应用程序崩溃或失去响应能力。这类漏洞通常是系统本身或其守护进程有缺陷或设置不正确造成的。

（7）本地拒绝服务。在攻击者登录到系统后，利用这类漏洞，可以使系统本身或应用程序崩溃。这种漏洞主要因为是程序对意外情况的处理失误，如写临时文件之前没有检查文件是否存在，盲目跟随链接等。

（8）远程非授权文件存取。利用这类漏洞，攻击者可以不经授权地从远程存取系统的某些文件。这类漏洞主要是由一些有缺陷的cgi程序引起的，它们对用户输入没有做适当的合法性检查，使攻击者通过构造特别的输入获得对文件的存取操作权限。

（9）口令恢复。如果采用了很弱的口令加密方式，使攻击者可以很容易地分析出口令的加密方法，从而使攻击者通过某种方法得到密码后还原出口令的明文来。

（10）欺骗。利用这类漏洞，攻击者可以对目标系统实施某种形式的欺骗。这通常是由于系统程序存在某些缺陷。

（11）服务器信息泄露。利用这类漏洞，攻击者可以收集到对于进一步攻击系统有用的信息。这类漏洞的产生主要是因为系统程序有缺陷，一般是对错误的不正确处理。

（12）其他。虽然以上几种分类包括了绝大多数的漏洞情况，但还是有可能存在一些其他无法描述的漏洞。

> **注意：** 事实上一个系统漏洞对安全造成的威胁远不限于它的直接可能性，如果攻击者获得了对系统的一般用户访问权限，他就极有可能再通过利用本地漏洞把自己的操作权限升级为管理员权限。

2．漏洞的成因

按漏洞的成因分类，是对漏洞进行分类最令人头疼的一个话题。因为对漏洞研究的不同抽象层次，会对同一个漏洞做出不同的分类。对下面提到的ps竞争条件漏洞，从最低层次上来说是参数验证错误，因为系统调用并没有检查它们所处理的是否为同一个对象。从高一些的层次看，这是一个同步或竞争条件错误。从更高的层次看，这则是一个逻辑错误，因为对象可能在使用过程中被删除。至今也没看到一个比较完美的分类方案，包括一些专业的技术论坛网站上的分类也不能让人满意，现大致分成以下几类。

（1）输入验证错误。大多数的缓冲区溢出漏洞和cgi类漏洞都是由于未对用户提供的输入数据的合法性作适当的检查。

（2）访问验证错误。漏洞的产生是由于程序的访问验证部分存在某些可利用的逻辑错误，使绕过这种访问控制成为可能。上面提到的那个早期AIX（UNIX操作系统）的rlogin（远程登录）漏洞就是这种典型。

（3）竞争条件。漏洞的产生在于程序处理文件等实体时在时序和同步方面存在问题，这处理的过程中可能存在一个机会窗口使攻击者能够施以外来的影响。早期的Solaris系统的ps命令存在这种类型的漏洞，ps命令在执行的时候会在/tmp产生一个基于它系统进程的pid值的临时文件，然后把它chown（改变档案的拥有者）为root（超级用户），改名为ps_data。如果在ps命令运行时能够创建这个临时文件指向攻击者有兴趣的文件，这样ps命令执行以后，攻击者就可以对这个root拥有文件做任意的修改，这可以帮助攻击者获得root权限。

（4）意外情况处置错误。漏洞的产生在于程序在它的实现逻辑中没有考虑到一些意外情况，而这些意外情况是应该被考虑到的。大多数的/tmp目录中的盲目跟随符号链接覆盖文件的漏洞属于这种类型。临时文件一般都存储在/tmp目录中，该目录通常设置为任何人都可以读和写操作。例如，Sco UNIX openserver的/etc/sysadm.d/bin/userOsa存在盲目覆盖调试日志文件的问题，而文件名是固定的，通过把文件名指向某些特权文件，可以完全破坏系统。

（5）设计错误。这个类别是非常笼统的，严格来说，大多数的漏洞存在都是设计错误，因此所有暂时无法放入到其他类别的漏洞。

（6）配置错误。漏洞的产生在于系统和应用的配置有误，或是软件安装在错误的地方，或是错误的配置参数，或是错误的访问权限，策略错误。

（7）环境错误。由一些环境变量的错误或恶意设置造成的漏洞。如攻击者可能通过重置shell（UNIX操作系统中的一部分，是使用者与系统的界面）的内部分界符IFS，shell的转义字符，或其他环境变量，导致有问题的特权程序去执行攻击者指定的程序。

在漏洞的威胁类型和产生漏洞的错误类型之间存在一定的联系，有直接联系的威胁类型与错误类型用直线相连的示意图，如图3-1所示。

从图中可以看到输入验证错误几乎与所有的漏洞威胁有关，设计错误与错误的配置也会导致很多威胁。

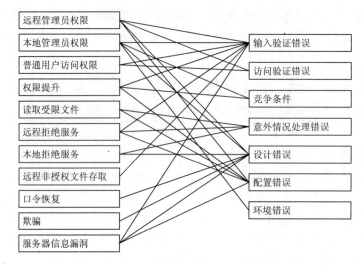

图3-1　漏洞威胁类型与漏洞错误类型联系图

3．漏洞的严重性

一般来说漏洞的威胁类型基本上决定了它的严重性，可以把严重性分成高、中、低这3个级别。

（1）远程和本地管理员权限大致对应高级。

（2）普通用户权限，权限提升，读取受限文件，远程和本地拒绝服务大致对应中级。

（3）远程非授权文件存取，口令恢复，欺骗，服务器信息泄露大致对应低级别。

注意：这只是最一般的情况，很多时候需要具体情况具体分析，如一个涉及针对流行系统本身的远程拒绝服务漏洞，就应该是高级。同样一个被广泛使用的软件如果存在弱口令问题，有口令恢复漏洞，也应该归为中高级。

4．漏洞被利用的方式

漏洞的存在是个客观事实，但漏洞只能以一定的方式被利用，每个漏洞都要求攻击方处于网络空间一个特定的位置，大致的攻击方式分为以下4类。

（1）物理接触。攻击者需要能够物理地接触目标系统才能利用这类漏洞，对系统的安全构成威胁，如图3-2所示。

（2）主机模式。主机模式是通常的漏洞利用方式。攻击方为客户机，被攻击方为目标主机。比如攻击者发现目标主机的某个守护进程存在一个远程溢出漏洞，攻击者可能因此取得主机的额外访问权。主机模式如图3-3所示。

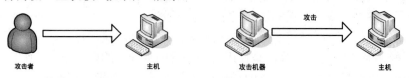

图3-2　物理接触　　　　　　　　图3-3　主机模式

（3）客户机模式。当一个用户访问网络上的某一台主机，他就可能遭到主机发送给自己恶意命令的袭击。客户机不应该过度信任主机。如Web浏览器IE就存在不少漏洞，使一些恶意的网站可以用html标记通过那些漏洞在浏览的客户机中执行程序或读写文件。客户机模式如图3-4所示。

（4）中间人方式。当攻击者位于一个可以观察或截获两个机器之间的通信的位置时，就可以认为攻击者处于中间人方式。因为很多时候主机之间以明文方式传输有价值的信息，因此攻击者可以很容易地攻入其他机器。对于某些公钥加密的实现，攻击者可以截获并取代密钥伪装成网络上的两个节点来绕过这种限制。中间人方式如图3-5所示。

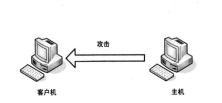
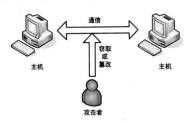

图3-4　客户机模式　　　　　　　　　　图3-5　中间人方式

3.2　端口扫描

一个端口就是一个潜在的通信通道，相对来说也是一个入侵通道。对目标计算机进行端口扫描，能得到许多有用的信息。进行扫描的方法很多，可以手工进行扫描，也可以用端口扫描软件进行。

在手工进行扫描时，需要熟悉各种命令，对命令执行后的输出进行分析；使用扫描软件进行扫描时，许多扫描器软件都有分析数据的功能，可以直接得到许多有用的信息，从而发现系统的安全漏洞。

1．端口的基本概念

"端口"在计算机网络领域中是个非常重要的概念。它是专门为计算机通信而设计的，它不是硬件，不同于计算机中的"插槽"，可以说是"软插槽"。如果有需要的话，一台计算机中可以有上万个端口。

端口是由计算机的通信协议TCP/IP协议定义的。其中规定，用IP地址和端口作为套接字（Socket），它代表TCP连接的一个连接端，一般称为套接字。具体来说，就是用"IP：端口"来定位一台主机中的进程。可以做这样的比喻，端口相当于两台计算机进程间的大门，可以随便定义，其目的只是为了让两台计算机能够找到对方的进程。计算机就像一座大楼，这个大楼有好多入口（端口），进到不同的入口中就可以找到不同的公司（进程）。如果要和远程主机A的程序通信，那么只要把数据发向"A：端口"就可以实现通信了。

可见，端口与进程是一一对应的，如果某个进程正在等待连接，称为该进程正在监听，那么就会出现与它相对应的端口。由此可见，入侵者通过扫描端口，便可以判断出目标计算机有哪些通信进程正在等待连接。

2．端口的分类

端口是一个16bit的地址，用端口号进行标识不同作用的端口。端口一般分为两类。

（1）熟知端口号（公认端口号）：由互联网指派名字和号码公司ICANN负责分配给一些常用的应用层程序固定使用的熟知端口，其数值一般为0～1023。

（2）一般端口号：用来随时分配给请求通信的客户进程。

3．端口扫描原理

入侵者如果想要探测目标计算机都开放了哪些端口？提供了哪些服务？就需要先与目标端口建立TCP连接，这也就是"扫描"的出发点。尝试与目标主机的某些端口建立连接，如果目标主机的该端口有回复，则说明该端口开放，即为"活动端口"。

扫描的原理分类如下。

（1）全TCP连接

这种扫描方法使用"三次握手"，与目标计算机建立标准的TCP连接。需要说明的是，这种古老的扫描方法很容易被目标主机记录。

（2）半打开式扫描（SYN扫描）

扫描主机自动向目标计算机的指定端口发送SYN数据段，表示发送建立连接请求。

①如果目标计算机的回应TCP报文中SYN 1，ACK 1，则说明该端口是活动的，接着扫描主机传送一个RST给目标主机拒绝建立TCP连接，从而导致"三次握手"过程的失败。

②如果目标计算机的回应是RST，则表示该端口为"死端口"，这种情况下，扫描主机不用做任何回应。

由于扫描过程中，全连接尚未建立，所以大大降低了被目标计算机记录的可能性，并且加快了扫描的速度。

（3）FIN扫描

在前面介绍过的TCP报文中，有一个字段为FIN，FIN扫描则依靠发送FIN来判断目标计算机的指定端口是否活动。

发送一个FIN的TCP报文到一个关闭的端口时，该报文会被丢掉，并返回一个RST报文。但是，如果当FIN报文到一个活动的端口时，该报文只是丢掉，不会返回任何回应。

从FIN扫描可以看出，这种扫描没有涉及任何TCP连接部分，因此这种扫描比前两种都安全，可以称为秘密扫描。

（4）第三方扫描

第三方扫描又称"代理扫描"，这种扫描方式是利用第三方主机来代替入侵者进行扫描。这个第三方主机一般是入侵者通过入侵其他计算机而得到的，该"第三方"主机常被入侵者称之为"肉鸡"。这些"肉鸡"一般为安全防御系数极低的个人计算机。

3.3 网络和操作系统漏洞扫描器

漏洞扫描器是用来自动检查一个本地或者远程主机安全漏洞的程序。与其他端口扫描器一样，它们查询端口并记录返回结果。网络弱点扫描系统根据所定义的漏洞列表对目标系统的弱点信息进行收集、比较和分析，一旦发现目标主机的漏洞便提交报告给用户，并说明如何利用该漏洞以及如何对该漏洞进行修补。一个好的漏洞扫描器能成功获得关于目标系统安全脆弱点的详细信息，提供修补这些脆弱点应采取的措施，这些信息对于安全管理员维护网络的安全至关重要。

3.3.1　认识扫描器

在安全领域中，扫描器发挥着十分重要的作用。不同的扫描器可以提供不同的功能，如信息扫描、漏洞扫描器等。由于本节中所介绍的扫描器是以漏洞扫描功能为主的扫描器，因此本节中谈到的"扫描器"一词均指漏洞扫描器。

扫描器对不同的使用者来说，其意义不同。对于系统管理员来说，扫描器是维护系统安全的得力助手；对于黑客而言，扫描器是最基本的攻击工具。有一句话可以充分说明扫描器对黑客的重要性，"一个好的扫描器相当于数百个合法用户的账户信息"。

本节是从扫描器相关的基本理论入手介绍扫描器的，至于具体的扫描器工具在后续章节中会有详细介绍。了解本节中的内容将有助于更好地理解与使用扫描器。

3.3.2　漏洞扫描器概述

黑客技术中的扫描主要是指通过固定格式的询问来试探主机的某些特征的过程，而提供了扫描功能的软件工具就是扫描器。早期的扫描器大多是专用的，即一种扫描器只能扫描一种特定的信息。随着网络的发展，各种系统漏洞被不断地发现，扫描器的种类也随之增多，为了简化扫描过程，人们把众多的扫描器集成为一个扫描器。目前，正在使用的扫描器中，绝大多数都是这种集成扫描器（综合扫描器）。

扫描器可以检测远程主机和本地系统的安全性，对远程主机和本地系统进行扫描是有区别的。对远程主机进行扫描属于外部扫描，即扫描远程主机的一些外部特性，这些外部特性是由远程主机开放的服务决定的。对本地系统进行扫描属于内部扫描，通常是以系统管理员权限进行的扫描。一般来说，黑客攻击的第一步就是对远程主机进行各种扫描。

漏洞扫描器是一种自动检测远程或本地主机安全性弱点的程序。通过使用漏洞扫描器，系统管理员能够发现所维护的Web服务器的各种TCP端口的分配、提供的服务、Web服务软件版本和这些服务、软件呈现在Internet上的安全漏洞。

使用安全漏洞扫描器基本上有3个原因。

（1）集中式的找出安全漏洞。使用安全漏洞扫描器，可以找出各系统的漏洞，并集中了解漏洞内容，不需要每天注意各操作系统的漏洞通报，因为各操作系统的漏洞通报不会定时的发布，即使发布了，使用者也不一定知道。

（2）降低风险指数。由安全漏洞扫描器所检测出来的漏洞，会提供修正的步骤及补丁程序下载网址，进而减少系统漏洞，降低风险指数。

（3）黑客也使用安全漏洞扫描器。当黑客要入侵一个网站或企业时，也会使用某些工具先去了解这个网站的操作系统、服务以及漏洞，接着再开始入侵，而这些工具便是安全漏洞扫描器。系统管理者可以通过扫描器来仿真黑客的手法，了解自己网络或主机上的漏洞。

既然网络中已经部署了防火墙、防杀病毒软件、入侵检测系统（IDS）等安全产品，为什么还需要漏洞扫描器呢？

从某种意义上说，防火墙软件类似小区的围墙，规定了数据包只能从某个"门"（端口）进入；入侵检测系统类似小区的监视系统；而扫描器相当于每天负责检查各家各户的门是否锁好的保安。从这个形象的比喻中可以看到，"扫描器"的工作出发点和防火墙及IDS有着本质的不同："扫描器"的工作理念是让所有的主机自身都是坚固的，没有任何漏洞，这样即使有黑客试图入侵也无任何缝隙可钻；而防火墙和IDS的工作理念是在有黑客入侵时不让该入侵行为得逞。这两个理念存在互补性，扫描器更偏重"治本"。漏洞扫描器的广泛使用是和其用途密切相关的。

3.3.3　漏洞扫描器的分类

漏洞扫描器一般分成网络型安全漏洞扫描器、主机型安全漏洞扫描器及数据库安全漏洞扫描器。

1．网络型安全漏洞扫描器

网络型安全漏洞扫描器主要是仿真黑客经由网络端发出数据包，以主机接收到数据包时的响应作为判断标准，进而了解主机的操作系统、服务及各种应用程序存在的漏洞。

网络型安全漏洞扫描器可以放置于Internet端，也就是可以放在家里去扫描自己企业主机的漏洞，这样等于是在仿真一个黑客从Internet去攻击企业主机的行为。

当然，不一定非要从Internet端去作扫描，因为那样速度会较慢。我们也可以把扫描器放在防火墙之前去作扫描，由得出来的报告了解防火墙帮企业把关了多少非法数据包，也可以由此知道防火墙设定的是否良好。通常，即使有防火墙把关，还是可以扫描出漏洞，因为除了人为设定的疏忽外，最重要的是防火墙还是会打开一些特定的端口，让数据包流进来，如HTTP、FTP等，而这些防火墙所允许的漏洞，便必须由入侵检测系统来把关了。

最后，还可以在隔离区（DMZ）及企业内部去作扫描，以了解在没有防火墙把关下，主机的弱点有多少。企业内部的人员也可能是黑客，而且更容易得逞，因为并没有防火墙帮企业用户把关，同样地除了由扫描去减少自己企业内部主机的漏洞外，还要在企业内部装置所谓的入侵检测系统才能够帮企业内部作监控，安全漏洞扫描器和入侵检测系统是相辅相成的。

2．主机型安全漏洞扫描器

主机型的安全漏洞扫描器最主要是针对操作系统内部问题作更深入的扫描，如UNIX、Windows NT、Linux，它可弥补网络型安全漏洞扫描器只从外面通过网络检查系统安全的不足。一般采用Client/Server的架构，会有一个统一控管的主控台（Console）和分布于各重要操作系统的Agents，然后由Console端下达命令给Agents进行扫描，各Agents再回报给Console扫描的结果，最后由Console端呈现出安全漏洞报表。

3．数据库安全漏洞扫描器

除了以上两大类的扫描器外，还有一种专门针对数据库作安全漏洞检查的扫描器，像ISS公司的Database Scanner，其架构和网络型扫描类似，主要功能为找出不良的密码设定、过期密码设定、侦测登入攻击行为、关闭久未使用的账号，而且能追踪登入期间的限制活动等。定期检查每个登入账号密码长度是一件非常重要的事，因为密码是数据库系统的第一道防线。

除了密码的管理，操作系统保护了数据库吗？一般关于数据库经常有"port addressable"的特性，也就是使用者可以利用客户端程序和系统管理工具直接从网络存取数据库，无需理会主机操作系统的安全机制。而且数据库有扩展存储过程（extended stored procedure）和其他工具程序，可以让数据库和操作系统以及常见的电子商务设备（如网页服务器）互动。

3.3.4　漏洞扫描器的用途

由扫描器的定义可以了解到扫描器的主要用途有以下几个方面。

（1）发现漏洞。即通过对漏洞扫描来准确地发现网络中哪些主机或设备存在哪些漏洞。

（2）获得可用的报表。即通过对扫描发现的漏洞进行统计分析，产生有意义的报表，其中包括漏洞的详细描述和修补方法。

（3）展示漏洞情况。通过扫描来了解到网络中各主机当前的漏洞情况及修补情况。

根据漏洞扫描器的不同类型，实现的功能也有区别。

1．网络型安全漏洞扫描器主要的功能

网络型安全漏洞扫描器主要的功能有以下几种。

（1）服务扫描侦测：提供熟知端口服务的扫描侦测及熟知端口以外的端口扫描侦测。

（2）后门程序扫描侦测：提供PCAnywhere、NetBus、Back Office、Back Office 2000、Back door 2k（BO2K）等远程控制程序（后门程序）的扫描侦测。

（3）密码破解扫描侦测：提供密码破解的扫描功能，包括操作系统及程序密码破解扫描，如FTP、POP3、Telnet等。

（4）应用程序扫描侦测：提供已知的破解程序执行扫描侦测，包括CGI-BIN、Web Server漏洞、FTP Server等的扫描侦测。

（5）DOS扫描测试：提供DOS的扫描攻击测试。

（6）系统安全扫描侦测：如NT的Registry、NT Groups、NT Networking、NT User、NT Passwords、DCOM（Distributed Component Object Model）、安全扫描侦测。

（7）分析报表：产生分析报表，并告诉管理者如何去修补漏洞。

（8）安全知识库的更新：所谓安全知识库就是黑客入侵手法的知识库，必须时常更新，才能落实扫描。

2．主机型安全漏洞扫描器主要的功能

主机型安全漏洞扫描器主要的功能有以下几种。

（1）重要资料锁定：利用安全的Checksum（SHA1）来监控重要资料或程序的完整及真实性，如Index.html档。

（2）密码检测：采用结合系统信息、字典和词汇组合的规则来检测易猜的密码。

（3）系统日志文件和文字文件分析：能够针对系统日志文件，如Unix的syslogs及NT的事件检视（Event Log），及其他文字文件（Text files）的内容做分析。

（4）动态式的警讯：当遇到违反扫描政策或安全弱点时提供实时警讯并利用E-mail、SNMP traps、呼叫应用程序等方式回报给管理者。

（5）分析报表：产生分析报表，并告诉管理者如何去修补漏洞。

（6）加密：提供控制台和代理之间的TCP/IP连接认证、确认和加密等功能。

（7）安全知识库的更新：主机型扫描器由中央控管并更新各主机代理的安全知识库。

3．安全评估及措施

在实现了对服务器的安全扫描后，便可根据扫描结果，对服务器的安全性能进行评估，给出服务器的安全状况。下面给出一个大致的评价标准。需要特别注意的是：评价标准应该根据应用系统、应用背景的不同而有相应的改变，并不存在绝对的评估标准。

（1）A级：扫描结果显示没有漏洞。这并不表明绝对没有漏洞，因为有许多漏洞是尚未发现的，但攻击者只能针对已知的漏洞进行测试。

（2）B级：具有一些泄漏服务器版本信息之类的不是很重要的漏洞，或者提供容易造成被攻击的服务，如允许匿名登录，这种服务可能会造成许多其他漏洞。

（3）C级：具有危害级别较小的一些漏洞，如可以验证某账号的存在，可以造成列出一些页面目录，文件目录等，不会造成严重后果的漏洞。

（4）D级：具有一般危害程度的漏洞，如拒绝服务漏洞，造成服务器不能正常工作，可以让黑客获得重要文件访问权的漏洞等。

（5）E级：具有严重危害程度的漏洞，如存在缓冲区溢出漏洞，存在木马后门，存在可以让黑客获得根用户权限的漏洞，根目录被设置一般用户可写等一些后果非常严重的漏洞。

通过安全评估后，用户可以根据具体情况采取措施，包括给系统打补丁（从技术网站上下载）、关闭不需要的应用服务等来对系统进行加固。可以看出，漏洞扫描、安全评估、采取措施是一个循环的工作流程，用户可以在使用中多加揣摩，从而保证网络系统的安全。

> 注意：从其用途可以看出，漏洞扫描工具是一把双刃剑，黑客也可以通过它来获取目标主机的薄弱环节。实际上日常发生的黑客入侵事件中，90%以上的行为都是从漏洞扫描开始的。

3.3.5　漏洞扫描器的实现原理

网络漏洞扫描器通过远程检测目标主机TCP/IP不同端口的服务，记录目标给予的回答。通过这种方法，可以搜集到很多目标主机的各种信息（例如，是否能用匿名登录，是否有可写的FTP目录，是否能用Telnet，httpd，是否用root在运行）。在获得目标主机TCP/IP端口和其对应网络访问服务的相关信息后，与网络漏洞扫描系统提供的漏洞库进行匹配，如果满足匹配条件，则视为漏洞存在。此外，通过模拟黑客的进攻手法，对目标主机系统进行攻击性的安全漏洞扫描，如测试弱势口令等，也是扫描模块的实现方法之一。如果模拟攻击成功，则视为漏洞存在。

在匹配原理上，网络漏洞扫描器采用的是基于规则的匹配技术，即根据安全专家对网络系统安全漏洞、黑客攻击案例的分析和系统管理员关于网络系统安全配置的实际经验，形成一套标准的系统漏洞库，然后在此基础之上构成相应的匹配规则，由程序自动进行系统漏洞扫描的分析工作。

整个网络扫描器的工作原理是，当用户通过控制平台发出了扫描命令之后，控制平台向扫描模块发出相应的扫描请求，扫描模块在接到请求之后立即启动相应的子功能模块，对被扫描主机进行扫描。通过对从被扫描主机返回的信息进行分析判断，扫描模块将扫描结果返回给控制平台，再由控制平台最终呈现给用户。

3.3.6　防御扫描的安全策略

单从危害来看，黑客对远程主机进行漏洞扫描比进行内部扫描的危害更大，这时说明黑客已经侵入了系统。此时，查找出黑客打开的后门并加以封锁是"亡羊补牢"成功与否的关键。

防御扫描，对外部扫描无法主动防范，因为外部扫描可能存在于网络的任何一个位置上。关闭不必要的服务与端口、及时安装各种补丁程序可以从一定程度上减少外部扫描带来的安全隐患。

需要注意的是某个系统是安全的并不代表这个系统可以抵御任何攻击行为，即不存在攻不破的堡垒。在网络安全中，某个系统只要让入侵者入侵系统时所付出的代价大于他所获得的利益，就可以认为这个系统是安全的。

3.3.7 扫描器的使用策略

及时更新扫描器的版本是最基本的使用策略，一般的发布顺序是系统漏洞首先被披露，然后是相关的补丁程序，最后才是扫描器。尽管如此，用户"打补丁"并不一定及时，因此及时下载扫描器的最高版本是十分重要的。

多种扫描器要搭配使用。由于扫描器设计与编写目的的不同，各自的功能和性能往往会有一定的差别。以"抓肉鸡"（肉鸡指被控制了的远程主机）为例，可以先使用一些扫描速度快但功能少的扫描器扫描多个网段中的远程主机，随后使用一些扫描速度慢但功能强的扫描器重点扫描其中的一部分主机，最后确定对哪些远程主机进行入侵。

扫描器归根结底是扫描方法的集合，扫描器的出现极大地方便了用户，但扫描器并不是万能的。对于系统管理员而言，对具体的扫描方法也要有一定的了解与掌握，例如某个漏洞刚被发现时，它对应的扫描器往往不会同期被发布，漏洞的存在对系统构成了潜在的威胁，这种情况下，可以通过端口检测等一些扫描方法加以检查。

3.4 扫描检测工具介绍

3.4.1 X-Scan介绍

X-Scan是国内最著名的综合扫描器之一，它是完全免费的，是不需要安装的绿色软件，界面支持中文和英文两种语言，有图形界面和命令行两种操作方式。主要由国内著名的民间黑客组织"安全焦点"（http://www.xfocus.net）完成，从2000年的内部测试版X-Scan V0.2到目前的最新版本X-Scan 3.3-cn都凝聚了国内众多黑客的心血。最值得一提的是，X-Scan把扫描报告和"安全焦点"网站相连接，对扫描到的每个漏洞进行"风险等级"评估，并提供漏洞描述、漏洞溢出程序，方便网管测试、修补漏洞。

1. X-Scan的功能简介

采用多线程方式对指定IP地址段（或单机）进行安全漏洞检测，支持插件功能。扫描内容包括：远程服务类型、操作系统类型及版本，各种弱口令漏洞、后门、应用服务漏洞、网络设备漏洞、拒绝服务漏洞等20多个大类。对于多数已知漏洞，给出了相应的漏洞描述、解决方案及详细描述链接。

X-Scan 3.0及后续版本提供了简单的插件开发包，便于有编程基础的朋友自己编写或将其他调试通过的代码修改为X-Scan插件。

2. 使用X-Scan扫描器

X-Scan扫描器的图形界面（xscan_gui.exe）如图3-6所示。

X-Scan这个综合扫描器包含许多扫描项目，如扫描端口，扫描NT-Server弱口令等扫描项目，并且这些项目是可选的。通过设置"扫描参数"来手动选择需要扫描哪些项目，如图3-7所示。选择"设置（W）"→"扫描参数（Z）"选项，或者直接单击界面上的快捷图标"○"来打开"扫描参数"选项。

下面对设置界面中的各个模块进行一些简要的说明。

（1）"检测范围"模块，如图3-8所示。

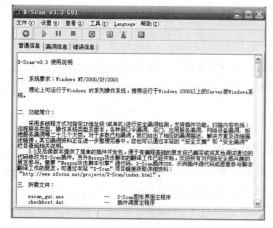

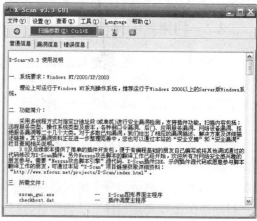

图3-6　X-Scan的图形界面　　　　　　　　图3-7　扫描参数

可以在右侧窗口的"指定IP范围"的输入框中使用键盘输入独立的IP地址或域名，也可输入以"-"和","分隔的IP地址范围，如"192.168.0.1-20，192.168.1.10-192.168.1.254"，或类似"192.168.100.1/24"的格式。

单击勾选"从文件获取主机列表"，来读取待检测的主机地址，文件格式应为纯文本文件格式，每一行可包含独立IP或域名，也可包含以"-"和","分隔的IP范围。

（2）在"扫描参数"下的"全局设置"模块，如图3-9所示。

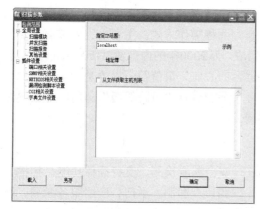

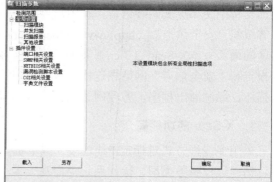

图3-8　指定IP范围　　　　　　　　　　　图3-9　全局设置

（3）在"扫描模块"中，选择本次扫描需要加载的插件，如图3-10所示。通过单击"勾选"来选择所要扫描的项目。

下面对其中常见的扫描模块进行介绍。

- NT-Server弱口令：探测NT主机用户名密码是否过于简单。
- NetBios信息：NetBios（网络基本输入输出协议）通过139端口提供服务。默认情况下存在。可以通过NetBios获取远程主机信息。
- Snmp信息：探测目标主机的Snmp（简单网络管理协议）信息。通过对这一项的扫描，可以检查出目标主机在Snmp中不正当的设置。
- FTP弱口令：探测FTP服务器（文件传输服务器）上密码设置是否过于简单或允许匿名登录。

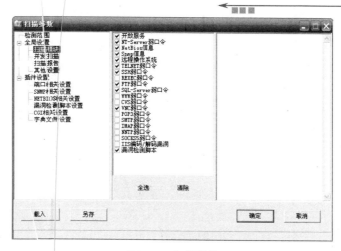

图3-10 扫描模块

- SQL-Server弱口令：如果SQL-Server（数据库服务器）的管理员密码采用默认设置或设置过于简单，如"123"、"abc"等，就会被X-Scan扫描出SQL-Server弱口令。
- POP3弱口令：POP3是一种邮件服务协议，专门用来为用户接收邮件。选择该项后，X-Scan会探测目标主机是否存在POP3弱口令。
- SMTP漏洞：SMTP（简单邮件传输协议）漏洞指SMTP协议在实现过程中的出现的缺陷（Bug）。

"并发扫描"选项：设置并发扫描的主机数量和并发线程数，也可以单独为每个主机的各个插件设置最大线程数，如图3-11所示。

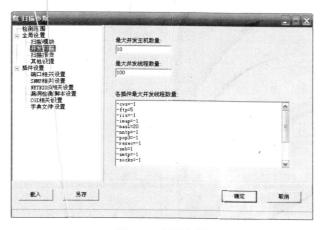

图3-11 并发扫描

"扫描报告"选项：扫描结束后生成的报告文件名，保存在LOG目录下。扫描报告目前支持TXT、HTML和XML这3种格式，如图3-12所示。

"其他设置"选项，如图3-13所示。其中，"跳过没有响应的主机"表示若目标主机不响应ICMP ECHO及TCP SYN报文，X-Scan将跳过对该主机的检测。"跳过没有检测到开放端口的主机"表示若在用户指定的TCP端口范围内没有发现开放端口，将跳过对该主机的后续检测。"使用NMAP判断远程操作系统"表示X-Scan使用SNMP、NETBIOS和NMAP综合判断远程操作系统类型，若NMAP频繁出错，可关闭该选项。"显示详细信息"选项主要用于调试，一般情况下不推荐使用该选项。

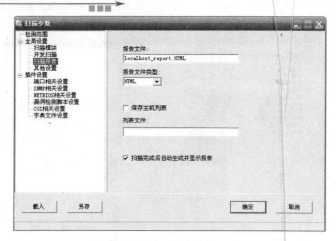

图3-12　扫描报告

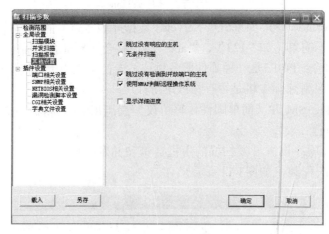

图3-13　其他设置

（4）在"扫描参数"中的"插件设置"模块，如图3-14所示。

该模块提供对各个插件的设置方法。

端口相关设置：其中待检测端口的默认值已经很详细，保留默认值。检测方式包括TCP和SYN两种检测方式，如图3-15所示。

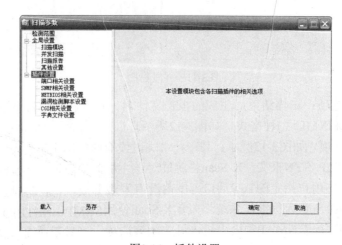

图3-14　插件设置

　　这两种方式在前面都有所介绍。TCP方式扫描出的信息比较详细、可靠但不安全，容易被目标主机发现。SYN方式扫描出的信息不一定详细，可能会出现漏报的情况，但是扫描比较安全，不容易被发现。在这里设置成SYN扫描，其他的保留默认值，如图3-15所示。

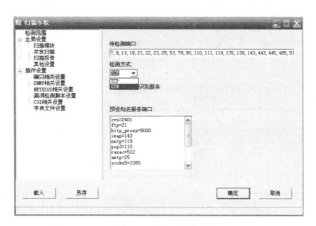

图3-15　检测方式

　　开始扫描的具体操作如下。

　　选择"文件（V）"→"开始扫描（W）"菜单命令或单击快捷图标"▷"按钮开始扫描，在扫描过程中，可从"文件（V）"菜单命令或快捷图标"❚❚"按钮、"■"按钮中单击"暂停扫描"按钮或"停止扫描"按钮，如图3-16所示。

图3-16　开始扫描

　　查看扫描报告的方法如下。

　　选择"查看（X）"→"检测报告（V）"菜单命令或单击快捷图标"▦"按钮，打开扫描报告如图3-17所示。

　　这个HTML（网页）文件是扫描结果报告，其中的红色部分代表目标主机存在的安全隐患，单击其中的"详细资料"便可查看对应主机的详细扫描报告。

　　X-Scan还有一个命令行方式的扫描程序，其原理与图形界面的X-Scan相同，只是使用的方法不同而已。图形界面的扫描器主要用在本机执行，而命令行下的扫描器经常被入侵者用来进行第三方扫描。

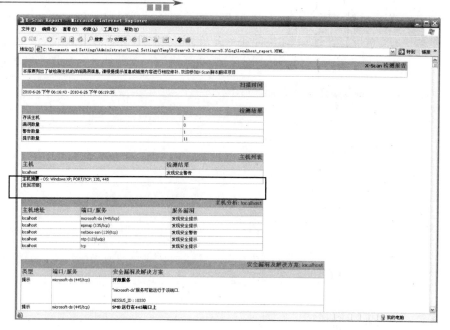

图3-17　查看扫描报告

3.4.2　金山毒霸漏洞扫描工具

金山公司的金山卫士这个软件不仅能自动搜索存在的系统补丁漏洞，还可以自动搜索系统存在的其他漏洞。使用金山毒霸漏洞扫描工具可以扫描用户计算机上的操作系统和其他应用软件的漏洞。当新的安全漏洞出现时，金山毒霸会自动下载漏洞信息和补丁，经扫描程序检查后主动帮助用户修补。此功能可避免利用系统漏洞的病毒侵入系统，确保用户的计算机随时保持在安全状态。下面介绍使用金山毒霸漏洞扫描工具扫描系统漏洞的方法，具体操作步骤如下。

（1）下载并安装好金山卫士后使用鼠标双击金山卫士的软件图标，打开金山卫士的窗口，如图3-18所示。

图3-18　"金山卫士"窗口

（2）单击"修复漏洞"按钮，扫描工具会自动进行漏洞扫描，如图3-19所示，显示正在扫描系统漏洞。

图3-19　扫描系统漏洞

（3）扫描完成，扫描工具自动弹出扫描结果，在结果中详细列出用户当前系统中存在的多个漏洞（包括一些应用软件的漏洞）和安全隐患，如图3-20所示。

图3-20　扫描结果

（4）使用鼠标单击勾选扫描报告中各个漏洞前面的复选框，然后单击金山卫士界面右下角"立即修复"按钮，扫描工具就开始下载并自动安装这些漏洞的补丁程序，如图3-21所示。

图3-21　修复漏洞

（5）修复成功后如图3-22所示，在金山卫士界面右下角会出现"立即重启"和"稍后重启"两个按钮。

图3-22   是否重启计算机

3.4.3   多线程扫描工具——X-way26

X-way26软件是个有许多优秀功能的多线程扫描工具。

- 高级扫描功能：可对系统进行综合扫描，包括端口扫描，系统CGI漏洞扫描，包括搜集的1000多条CGI漏洞，IIS5 NULL.printer漏洞扫描，还可对NT主机进行IPC探测，列举主机用户、共享资源、工作组等，获取Web服务信息，SMTP的VERY/EXPN用户验证及漏洞检测，FTP匿名登录检测，Finger探测，RPC探测，弱口令检测，增加代理扫描。
- 主机扫描：可对一个范围的IP地址进行扫描，包括Ping方式搜索，端口方式搜索，及共享主机、自定义CGI、IIS5 NULL.printer扫描，IIS SHELL扫描，MS-SQL空口令肉鸡，匿名FTP服务器，免费SOCKS5、HTTP代理服务器（其实是proxy hunter）搜索，同样支持代理扫描。
- 查询器：有几个实用功能的查询器，包括IP位置查询，时间服务器查询，DNS查询，Finger查询，NT时间查询。
- 猜解机：对POP协议、FTP协议、共享资源、MSSQL密码、Socks5代理、HTTP页面服务猜解，包括通过字典猜解，自定义字符猜解和广度算法多线程进行穷举猜解。
- 黑匣子：包括经典的NUKE，OOB炸弹，还有几种DDOS测试工具的资料搜集和扩展。
- 嗅探器：新增功能，可嗅探局域网内的数据包，并且如果有人登录FTP、POP等就会自动嗅探出用户和密码。
- 其他：包括TELNET，内置TFTP小型服务器，SQL远程命令，程命令行等，远程修改NT密码，代理服务器验证，支持，扫描结果自动报告生成。

3.4.4   俄罗斯专业安全扫描软件——SSS

SSS扫描器是一款非常专业的安全漏洞扫描软件，功能非常强大，是网络安全人员必备软件之一。能扫描服务器的各种漏洞，包括很多漏洞扫描、账号扫描、DOS扫描等，而且漏洞数据可以随时更新。SSS（Shadow Security Scanner）在安全扫描软件中享有速度快、功效好的盛名，其功能远远超过了其他扫描分析工具。

SSS简单好用，可以对很大范围内的系统漏洞进行安全、高效、可靠的安全检测，对系统全部扫描之后，可以对收集的信息进行分析，发现系统设置中容易被攻击的地方和可能的错误，得出对发现问题的可选的解决方法。使用了完整的系统安全分析算法-intellectual core

（智能核心），该算法已经申请了专利。其系统扫描的速度和精度足以和专业的安全机构叫板。它不仅可以扫描Windows系列平台，而且还可以应用在UNIX及Linux、FreeBSD、OpenBSD、NetBSD、Solaris等。

3.4.5 SQL注入漏洞扫描器

SQL注入漏洞是指Web程序员在开发Web程序时，代码编写不严谨，用户可以提交一段数据库查询代码，根据程序返回的结果，获得某些用户想得知的数据，这就是所谓的SQL Injection，即SQL注入，是比较流行的一种Web攻击方式。

小榕开发的两款在cmd命令窗口中运行的SQL注入点扫描工具，扫描速度很快。Wis（Web Injection Scanner），可以自动对整个网站进行SQL Injection 脆弱性扫描，并且能够扫描后台登录界面。命令格式如下。

"wis http://www.someaspsite.com/index.asp"；扫描整个www.someaspsite.com网站，找出存在SQL Injection的页面。

"wis http://www.someaspsite.com/index.asp /a"；扫描网站后台管理页面入口，如图3-23所示。

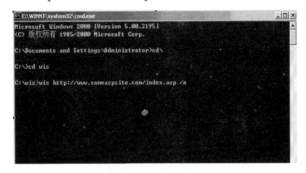

图3-23 wis的命令格式

Wed（Web Entry Detector），针对存在SQL Injection的网站对管理账号进行扫描的程序。命令格式如下。

"wed http://www.someaspsite.com/shownews.asp?id=1"；对存在SQL Injection漏洞的网站进行后台管理账号扫描，这里假设"http://www.someaspsite.com/shownews.asp?id=1"是SQL注入点，如图3-24示。

图3-24 wed的命令格式

3.4.6　多线程IP、SNMP扫描器——Retina扫描器

Retina是eEye公司（www.eeye.com）的产品，强大的网络漏洞检测技术可以有效地检测并修复各种安全隐患和漏洞，并且生成详细的安全检测报告，兼容各种主流操作系统、防火墙、路由器等各种网络设备。曾在国外的安全评估软件的评测中名列第一。

Retina的主界面共分为3个部分，上部是菜单和工具栏，下部的左边是动态导航菜单，右边是与左边菜单相对应的内容显示窗口，如图3-25所示。

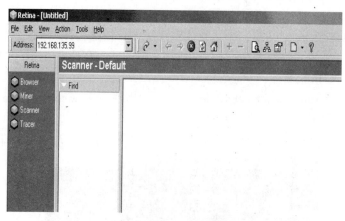

图3-25　Retina的主界面

如要对单机进行扫描，只要在Address地址栏输入该计算机的IP地址，然后单击Address地址栏右边的"Start"按钮即可开始扫描。如要对某个网段的计算机进行扫描，可以按键盘上的Ctrl+R组合键，在新出现的窗口设置要扫描的IP地址范围。如要修改Retina的扫描内容和策略，需要到菜单栏的"Tools"菜单中的"Policies"选项进行设置，如图3-26所示。

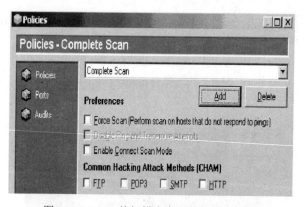

图3-26　Retina的扫描内容和策略设置窗口

3.4.7　批量检测工具——MAC扫描器

MAC扫描器是用于批量获取远程计算机网卡的物理地址的一款网络管理软件。本软件运行于网络内（局域网、Internet）的一台机器上，可监控整个网络的连接情况，实时检测各用户的IP、MAC、主机名、用户名等并记录以供查询，可以由用户自己加以备注；能进行跨网段扫描，能和数据库中的IP地址和MAC地址进行比较，如果有修改IP地址的或使用虚假MAC地址的，都能报警。

3.4.8　挖掘鸡

一些黑客及黑客软件（包括网站管理员及管理员工具）会在网站生成特定路径（目录名+文件名），这些路径往往有习惯性及默认性。这样的路径在网络中孤立无链接，通过搜索引擎很难直接搜索到。挖掘鸡就是针对这样的路径进行扫描来获取敏感信息或服务器权限等权限的扫描工具。

3.4.9　瑞星漏洞扫描工具

瑞星漏洞扫描工具是对Windows系统存在的"系统漏洞"和"安全设置缺陷"进行检查，并提供相应的补丁程序下载和安全设置缺陷修补的工具软件。能够进行系统漏洞扫描，获取系统漏洞的补丁包，进行系统漏洞的更新。

1．启动漏洞扫描

在瑞星杀毒软件的界面中，选择"安检"→"扫描系统漏洞并升级补丁"选项，即可启动瑞星漏洞扫描工具，如图3-27所示。

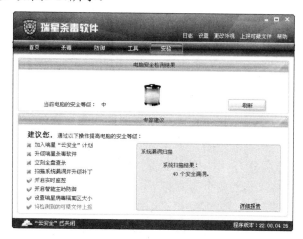

图3-27　瑞星杀毒软件界面

进入"瑞星卡卡上网安全助手"，使用"系统漏洞"扫描，其下方会显示出目前系统中存在的漏洞数量及详细的介绍，如图3-28所示。

图3-28　系统漏洞扫描界面

2. 安全漏洞的修复

选择"扫描报告"→"发现的安全漏洞"→"查看详细"选项可以查看详细的安全漏洞信息，也可直接进入"安全漏洞"页查看。在该页中漏洞扫描给出了每个漏洞信息的详细解释和漏洞的安全级别，星形"★"的多少将用于表示此漏洞对您的系统造成的危害程度，星形"★"越多表示危害程度越高。在需要修复的漏洞前面使用鼠标将"打勾"选项勾选，然后单击左下角"修复所选项"按钮，漏洞扫描可以自动连接网络下载相关补丁程序文件。

漏洞的相关补丁文件下载到本地后，可以直接运行补丁文件，进行系统文件的更新。在更新的过程中更新程序可能会要求系统重新启动计算机，这些步骤都是相应软件厂商根据补丁程序的需要进行的必要操作。

3. "安全设置"漏洞的修复

对由于用户的设置而造成的系统的不安全隐患，漏洞扫描会给出相应的解释，对于某些设置，漏洞扫描是可以进行自动修复的，而对无法自动修复的设置，则需要用户的参与。比如：不安全的共享，过多的管理员账号，系统管理员账号的密码为空等。这些情况需要用户手动更改设置才能解决。

3.4.10 360安全卫士

360安全卫士最初主要用于对恶意软件的查杀，但随着其功能的不断完善，它同样能全面查找系统中存在的安全漏洞，包括操作系统和主要应用软件中的安全漏洞。自2006年推出"修复漏洞"功能以来，360安全卫士已为国内数百万用户成功进行了百亿次漏洞修复，漏洞库累计补丁数高达近千个，其中不仅包括微软官方补丁，还有多款第三方流行软件的漏洞补丁，有效遏制了木马病毒的传播和泛滥。

360安全卫士将所有漏洞分为3类：第一类是真正需要用户进行修复的"高危漏洞"，其中包括了所有极易受到黑客攻击的安全漏洞补丁；第二类是用户可选择安装的"功能更新补丁"，这类补丁大部分是一些组件或功能更新，由用户自行选择安装；第三类则是存在较大隐患的"不推荐安装补丁"，安装后反而会给计算机带来较大风险。

通过360安全卫士执行系统漏洞扫描操作，其中，高危漏洞程序默认只显示出检测到的所有高危漏洞，并用红色字体警示用户立即对其进行修复操作，而其他的补丁程序默认没有显示，用户可以自行展开查看并选择更新，如图3-29所示。

当360安全卫士运行在系统托盘区时，会对系统进行全方位的监控，一旦检测到系统存在安全漏洞，将实时弹出警示框，提示用户进行修复操作，如图3-30所示。

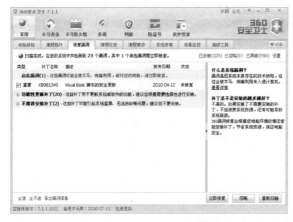

图3-29　360安全卫生漏洞扫描

图3-30　安全提醒

3.4.11　其他扫描器

1．流光

流光是可以与X-Scan相提并论的扫描器，它除了能够像X-Scan那样扫描众多漏洞、弱口令外，集成了常用的入侵工具，如字典工具、NT/IIS工具等，还独创了能够控制"肉鸡"进行扫描的"流光Sensor工具"和为"肉鸡"安装服务的"种植者"工具。

流光是小榕的作品。这个软件能让一个刚刚会使用鼠标的人成为专业级黑客。它可以探测POP3、FTP、HTTP、Proxy、Form、SQL、SMTP、IPC$等各种漏洞，并针对各种漏洞设计了不同的破解方案，能够在有漏洞的系统上轻易得到被探测的用户密码。流光对Windows系列产品的漏洞可以探测出来，使它成为许多黑客手中的必备工具之一。

与X-Scan相比，流光的功能多一些，但操作起来繁杂。由于流光的功能过于强大，而且功能还在不断扩充中，因此流光的作者小榕限制了流光所能扫描的IP范围，不允许流光扫描国内的IP地址，而且流光测试版软件在功能上也有一定的限制。但是，入侵者为了能够最大限度地使用流光，在使用流光之前，都需要用专门的破解程序对流光进行破解，去除IP范围和功能上的限制。

2．WINNTAutoAttack

WINNTAutoAttack也叫Windows NT/2000 自动攻击探测机，常常被用来扫描"肉鸡"，该软件可以根据目标存在的漏洞自动在对方的计算机上添加用户。

3．强大的端口扫描器——SuperScan

SuperScan是Foundstone实验室的一个端口扫描工具，速度极快而且占用资源很少，它的主程序界面如图3-31所示。SuperScan中还包含许多其他网络工具，例如Ping、路由跟踪、Http head和Whois。

图3-31　SuperScan的主程序界面

SuperScan具有以下功能。

- 通过Ping来检验IP是否在线。
- IP和域名相互转换。
- 可以尝试通过TCP连接到计算机，检测目标运行的服务。
- 检验一定IP地址范围内目标计算机是否在线和端口情况。
- 自定义要检验的端口，并可以保存为端口列表文件。

打开主界面，默认为扫描"扫描"选项卡，允许用户输入一个或多个主机名或IP范围。也可以选文件下的输入地址列表。输入主机名或IP地址范围后开始扫描，单击"扫描"按钮，SuperScan开始扫描地址，扫描进程结束后，SuperScan将提供一个主机列表，提供每台扫描过的主机被发现的开放端口信息。SuperScan还有选择以HTML格式显示信息的功能。

从以上的例子，我们已经能够从一群主机中执行简单的扫描，然而，很多时候需要我们来定制扫描。"主机和服务扫描设置"选项卡可以在扫描时看到更多的信息。

3.5　间谍软件检测工具

"间谍软件"通常被定义为：能够削弱用户对其使用经验、隐私和系统安全的物质控制能力，使用用户的系统资源，包括安装在他们计算机上的程序；或搜集、使用、并散播用户的个人信息或敏感信息的软件。"间谍软件"其实是一个灰色区域，所以并没有一个明确的定义。然而，正如同名字所暗示的一样，它通常被泛泛的定义为从计算机上搜集信息，并在未得到该计算机用户许可时便将信息传递到第三方软件，包括监视击键信息，搜集机密信息（密码、信用卡号、PIN码等），获取电子邮件地址，跟踪浏览习惯等。间谍软件还有一个副作用，在其影响下这些行为不可避免的影响网络性能，减慢系统速度。

间谍软件之所以成为灰色区域，主要因为它是一个包罗万象的术语，包括很多与恶意程序相关的程序，而不是一个特定的类别。大多数的间谍软件定义不仅涉及广告软件、色情软件和风险软件程序，还包括许多木马程序，如Backdoor Trojans、Trojan Proxies 和 PSW Trojans等。这些程序早在10多年前第一个AOL密码盗取程序出现时就已经存在，只是当时还没有"间谍软件"这个术语。

间谍软件的一个附属产品就是广告软件。此时，间谍软件以恶意后门程序的形式存在，该程序可以打开端口、启动FTP服务器、或搜集击键信息并将信息反馈给攻击者。间谍软件可以存在于合法的（可接受）商业应用程序中，可以给网络管理员在影响和监视系统方面很大的权力。它可以在用户不知情的情况下，或在给用户造成安全假相的情况下，在用户的计算机上安装"后门程序"软件。这些"后门程序"可能是一个IE工具条、一个快捷方式或是其他用户无法察觉的程序。虽然那些被安装了"后门程序"的计算机使用起来和正常计算机并没有什么太大的区别，但用户的隐私数据和重要信息却会被那些"后门程序"所捕获，这些信息将被发送给互联网中另一端的操纵者，甚至这些"后门程序"还能方便黑客控制用户的计算机，因此这些有"后门"的计算机将成为黑客和病毒攻击的重要目标和潜在目标。

3.5.1　拒绝潜藏的间谍软件

间谍软件具有在安装时不显示任何提示信息，而且很难删除的特点。由于间谍软件隐藏在用户计算机中，秘密监视该用户的一举一动，并可以创建一个进入该主机的通道，因此很容易对用户计算机做后续的攻击。间谍软件能够消耗计算能力，使计算机崩溃，并使用户淹没在网络广告的汪洋大海中，还能够窃取密码或其他机密数据。

根据使用者的不同，间谍软件可分为两类，一类是"广告型间谍软件"。与其他软件一起安装或通过ActiveX控件安装，实现隐藏自己的目的。它可以记录该用户的姓名、性别、年龄、密码、手机号码、电子邮件地址、Web浏览记录、硬件或软件设置等信息。此类间谍软件还可以改变目标系统的设置，如修改IE首页、改变搜寻网页的设定，让系统浏览平时根本不会浏览的广告网站，导致不停弹跳出各种广告窗口。而且此类间谍软件的设置非常简单，只要填写自己的邮件地址和设置相应的选项即可运行。

另一类被称为"监视型间谍软件"，可以记录键盘的操作、捕获屏幕，还可以用来在后台记录下所有用户的系统活动，如网站访问、程序运行、网络聊天记录、键盘输入（包括用户名和密码、桌面截屏快照）等。此类间谍软件主要被企业、私人侦探、司法机构、间谍机构等使用。此类间谍软件不仅可以使机密信息曝光，同时也占用系统资源，如占用其他应用软件的频宽与内存，导致系统运行速度减慢。

间谍软件目前主要是良性的，不过有些间谍软件具有很大的威胁性。不仅可以窃取口令、信用卡信息等各种类型的身份信息，还可以用于实现一些更加险恶的目的，如捕捉和传送Word和Excel文档，窃取企业秘密等。如果间谍软件已经打开通向用户系统的通道，则该用户面临的危险将不可想象。网络游戏用户的账户财物等被盗事件就与很多间谍软件有关。

要预防间谍软件，通常可以采取如下几种措施。

● 手动或利用软件，把重要的网址放入屏障之内。

● 谨慎安装随软件附带的插件。如"上网助手"、"网络实名"、百度插件等。同时不要轻易安装"共享软件"或"免费软件"，这些软件里往往含有广告程序、间谍软件等不良软件，可能带来安全风险。

● 对于Windows系统需要及时更新，同时要及时为Internet Explorer浏览器中存在的漏洞安装补丁程序文件。

● 使用非IE浏览器，如Firefox、Opera等，这样可以避免很多针对IE浏览器的网页恶意代码。

● 使用专门的反间谍软件定期对系统进行扫描和清理，例如，Spybot-Search & Destroy、Windows Defender、AVG Anti-Spyware、CounterSpy及AD-aware等。下载反间谍工具时一定要从厂商的官方网站中下载。

● 使用可以监视程序通信情况的防火墙，例如，在Windows下可以使用ZoneAlarm防火墙，禁止不明程序访问网络。

● 可以使用IceSword检查系统中是否还有残存的不明程序，大部分内核级的恶意程序，都会在IceSword中现形，当然也要求用户对Windows系统比较熟悉。

● 安装反病毒软件，如瑞星杀毒软件、诺顿杀毒软件、AVP杀毒软件等。

3.5.2 Spybot的使用

Spybot是一款性能丰富的产品，这主要得益于其插件形式的架构设计，开发者可以很方便的对包括功能组件、辅助工具、语言包、程序外观在内的大量要素进行扩展。难能可贵的是，Spybot的主要功能提炼得非常出色，有效地与扩展功能形成了分离，体现出优秀的设计意识。用户可以在新手界面模式下完成绝大部分所需要的操作，而在需要进阶和扩展功能的时候则可以进入高级界面模式获得更多的功能支持。

相对于其他软件简单地将所发现的间谍软件移动到隔离区中，Spybot的恢复功能要完善的多，在处理间谍软件时所做的各种状态变更都能被完好地还原。

Spybot的日志功能是所有产品中最出色的一个，日志内容划分细致，并且记录的内容也非常完整。唯一不足的是Spybot只能按照时间自动将日志转储成文本格式，而无法由用户管理日志导出。在细节特性上Spybot还有很多亮点，例如，可以定制界面上所显示的元素，附带"文件粉碎"、"软件卸载"工具。最值得一提的是Spybot完全免费的软件，而其产品素质却凌驾于大部分商业产品之上。

1. 安装Spybot

Spybot的安装方法如下。

（1）该软件支持多种语言，在"选择安装语言"对话框中选择"中文（简体）"，即可将程序界面切换为中文模式，使用鼠标单击"确定"按钮，如图3-32所示。

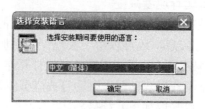

图3-32 选择安装语言

（2）按"安装向导"的提示单击"下一步"按钮，如图3-33所示。在"选择目标位置"时选择要安装的路径，然后单击"下一步"按钮，如图3-34所示。

图3-33 "安装向导"对话框

图3-34 选择目标位置

（3）按系统默认安装方式，在"选择组件"时选择"Full installation"（完全安装）模式，如图3-35所示，在可选择的组件处前有勾选框，用户可按照自己的需求进行选择，然后单击"下一步"按钮。

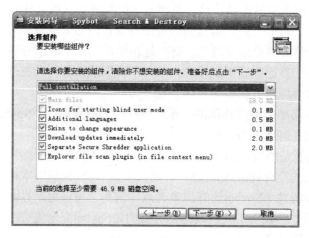

图3-35 选择组件

（4）如图3-36所示，确定把程序快捷方式放在哪里，这个快捷方式的名称可由用户自行更改，单击"下一步"按钮。

图3-36　选择开始菜单文件夹

（5）如图3-37所示"选择附加任务"，在"Additional icons"（增加图标）处可选择"Create desktop icons"（创建桌面图标）和"Create a Quick Launch icon"（创建快速登录图标），在"Permanent protection"（永久保护）处可勾选"Use Internet Explorer protection"（使用IE保护）和"Use system settings protection"（使用系统设置保护）。

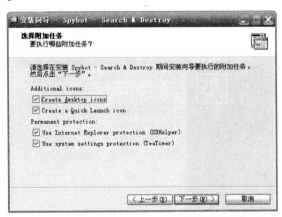

图3-37　选择附加任务

（6）在"准备安装"向导处会显示出详细的安装信息，包括目标位置、安装类型、所选组件等信息，如图3-38所示。单击"安装"按钮，Spybot软件即被安装，安装过程如图3-39所示。

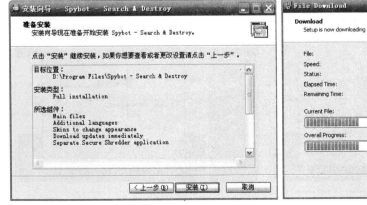

图3-38　Spybot安装信息

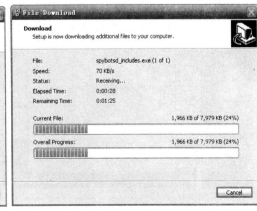

图3-39　Spybot安装过程

（7）在Spybot的安装过程中，如果系统安装了防火墙，防火墙会弹出风险提醒信息，告诉我们安装过程需要更改系统注册表，单击选择"允许本次操作"选项，接着单击"确定"按钮，如图3-40所示。

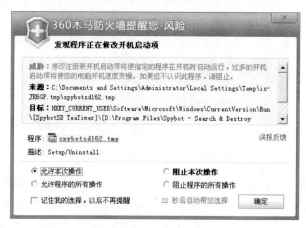

图3-40　风险提醒

（8）Spybot安装完成后，可单击勾选"运行SpybotSD.exe"和"运行Teatimer.exe"选项，如图3-41所示。

图3-41　选择运行已安装的程序

（9）在Spybot软件开启过程中会弹出如图3-42所示的窗口，可选择是否"完整的备份注册表"，单击"下一步"按钮，备份注册表的过程如图3-43所示。

图3-42　完整的备份注册表

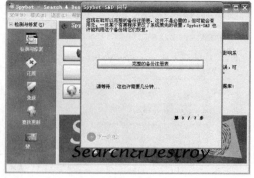

图3-43　备份过程

（10）我们还可以按图3-44所示来选择"查找更新"，检测是否有最新的软件更新程序，单击"下一步"按钮。

图3-44 查找更新

（11）如图3-45所示，可选择"现在就对系统免疫"按钮，单击"下一步"按钮，此时，弹出如图3-46所示窗口，在此选择"开始运行程序"按钮。

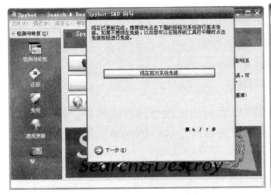

图3-45 现在就对系统免疫

图3-46 开始运行程序

（12）在Spybot第一次运行时会弹出一个提示窗口，意思是如果删除了某些共享软件中的广告程序，就不能使用这些共享软件。可以在提示窗口下面的"以后不再显示这个信息"前面的小方框内单击勾选，下次运行的时候就不会再出现如图3-47所示的窗口，最后单击"确定"按钮。

2．清除间谍软件

清除间谍软件的基本方法如下。

（1）进入Spybot的主界面，从主界面中我们可以很直观地看出该软件拥有3大功能：检测与修复、还原和免疫。其中"检测与修复"功能能快速检查出系统中隐藏的所有间谍软件，并对这些间谍软件进行清除操作；"还原"功能是在修复问题后发生错误，可以单击它恢复到原来状态；"免疫"功能使系统具有抵御间谍软件的免疫效果。在"Spybot-Search&Destroy"主窗口中单击"检测与修复"按钮，即可进入到"检测与修复"界面，如图3-48所示。

图3-47　提示信息　　　　　　　　　　　　图3-48　检测与修复界面

（2）单击"检测"按钮即可对计算机内部的进行扫描操作，如图3-49所示。根据计算机的情况，整个检查过程大概需要十几分钟，可以在主界面的状态栏上看到估计的剩余时间。

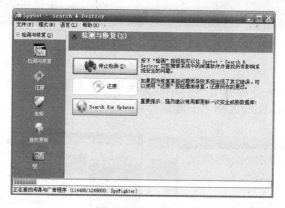

图3-49　检测过程

（3）软件检查完毕后，检查页上会列出在系统中查到的可能有问题的软件。单击勾选某个检查到的问题，再单击右侧的分栏，可以查询到有关该问题软件的发布公司、软件功能、说明和危害种类等信息，如图3-50所示。

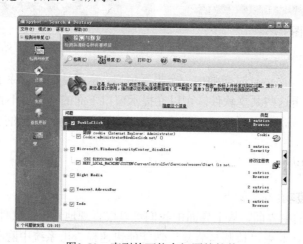

图3-50　查到的可能有问题的软件

（4）在要修复的问题左边单击勾选，Spybot便会自动为我们清除系统中的间谍软件。在选取需要修复的问题程序之后，单击"修复"按钮，弹出如图3-51所示的提示对话框，单击

"是"按钮，即可将选取的间谍程序从系统中清除修复，如图3-52所示，单击"确定"按钮，即可彻底完成修复操作。

图3-51 "确认"提示对话框   图3-52 "确认"提示对话框

3．用Spybot恢复误删除的文件

如果用户在使用Spybot的"检测与修复"功能修复检查到的问题之后，发现运行其他软件有错误，此时可通过Spybot的"恢复"功能来撤销修复或变动。具体操作步骤如下。

（1）在"Spybot-Search&Destroy"主窗口中单击"还原"按钮，即可进入到"还原"页面，单击勾选需要还原的程序，如图3-53所示。

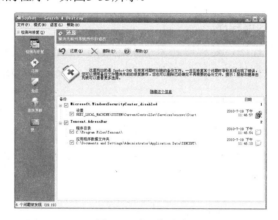

图3-53 还原页面

（2）单击"还原"按钮，弹出"确认"提示对话框，如图3-54所示。在确认是否撤销所做的修改之后，单击"是"按钮，即可将选取的程序还原到系统中，并给出还原项目的"信息"提示对话框，如图3-55所示。

图3-54 "确认"提示对话框   图3-55 "信息"提示对话框

4．对软件的免疫功能

Spybot可以对近万种间谍软件进行免疫处理，通过对这些间谍软件实施预防性措施，即可有效避免遭受间谍软件的侵害。具体的操作步骤如下。

在"Spybot-Search&Destroy"主窗口中单击"免疫"按钮，即可进入"免疫"页面，并且Spybot将自动扫描用户的计算机系统，检查当前计算机系统的免疫情况，如图3-56所示。软件会自动为计算机添加一道防间谍程序的屏障，让系统不再感染已知的木马病毒。

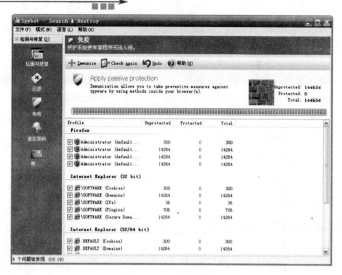

图3-56　免疫页面

5. 查找启动项中的间谍程序

在系统启动项中加载程序，是程序在系统中运行的一种重要途径，所以很多间谍程序都选择了系统启动项作为根据地之一。针对这一点，Spybot-Search&Destroy同样做出了管理措施。

具体的操作步骤如下。

（1）选择"模式"→"高级模式"命令，弹出"警告"提示框，单击"是"按钮，进入"高级模式"窗口。可对Spybot进行设置，如图3-57所示；或使用Spybot提供的工具，如图3-58所示。

图3-57　设置页面　　　　　　　　　　　　图3-58　工具页面

（2）单击左侧导航条中"工具"选项栏目的"系统启动"按钮，进入"系统启动"页面，显示管理系统启动时自动加载的应用程序，如图3-59所示。我们可以暂时终止它们的工作，也能删除、更改这些项目。

6. 在线更新间谍软件特征库

需要注意的是，Spybot软件只能针对已知的木马进行免疫，现在各种木马层出不穷，为了保持我们的计算机系统的安全性，需要经常更新数据库，单击主界面左侧的"查找更新"

按钮进入更新界面，然后选择一个下载最新的病毒引擎，单击下方的"Continue"按钮，如图3-60所示。

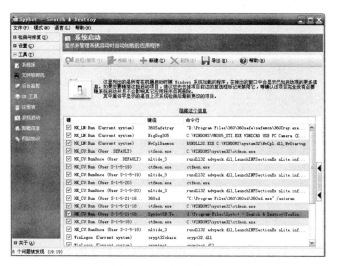

图3-59 系统启动页面

接着选择更新文件，单击下方的"Download"按钮即可自动更新，如图3-61所示。

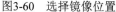

图3-60 选择镜像位置

图3-61 下载更新

7. Spybot-Search&Destroy的其他功能

除了查杀和预防间谍程序外，Spybot中还有一些较为实用的功能，下面就简单介绍一下其中的两项。

（1）文件粉碎机

选择"工具"→"文件粉碎机"选项，在弹出的窗口中单击窗口上方的"Add file(s) to the list"将欲粉碎的文件添加至下方的列表中，在下方默认的粉碎次数是6次，这个数值可以自行设置，最后单击"Chop it away!"按钮就可以将它们全部彻底清除了，如图3-62所示。通过文件粉碎机可以用来彻底删除Windows系统中temp、cookie和cache里的所有文件，可以最大限度地保护用户的隐私。

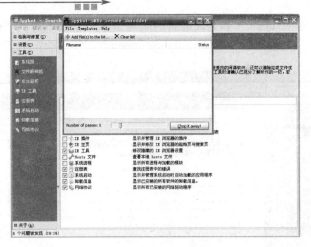

图3-62　文件粉碎机

（2）程序卸载

在"工具"下拉框内单击"卸载信息"选项，这里显示的是已在系统注册的所有应用程序的卸载信息，其内容与系统"控制面板"中的"添加或删除程序"里的内容相同，如图3-63所示，在此可以删除软件的一些信息，但是需要注意的是，在此如果删除某个尚未卸载的软件信息将无法恢复，虽说这样并不会影响该软件的使用，但以后可能就无法再卸载该软件了。

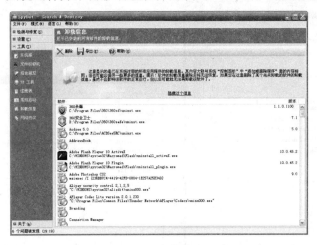

图3-63　卸载信息

除上述功能之外，Spybot-Search&Destroy还可以显示计算机中已经安装的所有ActiveX控件、常驻内存的监视器程序、浏览器关键页面（起始页、主页、搜索页地址）等。该软件还提供了一个非常方便、实用的导出功能，允许用户将所有的检测结果导出为一个文本文件备用。它还支持在线更新软件版本，以使它的数据库不断更新。通过这些功能的设计，可以感觉到该程序真正地起到了实时防范的作用。另外还有一些简单的小功能在此我们就不再介绍了，感兴趣的用户可以自己去探索一下。

3.6　本章小结

本章主要讲述了系统漏洞的基本知识，并通过端口扫描概念的介绍，使读者循序渐进地了解系统关于漏洞方面的知识，对于计算机系统安全的理解能够更进一步。最后通过几种扫描检测工具的介绍，使读者详细了解各个检测工具的优缺点。读者如果能够多练习这些工具的使用，能够对系统漏洞检测方面的理解起到事半功倍的作用。

3.7　思考与练习

1．填空题

（1）＿＿＿＿＿＿入侵网络的过程一般是先利用扫描工具搜集目标主机或网络的详细信息，进而发现目标系统的漏洞或脆弱点，然后根据漏洞或脆弱点的特点展开攻击。

（2）＿＿＿＿＿＿骗局是黑客常采用的一种技术，它们用电子邮件将用户骗到看起来极其真实的假冒网站，一旦用户登录，被骗者就无意识地泄露了个人财务信息，骗子就可用这些信息进行电子商务欺诈，并实施身份欺诈和盗窃。

（3）安全管理员可以利用＿＿＿＿＿＿工具的结果信息及时发现系统漏洞并采取相应的补救措施，避免受入侵者的攻击。

（4）一般来说漏洞的威胁类型基本上决定了它的严重性，可以把严重性分成＿＿＿＿＿＿个级别。

（5）一个＿＿＿＿＿＿就是一个潜在的通信通道，相对来说也是一个入侵通道。

（6）端口是一个＿＿＿＿＿＿bit的地址，用端口号进行标识不同作用的端口。

（7）入侵者如果想要探测目标计算机都开放了哪些端口，提供了哪些服务，就需要先与目标端口建立＿＿＿＿＿＿连接，这也就是"扫描"的出发点。

（8）＿＿＿＿＿＿系统根据所定义的漏洞列表对目标系统的弱点信息进行收集、比较和分析，一旦发现目标主机漏洞便提交报告给用户，并说明如何利用该漏洞以及如何对该漏洞进行修补。

（9）扫描器对不同的使用者来说，其意义不同。对于系统管理员来说，扫描器是维护系统安全的得力助手；对于＿＿＿＿＿＿而言，扫描器是最基本的攻击工具。

（10）黑客技术中的扫描主要是指通过固定格式的询问来试探主机的某些特征的过程，而提供了扫描功能的软件工具就是＿＿＿＿＿＿。

（11）随着网络的发展，各种系统漏洞被越来越多的发现，扫描器的种类也随之增多，为了简化扫描过程，人们把众多的扫描器集成为一个扫描器。目前，正在使用的扫描器中，绝大多数都是＿＿＿＿＿＿扫描器。

（12）对远程主机进行扫描属于＿＿＿＿＿＿，即扫描远程主机的一些外部特性，这些外部特性是由远程主机开放的服务决定的。

（13）通过使用＿＿＿＿＿＿，系统管理员能够发现所维护的Web服务器的各种TCP端口的分配、提供的服务、Web服务软件版本和这些服务及软件呈现在Internet上的安全漏洞。

（14）漏洞扫描器一般分成＿＿＿＿＿＿扫描器、＿＿＿＿＿＿扫描器及＿＿＿＿＿＿扫描器。

（15）在匹配原理上，＿＿＿＿＿＿扫描器采用的是基于规则的匹配技术，即根据安全专家对网络系统安全漏洞、黑客攻击案例的分析和系统管理员关于网络系统安全配置的实际经验，形成一套标准的系统漏洞库，然后在此基础之上构成相应的匹配规则，由程序自动进行系统漏洞扫描的分析工作。

（16）黑客进行对远程主机进行内部扫描的危害更大，这时说明黑客已经侵入了系统。

此时，查找出黑客打开的_____并加以封锁是"亡羊补牢"成功与否的关键。

（17）"肉鸡"是指被控制了的_____。

2．简答题

（1）什么是系统漏洞？

（2）漏洞的产生的3个原因。

（3）按漏洞可能对系统造成的直接威胁分，漏洞大致可以分成几类。

（4）简述使用安全漏洞扫描器的3个原因。

（5）简述漏洞扫描器的用途。

（6）简述网络型安全漏洞扫描器主要的功能。

（7）简述主机型安全漏洞扫描器主要的功能。

（8）简述X-Scan扫描器扫描内容包括什么？

3．操作题

（1）操作X-Scan软件的漏洞检测功能。

（2）使用金山毒霸漏洞扫描工具进行漏洞扫描。

（3）使用瑞星漏洞扫描工具进行漏洞扫描。

第4章　Windows系统安全加固技术

系统安全加固是指通过一定的技术手段，提高操作系统的主机安全性和抗攻击能力，通过个人防火墙设置、账号和口令的安全设置等方法，合理加强系统安全性。

一旦系统及所有的硬件驱动程序全部安装完毕后，在新部署的计算机连入互联网络之前，还应当对它进行全面的安全加固工作。将一台没有进行安全加固的计算机连接到互联网上，就如同一座没有安锁的房子一样不安全，被入侵只存在时间长短的问题。系统安全加固也是系统部署过程中最重要的一环，系统安全加固的成功与否直接关系系统抵挡各种安全威胁的效果。因此，系统安全加固，一般以最大的安全性为首要目标，同时以保障系统所必须提供的服务的可访问性为最基本的原则。

本章通过介绍几种系统安全的设置，来加固Windows系统，使其变得更加安全，从而起到安全保障的作用，提高系统安全防御的水平。

本章重点：

- 个人防火墙设置
- 账号和口令的安全设置
- 文件系统安全设置

4.1　个人防火墙设置

防火墙就是一个位于计算机和它所连接的网络之间的软件，该计算机流入流出的所有网络通信均要经过此防火墙。防火墙具有很好的网络安全保护作用，入侵者必须首先穿越防火墙的安全防线，才能接触目标计算机。防火墙对流经它的网络通信进行扫描，这样能够过滤掉一些攻击，以免其在目标计算机上被执行。防火墙还可以关闭不使用的端口，并且能禁止特定端口的流出通信，封锁特洛伊木马病毒。此外，它可以禁止来自特殊站点的访问，从而防止来路不明的入侵者的所有通信。

通常意义上讲，防火墙是基于安全规则，在受信任网络和非受信任网络间实现访问控制的系统。防火墙的工作就是检查出入计算机或网络的通信，标识和丢弃危及安全的可疑通信。防火墙的目的旨在"隐藏"在线的计算机以加强主机安全。Windows防火墙是一个基于主机状态的防火墙，它会阻止除了请求的传入通信以及例外通信之外的所有传入通信。所谓的请求通信就是指为了响应计算机的请求而发送的通信。而例外通信则是指被确定为允许的非请求通信。可以说，针对依靠非请求传入通信进行网络攻击的恶意用户或程序，Windows防火墙为我们的计算机提供了一定程度上的保护。

Windows防火墙能够实现以下功能。

- 帮助阻止计算机病毒和蠕虫程序进入计算机。但不能检测或查杀计算机病毒和蠕虫程序。
- 询问是否允许或阻止某些连接请求。但无法阻止打开带有危险附件的电子邮件或运行带有病毒的恶意程序。
- 创建安全日志，记录成功或失败的连接，用于故障诊断。

Windows防火墙不会拦截主动的出站初始连接，但这并不意味着Windows防火墙会放行所有的主动出站连接。我们知道，通信双方必须经过一个三次握手过程才能建立起一个可靠的TCP连接来实现应用程序间的通信。也就是说虽然我们的初始连接被成功的发送，但所有的回应都会被拦截。所以当某个应用程序企图打开某个端口监听并接收与外部连接的信息时，Windows防火墙都会弹出一个Windows安全警报对话框，询问是否允许该操作。

Windows安全警报有以下3个特点。

- 保持阻止：以禁用状态添加程序到例外列表，端口未打开（程序在没有我们许可的情况不接受连接）。
- 解除阻止：程序以启用状态添加例外列表，端口开放，下次程序建立连接时不再询问。
- 稍后询问：采用保护阻止策略（默认的安全规则），但不在例外列表中添加条目，下次建立连接时再次询问。

Windows防火墙相对于第三方防火墙产品的优势有以下两个。

- 启动安全性：在Windows XP中，有一个用于执行状态包筛选的启动策略，它允许计算机使用动态主机配置协议（DHCP）和域名系统（DNS）执行基本网络启动任务，并允许它与域控制器通信来获取组策略更新。一旦Windows防火墙服务启动，它就使用其配置并删除启动策略。而启动策略设置是不能进行配置的。这就保证了网络连接初始化时的安全性。而且Windows防火墙以系统服务的形式启动，在系统还没完全初始化完成时就已经在工作了。相对而言，第三方防火墙需要等到加载开机启动程序后才能被初始化，也就是说，在网络初始化完成而第三方防火墙程序未启动这一小段时间，我们的计算机将完全暴露在网络上。Windows防火墙配合启动策略能够为系统提供天衣无缝的保护，这是第三方防火墙所不能做到的。
- 集中的部署和配置：支持脚本自动化配置防火墙策略（通过Netsh Firewall）以及结合组策略进行统一部署和配置管理。

4.1.1　启用与禁用Windows防火墙

下面具体看下Windows防火墙的启用与禁用设置。

在开始菜单中打开"运行"对话框，输入"Firewall.cpl"，如图4-1所示，并单击"确定"按钮弹出"Windows防火墙"对话框。也可以通过本地连接属性对话框，高级选项下的设置按钮来打开"Windows防火墙"对话框。

"Windows防火墙"对话框，共有3个选项卡，分别为"常规"、"例外"和"高级"。

"常规"选项卡下的配置界面非常简单，提供了3个级别的保护。分别为"关闭"、"启用"和"启用"且"不允许例外"，如图4-2所示。

- "关闭"这个级别不会阻止任何本机与外部网络的连接。不推荐关闭Windows防火墙，除非安装了第三方的防火墙软件程序。
- "启用"为默认级别。这个级别只允许请求的和例外的传入通信。能够阻挡绝大部分的非法传入请求，但允许"例外"选项卡中定义的应用程序与外部建立连接。
- "启用"且"不允许例外"是最安全的级别，此级别可用于在已知的网络攻击期间或恶意程序传播时暂时锁定计算机。如果网络攻击结束并且安装了合适的更新程序以阻止今后的攻击行为，就可将Windows防火墙配置为允许例外通信的正常操作级别。该级别会忽略"例外"选项卡中配置的防火墙规则。这时只允许IE、OE及MSN

等Windows自带的应用程序进行网络通信。

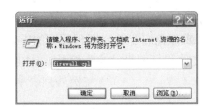

图4-1 "运行"对话框 　　图4-2 Windows防火墙"常规"设置

4.1.2 设置Windows防火墙"例外"

每次将程序、系统服务或端口添加到"例外"列表时，都会使计算机更容易受到攻击。常见的网络攻击会使用端口扫描软件识别端口处于打开和未受保护状态的计算机。将很多程序、系统服务和端口添加到"例外"列表，会使防火墙的用途失效，并增加了计算机的攻击面。在为多个不同角色配置服务器并且需要打开多个端口以满足每个服务器角色的要求时，通常会发生该问题。此时应该仔细评估需要您打开多个端口的任何服务器的设计。

要降低安全风险，请遵照以下准则进行操作。

1. 仅在需要例外时创建例外

如果认为某个应用程序或系统服务可能需要通过某个端口接收非请求传入通信，那么只有在我们确定该应用程序或系统服务已试图侦听非请求传入通信后，才可以将该程序或系统服务添加到"例外"列表。默认情况下，应用程序试图侦听非请求通信时，Windows防火墙会显示通知。还可以查看安全事件日志确定系统服务是否已试图侦听非请求通信。

2. 对于不认识的程序从不允许例外

如果Windows防火墙通知用户某个应用程序已试图侦听非请求通信，在将该应用程序添加到"例外"列表之前，请检查该程序的名称和可执行文件（.exe）。同样，如果使用安全事件日志识别已试图侦听非请求通信的系统服务，在为该系统服务向"例外"列表添加端口之前，要确定该服务是否是合法的系统服务。

3. 不再需要例外时删除例外

在服务器上将程序、系统服务或端口添加到"例外"列表后，如果更改该服务器的角色或重新配置该服务器上的服务和应用程序，请确保更新"例外"列表，并删除已不需要的所有例外。

4. 创建例外的最佳操作

除了通常用于管理例外的准则以外，在将程序、系统服务或端口添加到"例外"列表时，还请使用下列最佳操作。

（1）添加程序

在尝试添加端口之前，始终先尝试将程序（.exe 文件）或在 .exe 文件内运行的系统服务添加到"例外"列表。将程序添加到"例外"列表时，Windows防火墙将动态地打开该程序所需的端口。该程序运行时，Windows防火墙允许传入的通信通过所需的端口；程序不运行时，Windows防火墙将阻止发送到这些端口的所有传入通信。

（2）添加系统服务

如果系统服务在Svchost.exe 内运行，请不要将该系统服务添加到"例外"列表。将Svchost.exe添加到"例外"列表就是允许在Svchost.exe的每个实例内运行的任何系统服务都接收非请求传入通信。只有当系统服务在.exe文件中运行时或者我们能够启用预配置的Windows防火墙系统服务例外时（例如"UPnP 框架"例外或"文件和打印机共享"例外），才应该将系统服务添加到"例外"列表。

（3）添加端口

将端口添加到"例外"列表应当是最后的步骤。将端口添加到"例外"列表时，不管是否有程序或系统服务在该端口上侦听传入的通信，Windows防火墙都允许传入的通信通过该端口。

"例外"选项卡是配置"例外"列表的地方。事实上这就是防火墙规则，每创建一条允许或禁止的防火墙规则都会被放入"例外"列表中，每条规则前面的复选框状态，打勾表明这是条允许规则，清空表明这是条禁止规则，如图4-3所示。默认情况下系统有4条配置好的访问规则，其中远程协助是默认允许的。

添加防火墙规则有两种方法：一种是通过Windows安全警报对话框，Windows防火墙中的通知机制允许本地管理员在得到相应提示后自动将新程序添加到"例外"程序列表；另一种是在"例外"选项卡中手动添加。自动添加的方式比较简单，就是在"程序和服务"中勾选需要添加的程序就可以了。在这里主要讲一下手动添加，手动添加也有两种方式：一种是添加程序的文件名；另一种是添加端口。添加端口的方式非常简单，单击"添加端口"按钮，然后给这个要开放端口起个名字，比如这个端口是被QQ使用的，就可以命名为QQ，然后填上对应的端口号如8000，接着选择通信协议，默认只有TCP或UCP，选择好后单击"确定"按钮，一条防火墙规则就创建完成了，如图4-4所示。

图4-3　Windows防火墙"例外"设置　　　　图4-4　"添加端口"对话框

当然事实上有些应用并不使用固定的端口或者我们并不知道它使用什么端口，这时可以通过添加程序的文件名来创建访问规则，如图4-5所示。

单击"添加程序"按钮，然后选择一个合适的程序。当然，可能列表中没有符合的程序，这时我们可以单击浏览并定位到程序的具体位置把它添加进来。以后，当程序运行时，Windows防火墙会监视程序侦听的端口，并把它们自动添加到例外通信的列表中。这个方式创建的规则将更具灵活性和简易性。并且只有在应用程序与外部通信时端口才是开放的，一旦连接断开，端口也会随之关闭。这种方式比通过直接添加端口方式的安全性要高。

Windows防火墙允许指定例外通信的范围。这个范围定义了哪一部分的网络连接产生的例外通信是被允许的。要定义一个程序或端口的范围，请单击"更改范围"按钮，如图4-5所示。

- 任何计算机（包括Internet上的计算机）：从任何IPv4 地址发出的例外通信都是被允许的。这种设置可能会使计算机容易受到Internet上的恶意用户或程序的攻击。
- 仅我的网络（子网）：只有连接到本地网络上的其他计算机应用这条例外规则，如图4-6所示。
- 自定义列表：可以自行添加一个或多个网段以及计算机的IP地址，以逗号为分隔。例如：192.168.1.101，192.168.18.0/24。

图4-5 "添加程序"对话框

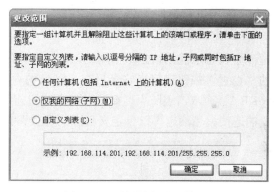

图4-6 "更改范围"对话框

当创建完成一条防火墙规则后可能还需要对其进行局部的修改，这时可以选中该规则然后单击"编程"按钮。当然，也可以查看某些程序或服务所使用的端口以及应用的范围。比如，选中文件和打印机共享，然后单击"编程"按钮，这时可以看到，文件和打印机共享使用了UDP的137、138端口，TCP的 139、445端口，应用范围是子网，也就是说与本地计算机处于同一网段内的其他计算机可以通过UDP的137、138端口，TCP的139、445端口访问文件和打印机共享，而其他网络的计算机则无法访问。

4.1.3 Windows防火墙的高级设置

单击防火墙"高级"选项卡，进入Windows防火墙高级设置界面，如图4-7所示。

1. 网络连接设置

图4-7中列出了当前所有的网络连接，可以配置防火墙是否对某连接启用。当然也可以单击对话框右上面的"设置"按钮，打开如图4-8所示的"高级设置"对话框。在这里可以设置通行的服务和ICMP消息响应方式。

图4-7 防火墙"高级"选项卡

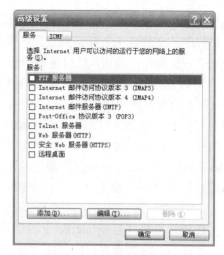

图4-8 "高级设置"对话框

比如，可以把内网里的某台Web服务器通过Windows防火墙发布到Internet上（端口映射功能）。当然前提是计算机被配置为内网计算机的默认网关，具体操作如下。

选择连接到Internet的网络连接，单击"设置"按钮，在打开的对话框中选中"Web服务器（HTTP）"，然后单击"编辑"按钮，填入内网的Web服务器的IP，如图4-9所示，单击"确定"按钮，返回到上级设置界面，勾选"Web服务器（HTTP）"选项，单击"确定"按钮即可生效。

2. 安全日志记录

安全日志功能默认是不启用的，可以在如图4-7所示的对话框中单击"安全日志记录"右边的"设置"按钮来启用安全日志，默认的存放路径是C:\Windows\pfirewall.log，默认最大4096KB。当有攻击被防火拦截的时就会被日志记录下来，可以通过日志来查看可能的攻击或失败的连接。当然也可以自定义日志的存放路径，如图4-10所示。

图4-9 "服务设置"对话框

图4-10 "日志设置"对话框

说明：（1）Windows防火墙默认不对日志进行记录。

（2）在"名称"中可以更改防火墙日志记录文件的路径和名称。

（3）直接打开该日志文件（pfirewall.log）后，可以查看哪些IP访问本地计算机。

3. ICMP设置

区别于之前在网络连接设置里看到的配置界面，这里的配置是全局性的，而不是某个连接。Windows防火墙定义了10种ICMP消息类型可供配置。但一般用的最多的就是第一个，"允许传入回显请求"。如果它前面的"勾"没有勾选上则别人无法通过ping命令来探测网络上的这台主机是否"存活"（也就是ping不通），如图4-11所示。

4. 默认设置

当防火墙配了较多的规则且零乱无序，想重新配置或怀疑防火墙规则配置错误，但又不知道错在哪里，可以使用"还原为默认值"按钮快速地还原到防火墙的初始配置状态，如图4-12所示。

也可以使用命令行工具来对防火墙进行配置。Windows防火墙的配置和状态信息可以通过命令行Netsh.exe 获得。可以使用"netsh firewall"命令来获取

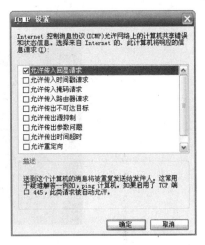

图4-11　ICMP设置

防火墙信息和修改防火墙设置，在命令提示符下输入"netsh firewall"命令后会显示其详细参数，如图4-13所示。

图4-12　还原为默认值

图4-13　命令行窗口

? - 显示命令列表。
　add - 添加防火墙配置。
　delete - 删除防火墙配置。
　dump - 显示一个配置脚本。
　help - 显示命令列表。
　reset - 将防火墙配置重置为默认值。
　set - 设置防火墙配置。
　show - 显示防火墙配置。

使用"netsh firewall show allowedprogram"命令可以查看Windows防火墙允许的应用程序，如图4-14所示。

图4-14　查看Windows防火墙允许的应用程序

使用"netsh firewall show"命令可以查看有关防火墙的帮助信息，如图4-15所示。

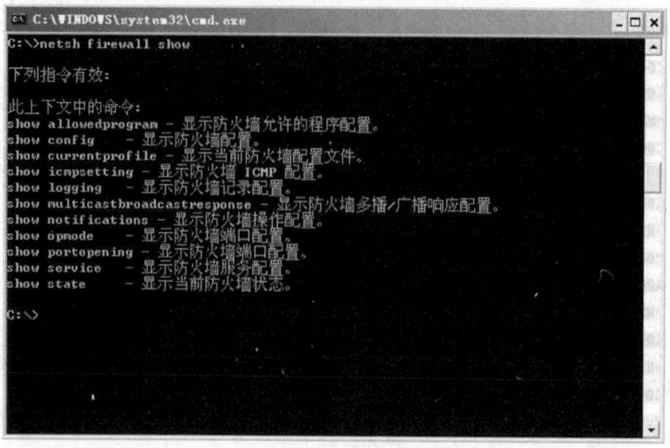

图4-15　查看Windows防火墙的帮助信息

使用"netsh firewall add allowedprogram"命令添加防火墙允许的程序配置，例如"add allowedprogram C:\MyApp\MyApp.exe MyApp ENABLE"表示允许"C:\MyApp\MyApp.exe"程序通过防火墙，如图4-16所示。

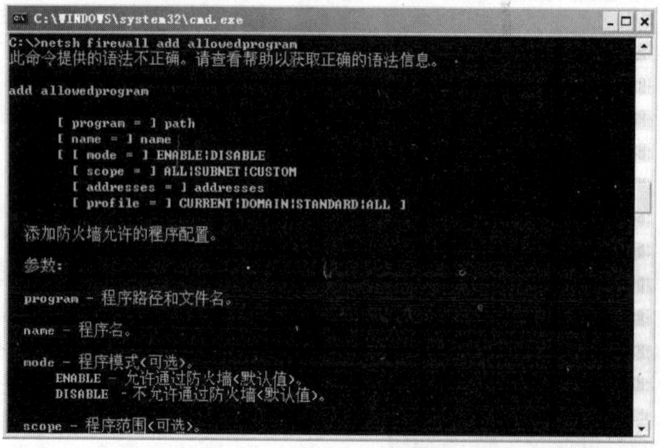

图4-16　添加防火墙允许的程序配置

在黑客入侵过程中常利用"netsh firewall show allowedprogram"命令可以将木马程序添加到允许Windows防火墙通过的列表中，因此可以通过查看"例外"中的程序来进行安全检查。

4.1.4　通过组策略设置Windows防火墙

很多人都通过使用杀毒软件来保护自己的计算机。其实我们的计算机里面已经内置了一款优秀的防火墙"组策略"，只要我们设置好了，配合杀毒软件可以使我们的计算机更安全。

在"开始"菜单中打开"运行"对话框，输入"gpedit.msc"进入"组策略"，依次选择"计算机配置"→"Windows设置"→"安全设置"→"软件限制策略"选项，如果是第一次使用，那么这里面什么也没有，我们需要选择菜单栏"操作"→"新建策略"选项，如图4-17和图4-18所示。

在"其他规则"上单击鼠标右键，在弹出的下拉菜单中，如图4-19所示，选择"新路径规则"命令，弹出"新路径规则"对话框，如图4-20所示。

图4-17　组策略设置

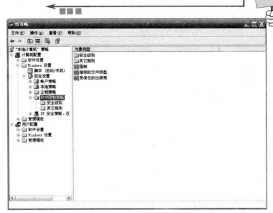

图4-18　软件限制策略

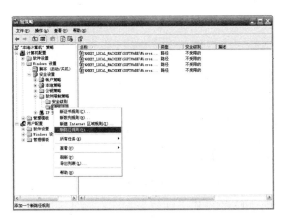

图4-19　"新路径规则"命令

图4-20　"新路径规则"对话框

这里我们主要通过4个实例对"路径"设置做讲解。它支持通配符，常见的通配符有"*"、"？"。

实例一

很多病毒为了逃过用户的追杀，往往躲在很隐蔽的地方。如回收站（recycled）加上隐藏的属性。使用户很难发现。事实上这些地方根本没有我们所要用的可执行程序。我们可以建立如下规则。

在路径栏中输入"?:\recycled*.*"，安全级别："不允许的"。

实例二

很多病毒会仿冒系统文件的名字。如system32文件夹下有一个svchost.exe的文件。有些病毒也用这个名字，然后藏身于其他文件夹下。对于这种方式的病毒我们只要建立如下两条规则就可以免疫。

在路径框中输入"svchost.exe"在安全级别中选择"不允许的"然后再建立另一条规则。

在路径框中输入"%windir%\system32\svchost.exe"，也可以通过"浏览"来找到这一文件。

在安全级别中选择"不受限的"。

由于优先级的关系。第二条使用绝对路径规则的级别要高于基于文件名的规则。所以，只有第二条规则中system32文件夹下的svchost.exe可以使用。其他文件夹下的同名文件均不可使用。

实例三

使用双扩展名迷惑用户的病毒也不少。如"mm.ipg.exe"然后再将图标改成前一个扩展名的图标。不少人会误以为是图片。我们也可以使用以上方法。

"*.jpg.exe"，"不允许的"。

"*.txt.exe"，"不允许的"。

实例四

文件名伪装也是病毒的惯用招术。

如果系统文件下出现一个文件"exporer"我们不会删除。另外小写字母"*l*"和数字"1"也很容易搞混。我们也可以建立几条规则。

"exploer.exe"，"不允许的"。

"exp1orer.exe"，"不允许的"。

虽然使用软件安全策略带来的兼容性问题的可能性很小，但还是存在的。所以不能一味多建规则。在安全性与兼容性之间找到一个平衡点。按照自己的习惯打造属于自己的系统防火墙即可。

4.1.5　Windows防火墙的工作流程及注意事项

一般情况下，当外部网络的所有非请求的传入通信到达主机时将被防火墙拦截，接着防火墙会检查"例外"选项卡列表中的防火墙规则，如果有符合条件的条目，则防火墙进一步查看该规则是允许规则还是禁止规则，并执行相应的操作。如果没有在有例外列表中定义，则会弹出Windows安全警报对话框提示我们接下来的操作有3项可选，分别是"保持阻止"、"解除阻止"和"稍后询问"。如果我们选择了"保持阻止"或"解除阻止"，则Windows防火墙创建一条访问规则，并通过前面复选框的勾选状态来表示允许或禁止。一旦创建了访问规则，则下次会直接应用该规则，除非手动更改了该规则，如把允许改为禁止；如果选择了"稍后询问"，则本次连接将被阻止，但不创建访问规则，下次连接时会再次询问。

Windows防火墙的所有"例外"访问规则都是以明文的形式存放在注册表的一些位置。

[HKEY_LOCAL_MACHINE\SYSTEM\CurrentControlSet\Services\SharedAccess\Parameters\FirewallPolicy\StandardProfile\AuthorizedApplications\List]

[HKEY_LOCAL_MACHINE\SYSTEM\CurrentControlSet\Services\SharedAccess\Parameters\FirewallPolicy\StandardProfile\GloballyOpenPorts\List]

事实上我们可以方便地通过备份注册表分支来保存Windows防火墙的访问规则，重装系统或用户迁移时可以直接导入注册表文件来快速配置我们的防火墙规则。问题也就在这里，如果病毒或木马程序事先在注册表里建立好"例外"规则，然后再连到外网，那么防火墙将不再有任何的警报。当然前提是计算机已经被感染了病毒或木马程序并且以管理员权限运行。如何防止这种情况，第一，建议使用Users组的账户进行日常的操作，该用户组默认没有权限配置防火墙规则；第二，定期检查"例外"列表里有没有可疑的允许规则。

当然，对于个人计算机而言，并不需要很高的安全性，Windows自带的防火墙应该是可以满足要求的。所以不推荐个人计算机用户使用第三方的防火墙产品，第一，没必要且麻烦；第二，如果第三方代码存在可攻击的漏洞，这无疑将增加Windows系统的危险性而不是安全性；第三，兼容性问题，一些第三方防火墙的底层驱动程序在加载时由于代码的不完善，很容易导致系统蓝屏错误。

防火墙是保护我们网络的第一道屏障，如果这一道防线失守了，那么我们的网络就危险了。所以我们有必要注意一下安装防火墙的注意事项。

1．防火墙实现安全政策

防火墙加强了一些安全策略。如果没有在设置防火墙之前制定安全策略的话，那么现在就是制定的时候了。它可以不被写成书面形式，但是同样可以作为安全策略。如果你还没有明确关于安全策略应当做什么的话，安装防火墙就是能做的最好的保护站点的事情，并且要随时维护它也是件很不容易的事情。要想有一个好的防火墙，需要好的安全策略。

2．一个防火墙在许多时候并不是一个单一的设备

除非在特别简单的案例中，防火墙很少是单一的设备，而是一组设备。就算购买的是一个商用的"all-in-one"防火墙应用程序，同样得配置其他机器（如网络服务器）来与之一同运行。这些其他的机器被认为是防火墙的一部分，包含了对这些机器的配置和管理方式，他们所信任的是什么，什么又将他们作为可信的等。不能简单的选择一个叫做"防火墙"的设备却期望其担负所有安全责任。

3．防火墙并不是现成的随时获得的产品

选择防火墙更像买房子而不是选择去哪里度假。防火墙和房子很相似，必须每天和它待在一起，使用它的期限也不止一两个星期。需要经常维护，否则防火墙会崩溃掉。建设防火墙需要仔细的选择和配置一个解决方案来满足用户的需求，然后不断地去维护它。需要做很多的决定，对一个站点是正确的解决方案往往对另外站点来说是错误的。

4．防火墙并不会解决所有的问题

不要指望防火墙靠自身就能够给予用户安全。防火墙保护计算机免受一类攻击的威胁，主要防护从外部直接攻击内部。但是却不能防止从LAN（局域网）内部的攻击。

5．使用默认的策略

正常情况下的方法是拒绝除了必要和安全的服务以外的任何服务。但是新的漏洞每天都出现，关闭不安全的服务意味着一场持续的战争。

6．有条件的妥协，而不是轻易的

如果允许所有请求的话，网络就会很不安全。如果拒绝所有请求的话，网络同样是不安全的，需要找到满足用户需求的方式，虽然这些方式会带来一定的风险。

7．用分层手段

使用多个安全层来避免某个失误造成对关键问题的侵害。

8．安装所需要的

防火墙机器不能像普通计算机那样安装厂商提供的全部软件。作为防火墙一部分的机器必须保持最小的安装。即使认为有些东西是安全的也不要在不需要时安装它。

9．用可以获得的所有资源

不要建立基于单一来源信息的防火墙，特别是该资源不是来自厂商。有许多可以利用的资源：如厂商信息，我们所编写的书，邮件组和网站。

10．相信能确定的

不要相信图形界面的手工和对话框或是厂商关于某些东西如何运行的声明，由检测来确定应当拒绝的连接都拒绝，由检测来确定应当允许的连接都允许。

11．不断的重新评价决定

一年以前所安装的防火墙对于现在的情况已经不是最好的解决方案了。对于防火墙应当经常性的评估、决定并确认仍然有合理的解决方案。更改防火墙，就像搬家一样，需要仔细的计划。

12．要对失败有心理准备

做好最坏的心理准备。机器可能会停止运行，动机良好的用户可能会做错事情，有恶意动机的用户可能做坏的事情并成功的打败你。但是一定要明白当这些事情发生的时候这并不是一个完全的灾难。

4.2　账号和口令的安全设置

操作系统密码的安全是很重要的，一般的黑客攻击都是扫描管理员账户的密码是否为空，如果什么密码都不设的话，等于开着大门等小偷进来，所以设定密码还是很重要的。

一般我们所用的Windows XP系统默认的管理员账户administrator的密码都是为空，所以要把administrator加上一个密码。要设定为一个相对安全的密码，比如"数字+字母+!@@#"等符号的密码方式。

就算这样也不是绝对安全的，最好还是启用系统自带的"密码策略"功能。启动里面的管理员密码锁定策略，如果输入错误3次则锁定管理员账户。可以更改管理员账户名称，就是更改管理员账户administrator的名字。或者干脆禁用管理员密码，新建一个账户加入管理员组，然后再伪造一个名字为administrator的低权限账号来做幌子，引诱黑客来进攻。

4.2.1　账号的安全加固

安全保护自己的账户并不是一件容易的事，一些大意的用户将账户密码设置的太短，而且长时间不改密码等，这些都是影响账户安全的因素，不过现在我们从技术上来为这些大意的用户做出限制，那就是动用组策略这个工具。

在"开始"菜单中打开"运行"对话框，输入"Gpedit.msc"打开组策略编辑器，依次浏览到"本地计算机策略"→"计算机配置"→"Windows设置"→"安全设置"→"账户策略"→"密码策略"，会发现右侧有6项关于密码的设置项目。

首先使用鼠标双击"密码必须符合复杂性要求"选项，将其设置为"已启用"，启用了该项之后用户设置的密码就不能是简单的111、123、abc之类了。接下来再使用鼠标双击"密码长度最小值"选项，并将其值设置为6以上，表明以后设置的密码最短必须要有6位；另外一项比较重要的设置是"密码最短存留期"选项，如图4-21所示。

例如，我们设置为15天，这样在密码使用达到15天时系统就会自动提醒我们更改密码，有助于密码的安全，如图4-22所示。

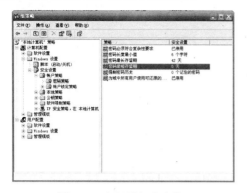

图4-21　密码最短存留期

图4-22　修改密码最短存留期

4.2.2　给账户双重加密

相信很多用户都为自己的计算机账户设置了复杂的密码，可能还是担心密码被别人破解，其实还可以给账户设置双重加密。

在"开始"菜单中打开"运行"对话框，输入"syskey"后按回车键即可打开"保证Windows XP账户数据库的安全"对话框，该项操作是不可逆，一旦启用加密则不可以禁用，如图4-23所示。在这里若我们直接选中"启用加密"选项，并单击"确定"按钮，这样程序已经对账户完成了双重加密，只不过这个加密过程对用户来说是透明的。

如果想更进一步体验这种双重加密功能，可以在图4-23中单击"更新"按钮，打开"启动密码"对话框，如图4-24所示，在这里一共有"密码启动"和"系统产生的密码"两个选项，若勾选"密码启动"选项则需要自己设置一个密码，这样在登录Windows XP之前要先输入这个密码才能选择登录的账户。在"系统产生的密码"选项下又有两个选项，若勾选"在本机上保存启动密码"选项，那么程序仅在后台完成加密过程，在登录时不需要输入任何密码，因为密码就保存在计算机内部。如果对安全要求比较高，则可以勾选"在软盘上保存启动密码"选项，单击"确定"按钮之后就会提示在软驱里放入一张软盘。创建完毕，会在软盘上生成一个StartKey.Key文件，以后每次开机时则必须放入该软盘才能登录，相当于系统有了一张随身携带的钥匙盘。

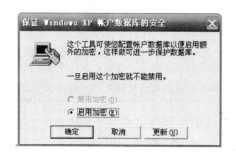

图4-23　启用加密

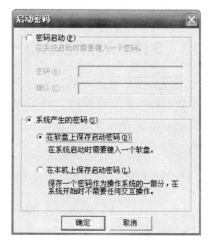

图4-24　"启动加密"对话框

提示: 若选择在软盘上保存启动密码, 则建议重新再创建一张备用盘, 另外当由这种加密模式切换到其他方式时同样需要验证软盘上的文件。

4.2.3 创建密码重设盘

凡事都是相对的, 为账户设置了复杂的密码, 如果哪天密码忘记了, 就把自己挡在"门"外了。其实只要我们事先为自己的账户创建一张密码重设盘即可万事无忧。

首先, 进入控制面板, 使用鼠标双击"用户账户"选项, 在打开的对话框中单击要为之创建密码重设盘的账户名称, 进入如图4-25所示的界面。

单击左侧"相关任务"下的"阻止一个已遗忘的密码"选项, 这样就会进入"忘记密码向导"对话框, 单击"下一步"按钮提示我们在软驱里插入一张空白格式化的软盘, 继续单击"下一步"按钮, 向导会要求我们输入当前账户的密码, 如图4-26所示。输入之后单击"下一步"按钮开始创建密码重设盘。

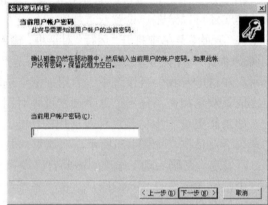

图4-25 用户账户界面   图4-26 忘记密码向导

以后在登录时若密码输入错误, 系统就会自动提示是否重新输入密码。

4.3 文件系统安全设置

4.3.1 文件和文件夹的加密

虽然通过加密软件的方法, 可以对文件夹加密, 但这些方法都比较复杂, 所以我们介绍一种利用Windows系统自带的文件夹属性进行简单加密的方法。Windows操作系统中已经有加密的机制, 把文件加密起来, 即使被别人拿走了硬盘也没法得到里面的数据。

提示: 有人会问"我的文件夹已经设置了权限, 别人访问不了。为什么别人还能查看我的文件呢?"其实, 权限只是系统级别的限制, 并不能阻止对文件本身的访问, 如果硬盘接在别的计算机上数据都能读出来。

Windows 2000、Windows XP、Windows Vista系统中用到的加密叫"文件系统加密", 仅限于NTFS文件系统。不是所有操作系统版本都支持这个功能, 例如, Windows XP Professional版本支持文件系统加密, 但Windows XP Home 版本不支持。

用鼠标右键单击"硬盘驱动器"→"属性"命令,在"常规"选项卡中,能查看所用的系统是哪种文件系统,如图4-27和图4-28所示。

图4-27 在"属性"上单击鼠标右键　　　　图4-28 查看文件系统

可以看到这里的文件系统是NTFS,如果显示的是FAT32,说明不是NTFS文件系统。如果不是NTFS系统也可以把文件系统转成NTFS。但要记住,转过去就不能转回来了。

使用鼠标选择"开始"→"运行"命令,对打开的对话框中输入"cmd",然后按回车键,如图4-29所示。

如果要把C盘转换一下,输入"convert C: /fs:ntfs"命令,然后按回车键,等两分钟就可以将C盘转换为NTFS的文件系统,如图4-30所示。

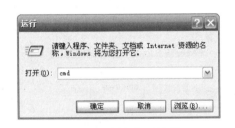

图4-29 "运行"对话框　　　　　　图4-30 命令行窗口

加密操作的方法如下。

(1)选中整个文件夹并单击鼠标右键,弹出下拉菜单,选择"属性"命令,如图4-31所示。

(2)在"常规"选项卡中单击"高级"按钮,如图4-32所示。

(3)进入"高级属性"对话框,勾选"加密内容以便保护数据"选项,如图4-33所示。

(4)单击"确定"按钮,会看到加密的文件或文件夹,默认情况下是用绿字显示的。

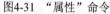

图4-31 "属性"命令

图4-32 "常规"选项卡

　　任何方便的方法使用不当也会带来不便。防盗门可以防贼也可以把自己锁在外面。如果重装了系统，加密的文件就不能打开了（这也是加密的作用所在）。而且，打不开的文件是没有任何办法可以恢复的。因为加密用的文件要用"钥匙"打开，重装机器后，这钥匙便没有了。所以，在系统还没有重装的时候，也要把这把钥匙备份出来。

　　用户可以先把"钥匙"备份出来，以便不时之需，具体方法如下。

　　（1）在IE浏览器的"工具"菜单中选择"Internet选项"命令。打开Internet 选项。

　　（2）单击"内容"选项卡，在选项卡的中间位置单击"证书"按钮，如图4-34所示。

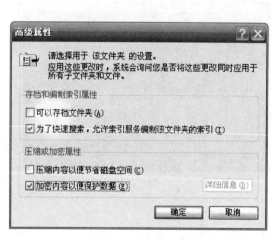

图4-33 "高级属性"对话框

图4-34 Internet 选项

　　（3）加密、解密文件需要用到钥匙，这把钥匙便是证书。在"个人"选项卡上会显示一个证书，就是用户名。单击选中它，可以看到下面"证书的预期目的"是"加密文件系统"，然后单击"导出"按钮，如图4-35所示。

　　（4）在打开的对话框中单击"下一步"按钮。在对话框中会提示"要将私钥证书一起导出吗？"，选择"是，导出私钥"选项，单击"下一步"按钮，如图4-36所示。

图4-35　"证书"对话框

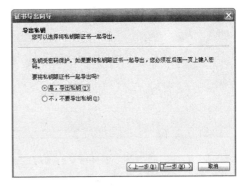

图4-36　"证书导出向导"对话框

（5）在"导出文件格式"选项中不需要更改任何内容，默认设置即可，单击"下一步"按钮，如图4-37所示。

（6）接下来提示设置密码时，记住这个密码是下次导入时要用到的。在这里可以设置一个简单的，因为导出的备份可以严加保管。完成后单击"下一步"按钮，如图4-38所示。

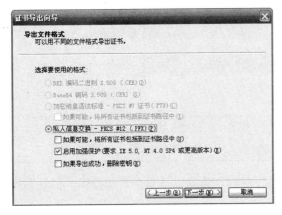

图4-37　默认设置

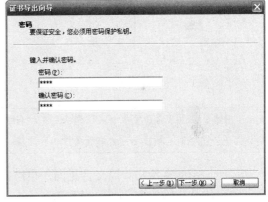

图4-38　设置密码

（7）此时设置导出文件的位置，证书导出到一个文件，单击"浏览"按钮，选择保存的位置，如图4-39所示。

这样就完成了。导出的文件是.pfx格式的，需要把这个文件保管好。可以复制到自己的U盘上，也可以刻在光盘上。

假设现在重新装好了系统，要把先前备份的东西拿出来用。具体方法如下。

（1）使用鼠标双击这个文件，导入便开始了，单击"下一步"按钮。

（2）输入先前设置的密码，勾选第二个选项，"标志此密钥为可导出的。这将允许您在稍后备份或传输密钥。"如图4-40所示。

（3）在"证书存储"页面上，不需要改设置，保留默认选项即可。单击"下一步"按钮，如图4-41所示。

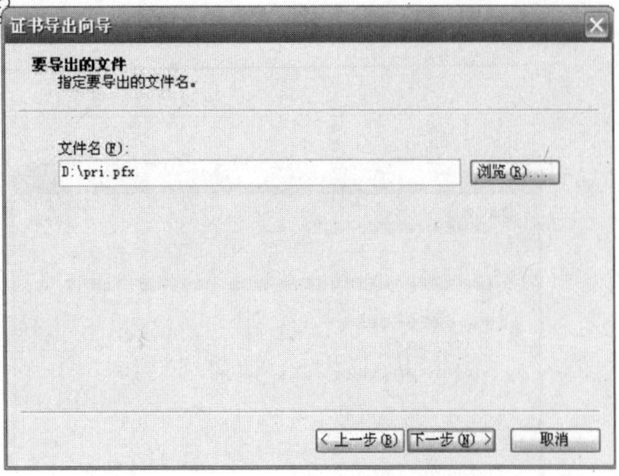

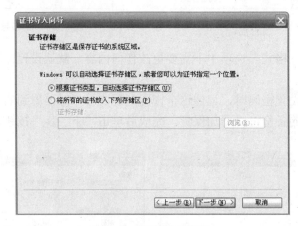

图4-39 选择保存位置 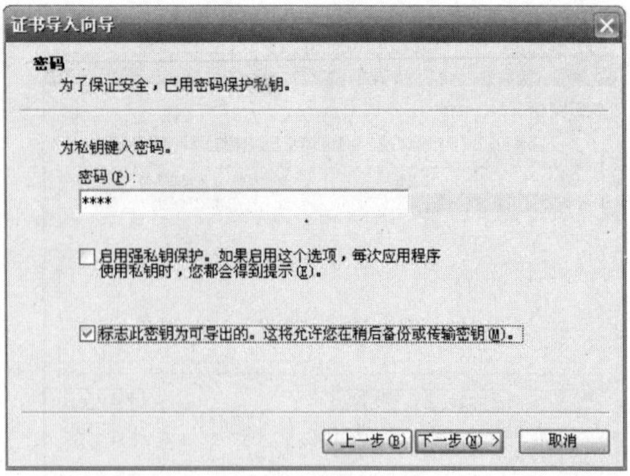   图4-40 输入密码

图4-41 证书导入向导

> 提示：用这个方法只需将重要个人信息的文件加密就行。一般文件，如程序文件，不需要加密。也不需要将整个盘符全部加密。加密本身会影响文件读取速度，因为读取文件就是个解密的过程。

已经加密的文件与普通文件相同，也可以进行复制、移动以及重命名等操作，但是其操作方式可能会影响加密文件的加密状态。

复制加密文件。

（1）在Windows XP资源管理器中选中待复制的加密文件。

（2）使用鼠标右键单击加密文件，选择"复制"命令。

（3）切换到加密文件复制的目标位置，单击鼠标右键，选择"粘贴"命令，即可完成。

可以看出，复制加密文件，同复制普通文件并没有不同。只是进行复制的操作者，必须是被授权的用户。另外，加密文件被复制后的副本文件，也同样是被加密的。

移动加密文件。

（1）在Windows XP资源管理器中选择待移动的加密文件。

（2）使用鼠标右键单击加密文件，选择"剪切"命令。

（3）切换到加密文件待移动的目标位置，单击鼠标右键，选择"粘贴"命令，即可完成加密文件的移动操作。

对加密文件进行复制或移动时，如果复制或移动到FAT文件系统中时，文件将自动解密，所以建议对加密文件进行复制或移动后应重新进行加密。

4.3.2 在Windows下隐藏驱动器

隐藏特定硬盘驱动器可以让未授权用户无法访问，这样就能对重要文件起到加密、保护的作用。该方法既简单又实用，它不使用任何第三方软件，用户借助Windows XP操作系统本身的功能就能快速实现。

1．组策略限制法

"组策略"是系统内置的管理工具之一，它是系统管理员为用户和计算机定义并控制程序、网络资源及操作系统行为的主要工具。注册表中的许多设置，都可以通过"组策略"来完成，"组策略"的图形化操作让用户的使用格外简单。

在"开始"菜单中打开"运行"对话框，输入"gpedit.msc"命令并按回车键，进入系统自带的"组策略"工具。在左侧树状目录中定位项目位置："本地计算机策略"→"用户配置"→"管理模板"→"Windows组件"→"Windows资源管理器"。

在"组策略"右侧窗口中将列出一系列的设置选项，用户需要找到两个项目："隐藏我的电脑中的这些指定的驱动器"和"防止从我的电脑访问驱动器"选项，如图4-42所示。

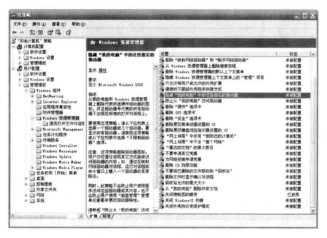

图4-42 "组策略"设置界面

例如，执行"隐藏我的电脑中的这些指定的驱动器"选项，使用鼠标双击对应项目进入设置属性对话框。使用鼠标单击"已启用"选项，接下来选择要隐藏驱动器，如"只限制D驱动器"，单击"确定"按钮，如图4-43所示。

接下来，用户可以打开"我的计算机"查看，果然在"我的计算机"中就找不到D盘了。需要注意的是，上述操作仅仅是在系统中隐藏了D盘，这并不能阻止用户访问，用户可以在"地址栏"中输入"D:\"来进入被隐藏的D盘。

显然简单的隐藏还不够，还应当限制用户的访问。返回"组策略"，接下来进行"防止从我的电脑访问驱动器"选项的设置。使用鼠标双击该项目进入设置属性对话框，选择"已启用"选项，然后选择"只限制D驱动器"选项，如图4-44所示。

至此，我们对于D盘的加密工作完成，不仅在系统中看不到D盘，就算通过"地址栏"强制访问也办不到，系统会无情地显示"限制"提示，如图4-45所示。

"组策略"法隐藏驱动器非常方便，不过缺陷也挺明显，用户可以在图4-43和图4-44中看到，系统内置的限制组合比较有限，只有隐藏C、D以及所有驱动器等几个有限的选项。如果用户的硬盘分区较多，要单独隐藏E、F盘驱动器就无法办到。

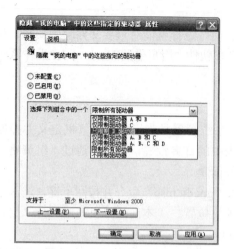

图4-43　隐藏我的计算机中的指定驱动器界面

图4-44　防止从我的计算机访问驱动器

图4-45　系统限制访问提示

2．注册表限制法

"组策略"的各种设置实质上是通过系统注册表的修改来完成的，既然当前"组策略"的功能有限，还是回归注册表来解决问题。

执行"开始"菜单→"运行"命令，输入"regedit"命令并按回车键进入系统自带的"注册表编辑器"对话框。接下来，我们定位到HKEY_CURRENT_USER\Software\Microsoft\Windows\Current-Versio-n\Policies\Explorer分支，在右侧窗口中新建两个DWORD值，分别为"NoDrives"和"NoViewOnDrive"，它们分别对应"隐藏指定驱动盘符"和"防止访问指定驱动器"选项。如果我们已经使用过组策略进行相关设置，那么这两个DWORD值就已经存在了。

手工定义隐藏盘符的关键在于修改两个DWORD项目的数值，下面给出系统A～Z驱动器对应的数值：

A=1 B=2 C=4 D=8 E=10 F=20 G=40 H=80 I=100 J=200 K=400 L=800 M=1000 N=2000 O=4000 P=8000 Q=10000 R=20000 S=40000 T=80000 U=100000 V=200000 W=400000 X=800000 Y=1000000 Z=2000000

如果需要隐藏多个盘符，那么需把对应盘符的数值按照十六进制相加，最后获得正确的值。例如隐藏A、B、C、D，需要填写的值就为"1+2+4+8=F"，注意不是十进制的15，而是十六进制的F，如图4-46所示。

显然，只要正确找到注册表中对应的路径及两个DWORD值，隐藏自定义盘符是很简单的，关键在于如何计算所需的值，这就涉及一个十六进制计算问题。十六进制，可以使用系统自带的"计算器"来解决该问题。

选择"开始"→"程序"→"附件"→"计算器"命令，启动"计算器"应用程序后，选择菜单"查看"→"科学型"选项，即可切换到十六进制计算模式，如图4-47所示。

图4-46　编辑注册表键值

图4-47　计算器科学型计算模式

为了提高计算效率，这里告诉读者一个合计数，即隐藏所有盘符，将A～Z驱动器的值全部相加后的值为"3FFFFFF"。

只需要显示C盘，而要隐藏其他的所有盘符，就不必从A～Z重新加一次，直接在计算器中用"3FFFFFF-4"就能得到所需的数值"3FFFFFB"了。

例如，禁止在系统中使用U盘。

当前的系统盘符为C、D，使用计算器，简单的计算一下："3FFFFFF-F=3FFFFF0"（总数减去A～D的合计值F，即为E～Z的合计值），很容易就能获得所需数值，进入注册表中做相应设置即可。以后就算其他用户在计算机中插入了U盘，系统也正常驱动了U盘，U盘所在的驱动器也是无法访问的。

4.4　本章小结

本章主要介绍了个人防火墙的设置、账号和口令的安全设置，文件系统安全设置，通过本章的学习，读者能够更加深入地了解和使用这几种方法对Windows系统进行安全方面的加固。

4.5　思考与练习

1．填空题

（1）＿＿＿＿＿＿＿是指通过一定的技术手段，提高操作系统的主机安全性和抗攻击能力，通过个人防火墙设置、账号和口令的安全设置等方法，合理加强系统安全性。

（2）＿＿＿＿＿＿＿具有很好的网络安全保护作用，入侵者必须首先穿越其安全防线，才能接触目标计算机。

（3）防火墙是基于＿＿＿＿＿＿规则，在受信任网络和非受信任网络间实现访问控制的系统。

（4）＿＿＿＿＿＿＿就是指为了响应计算机的请求而发送的通信。

（5）Windows安全警报的3个特点包括＿＿＿＿＿、＿＿＿＿＿、＿＿＿＿＿。

（6）常见的网络攻击使用＿＿＿＿＿＿识别端口处于打开和未受保护状态的计算机。

（7）使用"netsh firewall show allowedprogram"命令可以查看Windows防火墙允许的＿＿＿＿＿。

（8）_____是保护我们网络的第一道屏障，如果这一道防线失守了，那么我们的网络就危险了。

（9）Windows防火墙的配置界面，共有3个选项卡，分别为_____、_____和_____。

（10）在开始菜单中打开运行对话框，输入_____命令并单击"确定"按钮调出Windows防火墙的配置界面。

（11）使用"netsh firewall add allowedprogram"命令添加防火墙允许的_____。

2．简答题

（1）简述Windows防火墙能够实现的功能。

（2）简述添加防火墙规则的两种方法。

3．操作题

（1）在计算机上设置启用与禁用Windows防火墙。

（2）在计算机上设置Windows防火墙"例外"。

（3）在计算机上给文件和文件夹的加密。

（4）使用组策略限制法在Windows下隐藏驱动器。

第5章　计算机病毒的检测和防范

计算机病毒是指"编制或在计算机程序中插入的破坏计算机功能或破坏数据，影响计算机使用并且能够自我复制的一组计算机指令或程序代码"。病毒往往会利用计算机操作系统的弱点进行传播，提高系统的安全性是防病毒的一个重要方面，过于完美的系统是不存在的，过于强调提高系统的安全性将使系统多数时间用于病毒检查，系统失去可用性、实用性和易用性；另外，信息保密的要求让我们在泄密和抓住病毒之间无法选择。病毒与反病毒将作为一种技术对抗长期存在，两种技术都将随着计算机技术的发展而得到长期的发展。

通过对本章的学习，了解计算机病毒的定义、特性、分类、传播途径和主要危害，理解病毒的机制，掌握如何对病毒进行检测和防范，然后以特洛伊木马为例，阐述如何对木马进行检测和防范，最后了解系统恢复的问题，以便更好地解决计算机中毒后的维护问题。

本章重点：
- 计算机病毒的含义
- 计算机病毒的检测和防范
- 特洛伊木马的特征、检测及防范方法

5.1　计算机病毒概述

计算机病毒是一种特殊的程序，这种程序能将自身传染给其他的程序，并能破坏计算机系统的正常工作，如系统不能正常引导，程序不能正确执行，文件莫明其妙地丢失，干扰打印机正常工作等。

5.1.1　计算机病毒的定义

计算机病毒是一个程序，一段可执行代码。就像生物病毒一样，计算机病毒有独特的复制能力。计算机病毒可以很快地蔓延，又常常难以根除。它们能把自身附着在各种类型的文件上。当染毒文件被复制或从一个用户传送到另一个用户时，它们就随同该文件一起蔓延开来。除复制能力外，某些计算机病毒还有其他一些共同特性：一个被感染的程序是能够传播病毒的载体。当我们以为病毒仅表现在文字和图像上时，它们可能已经毁坏了文件、格式化了硬盘或引发了其他类型的灾害。若病毒并不寄生于一个感染程序，它仍然能通过占据存储空间给我们带来麻烦，并降低计算机的使用性能。

5.1.2　计算机病毒的发展历史

自1946年第一台"冯·诺依曼"体系的计算机问世以来，计算机与人们的生活已经越来越息息相关了，人们甚至已经无法生活在没有计算机的世界里。但是就如同人会生病一样，计算机的世界里面也存在病毒，计算机也会生病。那么，计算机病毒是如何一步一步地从无到有、从小到大发展到今天的呢。

在计算机病毒的发展史上，病毒的出现是有规律的。一般情况下，一种新的病毒技术出现后，病毒迅速发展，接着反病毒技术的发展会抑制其流传。当操作系统进行升级时，病毒也会相应调整为新的方式，产生新的病毒技术。计算机病毒的发展趋势与计算机技术的发展密切相关。

1．DOS引导阶段

最初的计算机病毒主要是引导型病毒，具有代表性的是"小球"和"石头"病毒。当时的计算机系统硬件较少，功能简单，一般需要通过软盘启动后使用。引导型病毒利用软盘的启动原理来工作，它们修改系统启动扇区，在计算机启动时首先取得控制权，减少系统内存，修改磁盘读写中断，影响系统工作效率，在系统存取磁盘时进行传播。1989年，引导型病毒发展为可以感染硬盘的病毒，典型的代表为"石头2"病毒。

2．DOS可执行阶段

1989年，可执行文件型病毒出现，它们利用DOS系统加载执行文件的机制工作，代表为"耶路撒冷"和"星期天"病毒，病毒代码在系统执行文件时取得控制权，修改DOS中断，在系统调用时进行传染，并将自己附加在可执行文件中，使文件长度增加。这两个病毒于1990年发展为复合型病毒，可感染.COM和.EXE文件。

3．伴随、批次型阶段

1992年，伴随型病毒出现，它们利用DOS加载文件的优先顺序进行工作。具有代表性的是"金蝉"病毒，它感染.EXE文件时，生成一个和.EXE同名的扩展名为.COM的伴随体。它感染.COM文件时，改为原来的.COM文件为同名的.EXE文件，再产生一个原名的伴随体，文件扩展名为.COM。这样，在DOS加载文件时，病毒就取得控制权。这类病毒的特点是不改变原来的文件内容、日期及属性，解除病毒时只要将其伴随体删除即可。在非DOS操作系统中，一些伴随型病毒利用操作系统的描述语言进行工作，典型代表是"海盗旗"病毒，它在得到执行时，询问用户名称和口令，然后返回一个出错信息，将自身删除。批次型病毒是工作在DOS下的和"海盗旗"病毒类似的一种病毒。

4．幽灵、多形阶段

1994年，随着汇编语言的发展，实现同一功能可以用不同的方式来完成，这些方式的组合可使一段看似随机的代码产生相同的运算结果。幽灵病毒就是利用这个特点，每感染一次就产生不同的代码。例如"一半"病毒就是产生一段有上亿种可能的解码运算程序，病毒体被隐藏在解码前的数据中，查找这类病毒就必须对这段数据进行解码，这样加大了查毒的难度。多形病毒是一种综合性病毒，它既能感染引导区又能感染程序区，多数具有解码算法，一种病毒往往要两段以上的子程序方能解除。

5．生成器、变体机阶段

1995年，在汇编语言中，一些数据的运算放在不同的通用寄存器中，可运算出同样的结果，随机地插入一些空操作和无关指令，也不影响运算的结果。这样，一段解码算法就可以由生成器生成。当生成的是病毒时，这种复杂的病毒生成器和变体机就产生了。具有典型代表性的是"病毒制造机"VCL，它可以在瞬间制造出成千上万种不同的病毒，所以查找时就不能使用传统的特征识别法，需要在宏观上分析指令，解码后查找病毒。变体机就是增加解码复杂程度的指令生成机制。

6. 网络、蠕虫阶段

1995年，随着网络的普及，病毒开始利用网络进行传播，它们只是以上几代病毒的改进。在非DOS操作系统中，"蠕虫"是典型的代表，它不占用除内存以外的任何资源，不修改磁盘文件，利用网络功能搜索网络地址，将自身向下一个地址进行传播，有时也在网络服务器和启动文件中存在。

7. Windows阶段

1996年，随着Windows和Windows 95的日益普及，利用Windows进行工作的病毒开始发展，它们修改（NE、PE）文件，典型的代表是DS.3873病毒，这类病毒的机制更为复杂，它们利用保护模式和API调用接口工作，解除方法也比较复杂。

8. 宏病毒阶段

1996年，随着Windows、Word功能的增强，使用Word宏语言也可以编制病毒，这种病毒使用类Basic语言，编写容易，感染Word文档。在Excel和AmiPro中出现的相同工作机制的病毒也归为此类。由于Word文档格式没有公开，因此这类病毒的查杀比较困难。

9. 因特网阶段

1997年，随着因特网的发展，各种病毒也开始利用因特网进行传播，一些携带病毒的数据包和邮件越来越多，如果不小心打开了这些邮件，机器就有可能中毒。

10. Java、脚本语言、邮件炸弹阶段

1997年，随着因特网上Java程序的普及，利用Java语言进行传播和获取资料的病毒开始出现，典型的代表是JavaSnake病毒。此外还有一些利用邮件服务器进行传播和破坏的病毒，例如Mail-Bomb病毒，它可以严重影响因特网的效率。

11. 通信设备、PDA设备阶段

2003年，媒体报道发现了第一例手机病毒，于是各大杀毒厂商（Trend micro、Mcafee、f-secure等）纷纷推出了针对手机和PDA等通信设备的杀毒引擎。

5.1.3 计算机病毒的特点

从病毒的发展过程可以看出，计算机及其相关技术的发展是病毒技术发展的基础。根据近期病毒的特征，可以看出计算机病毒具有以下新特点：网络化、专业化、智能化、人性化、隐蔽化、多样化和自动化。

1. 网络化

新时期的病毒充分利用计算机技术和网络技术的交叉点。自2002年以来，通过网络漏洞和邮件系统进行传播的蠕虫病毒就开始成为"新宠"，数量上已经远远超过了曾经是主流的系统病毒，并且得到了更大的发展，成为不折不扣的主流病毒。在2003年和2004年的计算机流行病毒列表中，有一半以上是蠕虫病毒。2005年至今，木马成为了最流行的恶意代码。这些病毒的迅速发展说明了目前国内网络建设速度加快，但网络安全却未及时跟上，网络防毒将成为今后网络管理工作的重点。电子邮件无疑是目前因特网时代最主要的信息沟通方式，这种方式导致了邮件病毒的迅速增长，一些蠕虫、木马、恶意程序等病毒纷纷利用该平台进行传播。

2. 专业化

手机病毒、PDA病毒的出现标志着病毒开始向专业化方向发展。由于这些设备都采用嵌入式操作系统并且软件接口较少，以往很少有病毒制造者涉足这个领域。随着时间的推移和技术细节的公开，已经有人开始转向这个领域。

3. 智能化

与传统计算机病毒不同的是，许多新病毒（前面所提到的病毒包括蠕虫、黑客工具和木马等恶意程序）是利用当前最新的编程语言与编程技术实现的，并且易于修改以产生新的变种，从而逃避反病毒软件的搜索。例如"爱虫"病毒是用VBScript语言编写的，只要通过Windows下自带的编辑软件修改病毒代码中的一部分，就能轻而易举地制造出病毒变种，以躲避反病毒软件的查杀。

另外新病毒可以利用Java、ActiveX以及VBScript等技术，潜伏在HTML页面里，在上网浏览时触发。"Kakworm"病毒虽然早在2006年1月就被发现，但它的感染率一直居高不下，原因是它利用ActiveX控件中存在的缺陷传播，装有IE 5或Office 2000的计算机都可能被感染。这个病毒的出现使原来不打开带毒邮件附件而直接删除的防邮件病毒方法完全失效。更为令人担心的是，一旦这种病毒被赋予其他计算机病毒恶毒的特性，所造成的危害很有可能超过任何现有的计算机病毒。

4. 人性化

现在的计算机病毒越来越注重分析人类的心理，如好奇、贪婪等。几年前肆虐一时的"裸妻"病毒，主题就是英文的"Naked Wife"，邮件正文为"我的妻子从未这样"，邮件附件中携带一个名为"裸妻"的可执行文件，用户执行这个文件，病毒就被激活。还有就是"My-babypic"病毒，通过可爱宝宝的照片传播病毒。而"库尔尼科娃"病毒的大流行，则是由于网坛美女库尔尼科娃挡不住的魅力。

5. 隐蔽化

相比较而言，新一代病毒更善于隐藏自己、伪装自己。病毒主题会在传播中改变，或者有极具诱惑性的主题、附件名；许多病毒会伪装成常用程序，或者将病毒代码写入文件内部并且让文件长度不发生变化，使用户防不胜防。比如，主页病毒的附件"homepage.html.vbs"并非一个HTML文档，而是一个恶意的VB脚本程序，一旦执行后，就会向用户地址簿中的所有电子邮件地址发送带毒的电子邮件副本。再比如"维罗纳"病毒，将病毒写入邮件正文，而且主题、附件名极具诱惑性，主题众多，更替频繁，使用户因麻痹大意而感染。而"matrix"等病毒会自动隐藏、变形，甚至阻止受害用户访问反病毒网站和向病毒记录的反病毒地址发送电子邮件，无法下载经过更新、升级后的相应杀毒软件或发布病毒警告消息。

6. 多样化

新病毒层出不穷，老病毒也充满活力，并呈现多样化的趋势。1999年普遍发作的计算机病毒分析显示，虽然新病毒不断产生，但较早的病毒发作仍很普遍。如1999年报道最多的病毒是1996年首次发现并到处传播的宏病毒Laroux。新病毒可以是可执行程序、脚本文件、HTML网页等多种形式，并正向电子邮件、网上贺卡、卡通图片、ICQ、OICQ等发展。

更为棘手的是，新病毒所采用的手段更加阴狠，破坏性更强。据计算机经济研究中心的报告显示，在2000年5月，"爱虫"病毒大流行的前5天，就造成了67亿美元的损失。而该中心

1999年的统计数据显示，到1999年末病毒损失才达120亿美元。

7. 自动化

以前的病毒制作者都是专家，编写病毒在于表现自己高超的技术。但是"库尔尼科娃"病毒的设计者不同，他只是修改了下载的VBS蠕虫孵化器，"库尔尼科娃"病毒就诞生了。据报道，VBS蠕虫孵化器被人们从VXHeavens上下载了15万次以上。正是由于这类工具太容易得到，致使现在新病毒出现的频率超出以往任何时候。

随着病毒技术的发展，计算机病毒的数量也在迅速增加。VirusScan声称现在大约有57000多种不同形式的计算机病毒存在。但是很多公司都认为病毒数量已经远远超过50000种。

5.1.4 计算机病毒的危害及征兆

在计算机病毒出现的初期，计算机病毒的危害往往注重于病毒对信息系统的直接破坏作用，比如格式化硬盘、删除文件数据等，并以此来区分恶性病毒和良性病毒。其实这些只是病毒劣迹的一部分，随着计算机应用的发展，人们深刻地认识到凡是病毒都可能对计算机信息系统造成严重的破坏。

计算机病毒的主要危害有以下几个方面。

1. 病毒激发对计算机数据信息的直接破坏作用

大部分病毒在激发的时候直接破坏计算机的重要信息数据，所利用的手段有格式化磁盘、改写文件分配表和目录区、删除重要文件或者用无意义的"垃圾"数据改写文件、破坏CMOS设置等。

2. 占用磁盘空间和对信息的破坏

寄生在磁盘上的病毒总要非法占用一部分磁盘空间。

引导型病毒的一般侵占方式是由病毒本身占据磁盘引导扇区，而把原来的引导区转移到其他扇区，也就是引导型病毒要覆盖一个磁盘扇区。被覆盖的扇区数据将会永久性丢失，无法恢复。

文件型病毒利用一些DOS功能进行传染，这些DOS功能能够检测出磁盘的未用空间，把病毒的传染部分写到磁盘的未用部位去。所以在传染过程中一般不破坏磁盘上的原有数据，但非法侵占了磁盘空间。一些文件型病毒传染速度很快，在短时间内感染大量文件，每个文件都不同程度地加长了，这就造成磁盘空间的严重浪费。

3. 抢占系统资源

除VIENNA、CASPER等少数病毒外，其他大多数病毒在动态下都是常驻内存的，这就必然抢占一部分系统资源。病毒所占用的基本内存长度大致与病毒本身长度相当。病毒抢占内存，导致内存减少，一部分软件不能运行。除占用内存外，病毒还抢占中断，干扰系统运行。计算机操作系统的很多功能是通过中断调用技术来实现的。病毒为了传染激发，总是修改一些有关的中断地址，在正常中断过程中加入病毒的"私货"，从而干扰了系统的正常运行。

4. 影响计算机运行速度

病毒进驻内存后不但干扰系统运行，还影响计算机速度，主要表现在。

病毒为了判断传染激发条件，总要对计算机的工作状态进行监视，这相对于计算机的正常运行状态既多余又有害。

有些病毒为了保护自己，不但对磁盘上的静态病毒加密，而且进驻内存后的动态病毒也处在加密状态，CPU每次寻址到病毒处时要运行一段解密程序把加密的病毒解密成合法的CPU指令再执行；而病毒运行结束时再用一段程序对病毒重新加密。这样CPU将额外执行数千条以至上万条指令。

5. 计算机病毒错误与不可预见的危害

计算机病毒与其他计算机软件的一大差别是病毒的无责任性。编制一个完善的计算机软件需要耗费大量的人力、物力，经过长时间调试完善，软件才能推出。但在病毒编制者看来既没有必要这样做，也不可能这样做。很多计算机病毒都是个人在一台计算机上匆匆编制调试后就向外抛出。反病毒专家在分析大量病毒后发现绝大部分病毒都存在不同程度的错误。

错误病毒的另一个主要来源是变种病毒。有些初学计算机者尚不具备独立编制软件的能力，出于好奇或其他原因修改别人的病毒，造成错误。

计算机病毒错误所产生的后果往往是不可预见的，反病毒工作者曾经详细指出黑色星期五病毒存在9处错误，乒乓病毒有5处错误等。但是人们不可能花费大量时间去分析数万种病毒的错误所在。大量含有未知错误的病毒扩散传播，其后果是难以预料的。

6. 计算机病毒的兼容性对系统运行的影响

兼容性是计算机软件的一项重要指标，兼容性好的软件可以在各种计算机环境下运行，反之兼容性差的软件则对运行条件具有一定要求，要求机型和操作系统版本等。病毒的编制者一般不会在各种计算机环境下对病毒进行测试，因此病毒的兼容性较差，常常导致计算机系统死机。

7. 计算机病毒给用户造成严重的心理压力

据有关计算机销售部门统计，计算机售后用户怀疑"计算机有病毒"而提出咨询约占售后服务工作量的60%以上。经检测确实存在病毒的约占70%，另有30%情况只是用户怀疑，而实际上计算机并没有病毒。那么用户怀疑病毒的理由是什么呢？多半是出现诸如计算机系统死机、软件运行异常等现象。这些现象确实很有可能是计算机病毒造成的。但又不全是，实际上在计算机工作"异常"的时候很难要求一位普通用户去准确判断是否是病毒所为。大多数用户对病毒采取宁可信其有的态度，然而这样往往要付出时间、金钱等方面的代价。仅仅怀疑病毒而贸然格式化磁盘所带来的损失更是难以弥补。不仅是个人单机用户，在一些大型网络系统中也难免为甄别病毒而停机。

总之计算机病毒像"幽灵"一样笼罩在广大计算机用户心头，给人们造成巨大的心理压力，极大地影响了计算机的使用效率，由此带来的无形损失是难以估量的。

5.2 计算机病毒的特征与分类

以下介绍的关于计算机病毒的特征与分类，使读者对计算机病毒的知识有一个基础性的了解。

5.2.1 计算机病毒的特征

计算机病毒具有以下几个特点。

1. 寄生性

计算机病毒寄生在其他程序之中，当执行这个程序时，病毒就起破坏作用，而在未启动这个程序之前，它是不易被人发觉的。病毒程序通过修改磁盘扇区信息或文件内容并把自身嵌入到其中的方法达到病毒的传染和扩散，被嵌入的程序叫做宿主程序。

2．传染性

计算机病毒不但本身具有破坏性，更有害的是具有传染性，一旦病毒被复制或产生变种，其速度之快令人难以预防。传染性是病毒的基本特征。在生物界，病毒通过传染从一个生物体扩散到另一个生物体。在适当的条件下，它可得到大量繁殖，并使被感染的生物体表现出病症甚至死亡。同样，计算机病毒会通过各种渠道从已被感染的计算机扩散到未被感染的计算机，在某些情况下造成被感染的计算机工作失常甚至瘫痪。与生物病毒不同的是，计算机病毒是一段人为编制的计算机程序代码，这段程序代码一旦进入计算机并得以执行，它就会搜寻其他符合其传染条件的程序或存储介质，确定目标后再将自身代码插入其中，达到自我复制的目的。只要一台计算机染毒，如不及时处理，那么病毒会在这台计算机上迅速扩散，其中的大量文件（一般是可执行文件）会被感染。而被感染的文件又成了新的传染源，再与其他机器进行数据交换或通过网络接触，病毒会继续进行传染。正常的计算机程序一般是不会将自身的代码强行连接到其他程序中的。而病毒却能使自身的代码强行传染到一切符合其传染条件的未受到传染的程序中。计算机病毒可通过各种可能的渠道，如软盘、U盘、计算机网络去传染其他的计算机。

3．潜伏性

有些病毒像定时炸弹一样，让它什么时间发作是预先设计好的。比如黑色星期五病毒，不到预定时间一点都觉察不出来，等到条件具备的时候一下子就爆炸开来，对系统进行破坏。一个编制精巧的计算机病毒程序，进入系统之后一般不会马上发作，可以在几周或者几个月内甚至几年内隐藏在合法文件中，对其他系统进行传染，而不被人发现。潜伏性越好，其在系统中的存在时间就会越长，病毒的传染范围就会越大。潜伏性的第一种表现是指，病毒程序不用专用检测程序是检查不出来的，因此病毒可以静静地躲在磁盘或磁带里呆上几天，甚至几年，一旦时机成熟，得到运行机会，就又要四处繁殖、扩散，继续为害。潜伏性的第二种表现是指，计算机病毒的内部往往有一种触发机制，不满足触发条件时，计算机病毒除了传染外不做什么破坏。触发条件一旦得到满足，有的在屏幕上显示信息、图形或特殊标识，有的则执行破坏系统的操作，如格式化磁盘、删除磁盘文件、对数据文件做加密、封锁键盘以及使计算机系统死机等。

4．隐蔽性

计算机病毒具有很强的隐蔽性，有的可以通过病毒软件检查出来，有的根本就查不出来，有的时隐时现、变化无常，这类病毒处理起来通常很困难。

5．破坏性

计算机中毒后，常常会导致正常的程序无法运行，把计算机内的文件删除或受到不同程度的损坏。通常表现为"增"、"删"、"改"和"移"。

6．计算机病毒的可触发性

病毒因某个事件或数值的出现，诱使病毒实施感染或进行攻击的特性称为可触发性。病毒既要隐蔽又要维持杀伤力，它必须具有可触发性。病毒的触发机制就是用来控制感染和破坏动作的频率的。病毒具有预定的触发条件，这些条件可能是时间、日期、文件类型或某些特定数据等。病毒运行时，触发机制检查预定条件是否满足，如果满足，启动感染或破坏动作，使病毒进行感染或攻击；如果不满足，使病毒继续潜伏。

5.2.2　计算机病毒的分类

计算机病毒技术的发展，病毒特征的不断变化，给计算机病毒的分类带来了一定的困难。根据多年来对计算机病毒的研究，按照不同的体系可对计算机病毒进行如下分类。

1．按病毒存在的媒体分类

根据病毒存在的媒体，病毒可以划分为网络病毒、文件病毒、引导型病毒和混合型病毒。

- 网络病毒：通过计算机网络传播感染网络中的可执行文件。
- 文件病毒：感染计算机中的文件（如.COM，.EXE，.DOC文件等）。
- 引导型病毒：感染启动扇区（Boot）和硬盘的系统引导扇区（MBR）。
- 混合型病毒：是上述三种情况的混合。例如，多型病毒（文件和引导型）感染文件和引导扇区两种目标，这样的病毒通常都具有复杂的算法，它们使用非常规的办法侵入系统，同时使用了加密和变形算法。

2．按病毒传染的方法分类

根据病毒的传染方法，可将计算机病毒分为引导扇区传染病毒、执行文件传染病毒和网络传染病毒。

- 引导扇区传染病毒：主要使用病毒的全部或部分代码取代正常的引导记录，而将正常的引导记录隐藏在其他地方。
- 执行文件传染病毒：寄生在可执行程序中，一旦程序执行，病毒就被激活，进行预定活动。
- 网络传染病毒：这类病毒是当前病毒的主流，特点是通过因特网进行传播。例如，蠕虫病毒就是通过主机的漏洞在因特网上传播的。

3．按病毒破坏的能力分类

根据病毒破坏的能力，计算机病毒可划分为无害型病毒、无危险病毒、危险型病毒和非常危险型病毒。

- 无害型：除了传染时减少磁盘的可用空间外，对系统没有其他影响。
- 无危险型：仅仅是减少内存、显示图像、发出声音及同类音响。
- 危险型：在计算机系统操作中造成严重的错误。
- 非常危险型：删除程序、破坏数据、清除系统内存和操作系统中重要的信息。

有些病毒对系统造成的危害，并不是本身的算法中存在危险的调用，而是当它们传染时会引起无法预料的灾难性的破坏。由病毒引起其他的程序产生的错误也会破坏文件和扇区，这些病毒也按照它们引起的破坏能力进行划分。目前一些无害型病毒也可能会对新版的DOS、Windows和其他操作系统造成破坏。

4．按病毒算法分类

根据病毒特有的算法，病毒可以分为伴随型病毒、蠕虫型病毒、寄生型病毒、练习型病毒、诡秘型病毒和幽灵病毒。

- 伴随型病毒：这一类病毒并不改变文件本身，它们根据算法产生.EXE文件的伴随体，具有同样的名字和不同的扩展名（.COM），例如，XCOPY.EXE的伴随体是

XCOPY.COM。病毒把自身写入COM文件并不改变EXE文件，当DOS加载文件时，伴随体优先被执行，再由伴随体加载执行原来的EXE文件。

- 蠕虫型病毒：通过计算机网络传播，不改变文件和资料信息，利用网络从一台计算机的内存传播到其他机器的内存，计算网络地址，将自身的病毒通过网络发送。有时它们在系统中存在，一般除了内存不占用其他资源。
- 寄生型病毒：依附在系统的引导扇区或文件中，通过系统的功能进行传播。
- 练习型病毒：病毒自身包含错误，不能进行很好的传播，例如一些在调试阶段的病毒。
- 诡秘型病毒：它们一般不直接修改DOS中断和扇区数据，而是通过设备技术和文件缓冲区等对DOS内部进行修改，利用DOS空闲的数据区进行工作。
- 幽灵病毒：这一类病毒使用复杂的算法，使自己每传播一次都具有不同的内容和长度。它们一般由一段混有无关指令的解码算法和经过变化的病毒体组成。

5. 按病毒的攻击目标分类

根据病毒的攻击目标，计算机病毒可以分为DOS病毒、Windows病毒和其他系统病毒。

- DOS病毒：指针对DOS操作系统开发的病毒。目前几乎没有新制作的DOS病毒，由于Windows 9x病毒的出现，DOS病毒几乎绝迹。但DOS病毒在Windows 9x环境中仍可以进行感染活动，因此若执行染毒文件，Windows 9x用户的系统也会被感染。
- Windows病毒：主要指针对Windows 9x操作系统的病毒。现在计算机用户一般都安装Windows系统，Windows病毒一般感染Windows 9x系统，其中最典型的病毒有CIH病毒。但这并不意味着可以忽略系统是Windows NT系列（包括Windows 2000）的计算机。一些Windows病毒不仅在Windows 9x上正常感染，还可以感染Windows NT上的其他文件。
- 其他系统病毒：主要攻击Linux、UNIX和OS2及嵌入式系统的病毒。由于系统本身的复杂性，这类病毒数量不是很多。

6. 按计算机病毒的链接方式分类

由于计算机病毒本身必须有一个攻击对象才能实现对计算机系统的攻击，并且计算机病毒所攻击的对象是计算机系统可执行的部分。因此，根据链接方式计算机病毒可分为：源码型病毒、嵌入型病毒、外壳型病毒、操作系统型病毒。

- 源码型病毒：该病毒攻击高级语言编写的程序，在高级语言所编写的程序编译前插入到源程序中，经编译成为合法程序的一部分。
- 嵌入型病毒：这种病毒是将自身嵌入到现有程序中，把计算机病毒的主体程序与其攻击的对象以插入的方式链接。这种计算机病毒是难以编写的，一旦侵入程序后也较难消除。
- 外壳型病毒：外壳型病毒将其自身包围在主程序的四周，对原来的程序不作修改。这种病毒最为常见，易于编写，也易于发现，一般测试文件的大小即可察觉。
- 操作系统型病毒：这种病毒用自身的程序加入或取代部分操作系统进行工作，具有很强的破坏力，可以导致整个系统的瘫痪。圆点病毒和大麻病毒就是典型的操作系统型病毒。这种病毒在运行时，用自己的逻辑部分取代操作系统的合法程序模块，根据病毒自身的特点和被替代的合法程序模块在操作系统中运行的地位与作用，以及病毒取代操作系统的取代方式等，对操作系统进行破坏。

5.3　计算机病毒的机制

计算机病毒的机制大致分为引导机制、发生机制、破坏机制这3种机制。

5.3.1　计算机病毒的引导机制

1．计算机病毒的寄生对象

计算机病毒实际上是一种特殊的程序，是一种程序必然要存储在磁盘上，但是病毒程序为了进行自身的主动传播，必须使自身寄生在可以获取执行权的寄生对象上。

就目前出现的各种计算机病毒来看，其寄生对象有两种：一种是寄生在磁盘引导扇区；另一种是寄生在可执行文件（.EXE或.COM）中。这是由于不论是磁盘引导扇区还是可执行文件，它们都有获取执行权的可能，这样病毒程序寄生在它们的上面，就可以在一定条件下获得执行权，从而使病毒得以进入计算机系统，并处于激活状态，然后进行病毒的动态传播和破坏活动。

2．计算机病毒的寄生方式

计算机病毒的寄生方式有两种：一种是采用替代法；另一种是采用链接法。所谓替代法是指病毒程序用自己的部分或全部指令代码，替代磁盘引导扇区或文件中的全部或部分内容。所谓链接法，则是指病毒程序将自身代码作为正常程序的一部分与原有正常程序链接在一起，病毒链接的位置可能在正常程序的首部、尾部或中间。寄生在磁盘引导扇区的病毒一般采取替代法，而寄生在可执行文件中的病毒一般采用链接法。

3．计算机病毒的引导过程

计算机病毒的引导过程一般包括以下3方面。

（1）驻留内存

病毒若要发挥其破坏作用，一般要驻留内存。为此就必须开辟所用内存空间或覆盖系统占用的部分内存空间。

（2）窃取系统控制权

在病毒程序驻留内存后，必须使有关部分取代或扩充系统的原有功能，并窃取系统的控制权。

（3）恢复系统功能

病毒为隐蔽自己，驻留内存后还要恢复系统，使系统不会死机，只有这样才能等待时机成熟后，进行感染和破坏的目的。

有的病毒在加载之前进行动态反跟踪和病毒体解密。对于寄生在磁盘引导扇区的病毒来说，病毒引导程序占有了原系统引导程序的位置，并把原系统引导程序搬移到一个特定的地方。这样系统一启动，病毒引导模块就会自动地装入内存并获得执行权，然后该引导程序负责将病毒程序的传染模块和发作模块装入内存的适当位置，并采取常驻内存技术以保证这两个模块不会被覆盖，接着对这两个模块设定某种激活方式，使之在适当的时候获得执行权。处理完这些工作后，病毒引导模块将系统引导模块装入内存，使系统在带毒状态下运行。对于寄生在可执行文件中的病毒来说，病毒程序一般通过修改原有可执行文件，使该文件一旦被执行首先转入病毒程序引导模块，该引导模块也完成把病毒程序的其他两个模块驻留内存及初始化的工作，然后把执行权交给执行文件，使系统及执行文件在带毒的状态下运行。

5.3.2　计算机病毒的发生机制

计算机病毒的完整工作过程包括以下几个环节和过程。

（1）传染源：病毒总是依附于某些存储介质，例如软盘、硬盘、网络存储空间等一同构成传染源。

（2）传染媒介：病毒传染的媒介由工作的环境来定，可能是计算机网络，也可能是可移动的存储介质，例如U盘等。

（3）病毒激活：是指将病毒装入内存，并设置触发条件，一旦触发条件成熟，病毒就开始作用——自我复制到传染对象中，进行各种破坏活动等。

（4）病毒触发：计算机病毒一旦被激活，立刻就发生作用，触发的条件是多样化的，可以是内部时钟，系统的日期，用户标识符，也可能是系统一次通信等。

（5）病毒表现：表现自己是病毒的主要目的之一，有时在屏幕显示出来，有时则表现为破坏系统数据。可以这样说，凡是软件技术能够触发到的地方，都在其表现范围内。

（6）传染：病毒的传染是病毒性能的一个重要标志。在传染环节中，病毒复制一个自身副本到传染对象中去。

计算机病毒的传染是以计算机系统的运行及读写磁盘为基础的。没有这样的条件计算机病毒是不会传染的，因为计算机不启动不运行时就谈不上对磁盘的读写操作或数据共享，没有磁盘的读写，病毒就传播不到磁盘上或网络里。所以只要计算机运行就会有磁盘读写动作，病毒传染的两个先决条件就很容易得到满足。系统运行为病毒驻留内存创造了条件，病毒传染的第一步是驻留内存；一旦进入内存之后，寻找传染机会，寻找可攻击的对象，判断条件是否满足，决定是否可传染；当条件满足时进行传染，将病毒写入磁盘系统。

5.3.3　计算机病毒的破坏机制

破坏机制在设计原则、工作原理上与传染机制基本相同，也是通过修改某一中断的入口地址，使该中断指向病毒程序的破坏模块。这样，当系统或被加载的程序访问该中断时，病毒破坏模块被激活，在判断设定条件满足的情况下，对系统或磁盘上的文件进行破坏活动，这种破坏活动不一定都是删除磁盘文件，有的可能是显示一串无用的提示信息，例如，在用感染了"大麻病毒"的系统盘进行启动时，屏幕上会出现"Your PC is now Stoned!"。有的病毒在发作时，会干扰系统或用户的正常工作，例如"小球"病毒在发作时，屏幕上会出现一个上下来回滚动的小球。

计算机病毒的破坏行为体现了病毒的杀伤力。病毒破坏行为的激烈程度取决于病毒作者的主观愿望和他所具有的技术实力。病毒破坏目标和攻击部位主要是：系统数据区、文件、内存、系统运行速度、磁盘、屏幕显示、键盘、喇叭、打印机、CMOS、主板等。数以万计、不断发展扩张的病毒，其破坏行为千奇百怪，不可能穷举其破坏行为，也难以做全面的描述。

5.4　计算机病毒的检测与防范

针对计算机病毒的破坏行为，下面介绍关于计算机病毒的检测与防范措施。

5.4.1　计算机病毒的检测

在与病毒的对抗中，及早发现病毒很重要。早发现，早处置，可以减少损失。检测病毒方法有：特征代码法、校验和法、行为监测法、软件模拟法，这些方法依据的原理不同，实现时所需开销不同，检测范围不同，各有所长。

1．特征代码法

特征代码法是检测已知病毒的最简单、开销最小的方法。它的实现是采集已知病毒样本。病毒如果既感染.COM文件，又感染EXE文件，对这种病毒要同时采集.COM型病毒样本和.EXE型病毒样本。打开被检测文件，在文件中搜索，检查文件中是否含有病毒数据库中的病毒特征代码。如果发现病毒特征代码，其特征代码与病毒一一对应，便可以断定，被查文件中患有何种病毒。

采用病毒特征代码法的检测工具，面对不断出现的新病毒，必须不断更新版本，否则检测工具便会老化，逐渐失去实用价值。病毒特征代码法对从未见过的新病毒，自然无法知道其特征代码，因而无法去检测这些新病毒。

特征代码法的优点有以下几个方面。

- 检测准确快速。
- 可识别病毒的名称。
- 误报警率低。
- 依据检测结果。
- 可做解毒处理。

其缺点也有以下几个方面。

- 速度慢。随着病毒种类的增多，检索时间变长。如果检索5000种病毒，必须对5000种病毒特征代码逐一检查。如果病毒种数再增加，检测病毒的时间开销就变得很长。此类工具检测的高速性，将变得日益困难。
- 不能检查多态性病毒。特征代码法是不可能检测多态性病毒的。国外专家认为多态性病毒是病毒特征代码法的索命者。
- 不能对付隐蔽性病毒。隐蔽性病毒如果先进驻内存，后运行病毒检测工具，隐蔽性病毒能先于检测工具，将被查文件中的病毒代码剥去，检测工具则是在检查一个虚假的"好文件"，而不能报警，被隐蔽性病毒所蒙骗。

2．校验和法

将正常文件的内容，计算其校验和，将该校验和写入文件中或写入别的文件中保存。在文件使用过程中，定期地或每次使用文件前，检查文件现在内容算出的校验和与原来保存的校验和是否一致，从而可以发现文件是否感染，这种方法叫校验和法，它既可发现已知病毒又可发现未知病毒。在SCAN和CPAV工具的后期版本中除了病毒特征代码法之外，还纳入校验和法，以提高其检测能力。

由于病毒感染并非文件内容改变这唯一的原因，文件内容的改变有可能是正常程序引起的，所以校验和法常常误报警。而且此种方法也会影响文件的运行速度。

校验和法的优点。

- 方法简单能发现未知病毒。
- 被查文件的细微变化也能发现。

校验和法的缺点。

- 发布通行记录正常态的校验和。
- 会误报警。
- 不能识别病毒名称。
- 不能对付隐蔽型病毒。

3. 行为监测法

利用病毒的特有行为特征来监测病毒的方法，称为行为监测法。通过对病毒多年的观察、研究，有一些行为是病毒的共同行为，而且比较特殊。在正常程序中，这些行为比较罕见。当程序运行时，监视其行为，如果发现了病毒行为，立即报警。

行为监测法的优点。

- 可发现未知病毒。
- 可相当准确地预报未知的多数病毒。

行为监测法的缺点。

- 可能误报警。
- 不能识别病毒名称。
- 实现时有一定难度。

4. 软件模拟法

多态性病毒每次感染都变化其病毒密码，对付这种病毒，特征代码法失效。因为多态性病毒代码实施密码化，而且每次所用密钥不同，把染毒的病毒代码相互比较，也无法找出相同的能作为特征的稳定代码。虽然行为检测法可以检测多态性病毒，但是在检测出病毒后，因为不知病毒的种类，难以做出处理。

5.4.2　计算机病毒的防范

对于计算机病毒毫无警惕意识的人员，可能当显示屏上出现了计算机病毒信息，也不会去仔细观察一下，麻痹大意，任其在磁盘中进行破坏。其实，只要稍有警惕，根据计算机病毒在传染时和传染后留下的蛛丝马迹，再运用计算机病毒检测软件和DEBUG程序进行人工检测，是完全可以在计算机病毒进行传播的过程中就能发现的。从技术上采取实施，防范计算机病毒，执行起来并不困难。

1. 计算机病毒的技术预防措施

由于技术上的计算机病毒防治方法还无法达到完美的境地，难免会有新的计算机病毒突破防护系统的保护，传染到计算机系统中。因此对可能由计算机病毒引起的现象应予以注意，发现异常情况时，要及时控制计算机病毒的传播，使病毒危害不要影响到整个计算机网络。

（1）新购置计算机硬件、软件系统的测试

新购置的计算机也是有可能携带计算机病毒的。因此，在条件许可的情况下，要用检测计算机病毒软件检查已知计算机病毒，用人工检测方法检查未知计算机病毒，并经过证实没有计算机病毒感染和破坏迹象后再使用。

新购置计算机的硬盘可以进行检测或进行低级格式化来确保没有计算机病毒存在。对硬盘只在DOS下进行FORMAT格式化操作是不能去除主引导区（分区表）计算机病毒的。

新购置的计算机软件也要进行计算机病毒检测。有些软件厂商发售的软件，可能无意中已被计算机病毒感染。就算是正版软件也很难保证没有携带计算机病毒，更不要说盗版软件了。这时不仅要用杀毒软件查杀计算机病毒，还要用人工检测和实验的方法检测。

（2）计算机系统的启动

在保证硬盘无计算机病毒的情况下，尽量使用硬盘引导系统。

（3）单台计算机系统的安全使用

使用自己的计算机，也应进行计算机病毒检测。对重点保护的计算机系统应做到专机、专盘、专人、专用，封闭的使用环境中是不会自然产生计算机病毒的。

（4）重要数据文件要有备份

硬盘分区表、引导扇区等关键数据应作备份工作，并妥善保管。在进行系统维护和修复工作时可作为参考。

重要数据文件定期进行备份工作。不要等到由于计算机病毒破坏、计算机硬件或软件出现故障，使用户数据受到损伤时再去急救。

（5）注意附件和非法软件

不要随便直接运行或直接打开电子邮件中夹带的附件文件，不要随意下载软件，尤其是一些可执行文件和Office文档。即使下载了，也要先用最新的防杀计算机病毒软件来检查。

（6）计算机网络的安全使用

以上这些措施不仅可以应用在单机上，也可以应用在作为网络工作站的计算机上。而对于网络计算机系统，还应采取下列针对网络的防杀计算机病毒措施。

- 安装网络服务器时应保证没有计算机病毒存在，即安装环境和网络操作系统本身没有感染计算机病毒。

- 在安装网络服务器时，应将文件系统划分成多个文件卷系统，至少划分成操作系统卷、共享的应用程序卷和各个网络用户可以独占的用户数据卷。这种划分十分有利于维护网络服务器的安全稳定运行和用户数据的安全。如果系统卷受到某种损伤，导致服务器瘫痪，那么通过重装系统卷，恢复网络操作系统，就可以使服务器投入运行。而装在共享的应用程序卷和用户卷内的程序和数据文件不会受到任何损伤。如果用户卷内由于计算机病毒或由于使用上的原因导致存储空间拥塞时，系统卷是不受影响的，不会导致网络系统运行失常。并且这种划分十分有利于系统管理员设置网络安全存取权限，保证网络系统不受计算机病毒感染和破坏。

- 一定要用硬盘启动网络服务器，否则在受到引导型计算机病毒感染和破坏后，遭受损失的将不是一个人的机器，而会影响到整个网络。

- 为各个卷分配不同的用户权限。将操作系统卷设置成对一般用户为只读权限，屏蔽其他网络用户对系统卷除只读操作以外的所有其他操作，如修改、改名、删除、创建文件和写文件等操作权限。应用程序卷也应设置成对一般用户是只读权限的，不经授权、不经计算机病毒检测，就不允许在共享的应用程序卷中安装程序。保证除系统管理员外，其他网络用户不可能将计算机病毒感染到系统中，使网络用户总是有一个安全的联网工作环境。

- 在网络服务器上必须安装真正有效的防杀计算机病毒软件，并经常进行升级。必要的时候还可以在网关、路由器上安装计算机病毒防火墙产品，从网络出入口保护整个网络不受计算机病毒的侵害。在网络工作站上采取必要的防杀计算机病毒措施，可使用户不必担心来自网络内和网络工作站本身的计算机病毒侵害。

- 系统管理员的职责：（1）系统管理员的口令应严格管理，不使泄露，不定期地予以更换，保护网络系统不被非法存取，不被感染计算机病毒或遭受破坏。（2）在安装应用程序软件时，应由系统管理员进行或由系统管理员临时授权进行。以保护网络用户使用共享资源时总是安全无病毒的。（3）系统管理员对网络内的共享电子邮件系统、共享存储区域和用户卷应定期进行计算机病毒扫描，发现异常情况及时处理。如果可能，在应用程序卷中安装最新版本的防杀计算机病毒软件供用户使用。（4）网络系统管理员应做好日常管理事务的同时，还要准备应急措施，及时发现计算机病毒感染迹象。当出现计算机病毒传播迹象时，应立即隔离被感染的计算机系统和网络，并进行处理。不应当带毒继续工作，要按照特别情况清查整个网络，切断计算机病毒传播的途径，保障工作正常的进行。必要的时候应立即得到专家的帮助。

2. 引导型计算机病毒的识别和防范

引导型计算机病毒主要是感染磁盘的引导扇区，也就是常说的磁盘的BOOT区。我们在使用被感染的磁盘启动计算机时它们就会首先取得系统控制权，驻留内存之后再引导系统，并伺机传染其他硬盘的引导区。纯粹的引导型计算机病毒一般不对磁盘文件进行感染。感染了引导型计算机病毒后，引导记录会发生变化。当然，通过一些防杀计算机病毒软件可以发现引导型计算机病毒，在没有防杀计算机病毒软件的情况下可以通过以下方法判断引导扇区是否被计算机病毒感染。

（1）先用可疑磁盘引导计算机，引导过程中，按F5键跳过CONFIG.SYS和AUTOEXEC.BAT中的驱动程序和应用程序的加载，这时用MEM或MI等工具查看计算机的空余内存空间（Free Memory Space）的大小；再用与可疑磁盘上相同版本的、未感染计算机病毒的DOS系统软盘启动计算机，启动过程中，按F5键跳过CONFIG.SYS和 AUTOEXEC.BAT中的驱动程序和应用程序的加载，然后用MEM或MI等工具查看并记录下计算机空余内存空间的大小，如果上述两次的空余内存空间大小不一致，则可疑磁盘的引导扇区肯定已被引导型计算机病毒感染。

（2）用硬盘引导计算机，运行DOS中的MEM，可以查看内存分配情况，尤其要注意常规内存（Conventional Memory）的总数，一般为640KB字节，装有硬件防杀计算机病毒芯片的计算机有的可能为639KB字节。如果常规内存总数小于639KB字节，那么引导扇区肯定被感染上引导型计算机病毒。

（3）机器在运行过程中刚设定好的时间、日期，运行一会儿被修改为默认的时间、日期，这种情况下，系统很可能带有引导型计算机病毒。

（4）在开机过程中，CMOS中刚设定好的软盘配置（即1.44MB或1.2MB），用"干净的"软盘启动时一切正常，但用硬盘引导后，再去读软盘则无法读取，此时CMOS中软盘设定情况为None，这种情况肯定带有引导型计算机病毒。

（5）硬盘自引导正常，但用"干净的"DOS系统软盘引导时，无法访问硬盘如C：盘（某些需要特殊的驱动程序的大硬盘和FAT32、NTFS等特殊分区除外），这肯定感染上引导型计算机病毒。

（6）系统文件都正常，但Windows系统经常无法启动，这有可能是感染上了引导型计算机病毒。

上述介绍的仅是常见的几种情况。计算机被感染了引导型计算机病毒，最好用防杀计算机病毒软件加以清除，或者在"干净的"系统启动软盘引导下，用备份的引导扇区覆盖。

预防引导型计算机病毒，通常采用以下一些方法。

- 坚持从不带计算机病毒的硬盘引导系统。
- 安装能够实时监控引导扇区的防杀计算机病毒软件，或经常使用能够查杀引导型计算机病毒的防杀计算机病毒软件进行检查。
- 经常备份系统引导扇区。
- 某些主板上提供引导扇区计算机病毒保护功能（Virus Protect），启用它对系统引导扇区也有一定的保护作用。不过要注意的是启用这种功能可能会造成一些需要改写引导扇区的软件（如Windows 98，Windows NT及多系统启动软件等）安装失败。

3．文件型计算机病毒的识别和防范

大多数的计算机病毒都属于文件型计算机病毒。文件型计算机病毒一般只传染磁盘上的可执行文件（.COM，.EXE），在用户调用染毒的可执行文件时，计算机病毒首先被运行，然后计算机病毒驻留内存伺机传染其他文件，其特点是附着于正常程序文件，成为程序文件的一个外壳或部件。文件型计算机病毒通过修改.COM、.EXE或.OVL等文件的结构，将计算机病毒代码插入到宿主程序，文件被感染后，长度、日期和时间等大多发生变化，也有些文件型计算机病毒传染前后文件长度、日期、时间不会发生任何变化，称为隐型计算机病毒。隐型计算机病毒是在传染后对感染文件进行数据压缩，或利用可执行文件中有一些空的数据区，将自身分解在这些空区中，从而达到不被发现的目的。通过以下方法可以判别文件型计算机病毒。

（1）在用未感染计算机病毒的DOS启动软盘引导后，对同列一目录下文件的总长度与通过硬盘启动后所列目录内文件总长度不一样，则该目录下的某些文件已被计算机病毒感染，因为在带毒环境下，文件的长度往往是不真实的。

（2）有些文件型计算机病毒（如ONEHALF、NATAS、3783、FLIP等），在感染文件的同时也感染系统的引导扇区，如果磁盘的引导扇区被莫名奇妙地破坏了，则磁盘上也有可能有文件型计算机病毒。

（3）系统文件长度发生变化，则这些系统文件上很有可能含有计算机病毒代码。应记住一些常见的DOS系统的IO.SYS、MSDOS.SYS、COMMAND.COM、KRNL386.EXE等系统文件的长度。

（4）计算机运行外来软件后，经常死机，或者Windows系统无法正常启动，运行经常出错等，都有可能是感染上了文件型计算机病毒。

（5）计算机速度明显变慢，曾经正常运行的软件报内存不足，或计算机无法正常打印，这些现象都有可能感染上文件型计算机病毒。

（6）有些带毒环境下，文件的长度和正常的完全一样，但是从带有写保护的软盘复制文件时，会提示软盘带有写保护，这肯定是感染了文件型计算机病毒。

对普通的单机和网络用户来说感染文件型计算机病毒后，最好的办法就是用防杀计算机病毒软件清除，或者干脆删除带毒的应用程序，然后重新安装。需要注意的是用防杀计算机病毒软件清除计算机病毒的时候必须保证内存中没有驻留计算机病毒，否则老的计算机病毒是清除了，可又感染上新的病毒了。

对于文件型计算机病毒的防范，一般采用以下一些方法。

- 安装最新版本的、有实时监控文件系统功能的防杀计算机病毒软件。
- 及时更新查杀计算机病毒引擎，一般要保证每月至少更新一次，有条件的可以每周更新一次，并在有计算机病毒突发事件时及时更新。

- 经常使用防杀计算机病毒软件对系统进行计算机病毒检查。
- 对关键文件，如系统文件、保密的数据等，在没有计算机病毒的环境下经常备份。
- 在不影响系统正常工作的情况下对系统文件设置最低的访问权限，以防止计算机病毒的侵害。
- 当使用Windows 98/2000/NT/XP操作系统时，修改文件夹窗口中的默认属性。具体操作为：使用鼠标左键双击打开"我的电脑"，选择"查看"菜单中的"选项"命令。然后在"查看"中选择"显示所有文件"及不选中"隐藏已知文件类型的文件扩展名"，单击"确定"按钮。注意不同的操作系统平台可能显示的文字有所不同。

4．宏病毒的识别和防范

宏病毒（Macro Virus）传播依赖于包括Word、Excel和PowerPoint等应用程序在内的Office套装软件，只要使用这些应用程序的计算机都有可能传染上宏病毒，并且大多数宏病毒都有发作日期。轻则影响正常工作，重则破坏硬盘信息，甚至格式化硬盘，危害极大。目前宏病毒在国内流行甚广，已成为计算机病毒的主流，因此我们应时刻加以防范。

通过以下方法可以判别宏病毒。

（1）在使用的Word中，从"工具"栏处打开"宏"菜单，选中Normal.dot模板，若发现有AutoOpen、AutoNew、AutoClose等自动宏以及FileSave、FileSaveAs、FileExit等文件操作宏或一些怪名字的宏，如AAAZAO、PayLoad等，就极可能是感染了宏病毒了，因为Normal模板中是不包含这些宏的。

（2）在使用的Word中，从"工具"菜单中看不到"宏"这个字，或看到"宏"但鼠标移到"宏"，鼠标单击无反应，这种情况肯定有宏病毒。

（3）在Word中打开一个文档，不进行任何操作，退出Word，如提示存盘，这极可能是Word中的Normal.dot模板中带宏病毒。

（4）打开以DOC为后缀的文档文件在另存菜单中只能以模板方式存盘，也可能带有Word宏病毒。

（5）在运行Word过程中经常出现内存不足，打印不正常，也可能有宏病毒。

（6）在运行Word时，打开DOC文档出现是否启动"宏"的提示，该文档极可能带有宏病毒。

感染了宏病毒后，也可以采取对付文件型计算机病毒的方法，用防杀计算机病毒软件查杀，如果没有防杀计算机病毒软件的话，对付某些感染Word文档的宏病毒也是可以通过手工操作的方法来查杀。

对宏病毒的预防是完全可以做到的，只要在使用Office套装软件之前进行一些正确的设置，基本上能够防止宏病毒的侵害。任何设置都必须在确保软件没有被宏病毒感染的情况下进行。

（1）在Word中打开"选项"中的"宏病毒防护"和"提示保存Normal模板"选项；清理"工具"菜单中"模板和加载项"中的"共用模板及加载项"中预先加载的文件，不必要的就不加载，必须加载的则要确保没有宏病毒的存在，并且确认没有选中"自动更新样式"选项；退出Word，此时会提示保存Normal.dot模板，单击"是"按钮，保存并退出Word；找到Normal.dot文件，将文件属性改成"只读"。

（2）在Excel中选择"工具"菜单中的"选项"命令，在"常规"中选中"宏病毒防护功能"选项。

（3）在PowerPoint中选择"工具"菜单中的"选项"命令，在"常规"中选择"宏病毒防护"选项。

（4）其他防范文件型计算机病毒所做的工作。

做了防护工作后，对打开提示是否启用宏，除非能够完全确信文档中只包含明确没有破坏意图的宏，否则都不执行宏；而对退出时提示保存除文档以外的文件，如Normal.dot模板等，一律不予保存。

以上这些防范宏病毒的方法是最简单实用且效果最明显的。

5．电子邮件计算机病毒的识别和防范

风靡全球的"美丽莎"（Melissa）、Papa和HAPPY99等计算机病毒正是通过电子邮件的方式进行传播、扩散，其结果导致邮件服务器瘫痪，用户信息和重要文档泄密，无法收发E-mail，给个人、企业和政府部门造成严重的损失。

电子邮件计算机病毒实际上并不是一类单独的计算机病毒，严格来说它应该划入到文件型计算机病毒及宏病毒中去，只不过由于这些计算机病毒采用了独特的电子邮件传播方式（其中不少种类还专门针对电子邮件的传播方式进行了优化），因此我们习惯于将它们称为电子邮件计算机病毒。

所谓电子邮件计算机病毒就是以电子邮件作为传播途径的计算机病毒，实际上该类计算机病毒和普通的计算机病毒一样，只不过是传播方式改变而已。该类计算机病毒有以下特点。

（1）电子邮件本身是无毒的，但它的内容中可以有UNIX下的特殊的换码序列，就是通常所说的ANSI字符，当用UNIX智能终端上网查看电子邮件时，有被侵入的可能。

（2）电子邮件可以夹带任何类型的文件作为附件（Attachment），附件文件可能带有计算机病毒。

（3）利用某些电子邮件收发器特有的扩充功能，比如Outlook/Outlook Express能够执行VBA指令编写的宏等，在电子邮件中夹带有针对性的代码，利用电子邮件进行传染、扩散。

（4）利用某些操作系统所特有的功能，比如利用Windows 98下的Windows Scripting Host，利用*.SHS文件来进行破坏。

（5）超大的电子邮件、电子邮件炸弹也可以认为是一种电子邮件计算机病毒，它能够影响邮件服务器的正常服务功能。

通常对付电子邮件计算机病毒，只要删除携带电子邮件计算机病毒的信件就能够删除它。但是大多数的电子邮件计算机病毒在被接收到客户端时就开始发作了，基本上没有潜伏期。所以预防电子邮件计算机病毒是至关重要的。以下是一些常用的预防电子邮件计算机病毒的方法。

（1）不要轻易执行附件中的.EXE和.COM等可执行程序。这些附件极有可能带有计算机病毒或是黑客程序，轻易运行，很可能带来不可预测的结果。对于认识的朋友和陌生人发过来的电子邮件中的可执行程序附件都必须检查，确定无异后才可使用。

（2）不要轻易打开附件中的文档文件。对方发送过来的电子邮件及相关附件的文档，首先要用"另存为…"命令（"Save As…"）保存到本地硬盘，用查杀计算机病毒软件检查无毒后才可以打开使用。如果使用鼠标直接单击两下.DOC、.XLS等附件文档，会自动启用Word或Excel，如有附件中有计算机病毒则会立刻传染，如有"是否启用宏"的提示，那绝对不要轻易打开，否则极有可能传染上电子邮件计算机病毒。

（3）对于文件扩展名很怪的附件，或者是带有脚本文件如*.VBS、*.SHS等的附件，千万

不要直接打开，一般可以删除包含这些附件的电子邮件，以保证计算机系统不受计算机病毒的侵害。

（4）如果是使用Outlook作为收发电子邮件软件，应当进行一些必要的设置。选择"工具"菜单中的"选项"命令，在"安全"中设置"附件的安全性"为"高"；在"其他"中单击"高级选项"按钮，单击"加载项管理器"按钮，不选择"服务器脚本运行"选项。最后单击"确定"按钮保存设置。

（5）如果是使用Outlook Express作为收发电子邮件软件，也应当进行一些必要的设置。选择"工具"菜单中的"选项"命令，在"阅读"中不选择"在预览窗格中自动显示新闻邮件"和"自动显示新闻邮件中的图片附件"选项。这样可以防止有些电子邮件计算机病毒利用Outlook Express的默认设置自动运行，破坏系统。

（6）对于使用Windows操作系统的计算机，在"控制面板"中的"添加/删除程序"中选择检查一下是否安装了Windows Scripting Host。如果已经安装的，请卸载该程序，并且检查Windows的安装目录下是否存在Wscript.exe文件，如果存在的话也要删除。因为有些电子邮件计算机病毒就是利用Windows Scripting Host进行破坏的。

（7）对于自己发送的附件，也一定要仔细检查，确定无毒后，才可发送，虽然电子邮件计算机病毒相当可怕，只要防护得当，还是完全可以避免传染上病毒的。

对付电子邮件计算机病毒，还可以在计算机上安装有电子邮件实时监控功能的防杀计算机病毒软件。有条件的还可以在电子邮件服务器上安装服务器版电子邮件计算机病毒防护软件，从外部切断电子邮件计算机病毒的入侵途径，确保整个网络的安全。

5.5　特洛伊木马的检测与防范

特洛伊木马是一个程序，它驻留在目标计算机里，可以随计算机自动启动并在某一端口进行侦听，在对接收的数据识别后，对目标计算机执行特定的操作。通过本小节的学习，可以使读者对特洛伊木马的特征有所了解，以致在平时使用计算机的过程中能够做到自我检测与防范。

5.5.1　特洛伊木马的定义

特洛伊木马是借自"木马屠城记"中的木马而得名。古希腊有大军围攻特洛伊城，无法攻下。有人献计制造一个大木马假装战马神，使战士藏于其中。大军攻击数天后仍然无功，遂留下木马拔营而去。城中得到解围的消息及得到"木马"这个奇异的战利品，全城饮酒狂欢。到午夜时分，全城军民尽入梦乡，木马中的将士打开秘门，开启城门四处纵火，城外伏兵涌入，焚屠特洛伊城。后世称这只木马为"特洛伊木马"，现今计算机术语借用其名，意思是"一经进入，后患无穷"。

木马程序实际就是通过潜入用户的计算机系统，通过种种隐蔽的方式在系统启动时自动在后台执行的程序，以"里应外合"的工作方式，使用服务器/客户端的通信手段，达到当用户上网时控制用户的计算机，以窃取用户的密码、游览用户的硬盘资源，修改用户的文件或注册表、偷看用户的邮件等。

5.5.2　特洛伊木马的特征

特洛伊木马具有以下一些特征。

1. 隐蔽性

如同其他所有的病毒一样，木马也是一种病毒，它必须隐藏在用户的系统之中，它会想尽一切办法不被发现。它的隐蔽性主要体现在以下两个方面。

（1）不产生图标。它虽然在系统启动时会自动运行，但它不会在"任务栏"中产生一个图标。

（2）木马程序自动在任务管理器中隐藏，并以"系统服务"的方式欺骗操作系统。

2. 具有自动运行性

该病毒是一个当系统启动时即自动运行的程序，所以需要潜入在系统中的启动配置文件中，如win.ini、system.ini、winstart.bat及启动组等文件之中。

3. 具有欺骗性

木马程序要达到其长期隐蔽的目的，就必须借助系统中已有的文件，以防被使用者发现，它经常使用的是常见的文件名或扩展名，如"dll\win\sys\explorer"等字样，或者仿制一些不易被人区别的文件名，如字母"l"与数字"1"、字母"o"与数字"0"，常修改基本文件中的这些难以分辨的字符，更有甚者干脆就借用系统文件中已有的文件名，只不过它保存在不同路径之中。还有的木马程序为了隐藏自己，也常把自己设置成一个ZIP文件式图标，当使用者小心打开它，它就马上运行。那些编制木马程序的人还在不断地研究、发掘这些手段，会越来越隐蔽，越来越专业，所以有人称木马程序为"骗子程序"。

4. 具备自动恢复功能

现在很多的木马程序中的功能模块已不再是由单一的文件组成，而是具有多重备份，可以相互恢复。

5. 能自动打开特别的端口

木马程序潜入计算机之中的目的不是为了破坏计算机的系统，是为了获取计算机系统中有用的信息，这样就需要当用户上网时能与远端客户进行通信，这样木马程序就会用服务器/客户端的通信手段把信息告诉黑客，以便黑客控制用户的机器，或实施更深层次的行动。

6. 功能的特殊性

通常的木马功能都是十分特殊的，除了普通的文件操作以外，还有些木马具有搜索cache中的口令、设置口令、扫描目标机器的IP地址、进行键盘记录、远程注册表的操作以及锁定鼠标等功能。上面所讲的功能是远程控制软件的功能所不会有的，毕竟远程控制软件是用来控制远程机器，方便自己操作而已，而不是用来黑对方的机器的。

5.5.3　特洛伊木马的中毒状况

计算机中木马后的症状主要表现在以下几个方面。

（1）Windows系统配置总是自动莫名其妙地被更改。如屏保显示的文字，时间与日期，声音大小，鼠标灵敏度，还有CD-ROM的自动运行配置。

（2）当浏览一个网站，弹出来一些广告窗口是很正常的事情，可是如果用户根本没有打开浏览器，而浏览器突然自己打开，并且进入某个网站。

（3）硬盘经常自动地读盘，软驱灯经常自动亮起，网络连接、鼠标、屏幕出现异常现象。

（4）正在操作计算机，突然一个警告框或者是询问框弹出来，问一些用户从来没有在计算机上接触过的问题。

当然，没有上面的种种现象并不代表计算机就绝对安全。有些人攻击用户的机器不过是想寻找一个跳板。做更重要的事情；可是有些人攻击计算机纯粹是为了好玩。对于纯粹处于好玩目的的攻击者，用户可以很容易地发现攻击的痕迹；对于那些隐藏得很深，并且想把用户的机器变成一台他可以长期使用的"肉鸡"的黑客，检查工作将变得异常艰苦并且需要对入侵和木马有超人的敏感度，而这些能力，都是在计算机使用过程中日积月累而练成的。

5.5.4　特洛伊木马的检测

1．查看开放端口

当前最为常见的木马通常是基于TCP/UDP协议进行Client端与Server端之间通信的，这样用户就可以通过查看在本机上开放的端口，看是否有可疑的程序打开了某个可疑的端口。例如冰河使用的监听端口是7626，Back Orifice 2000使用的监听端口是54320等。假如查看到有可疑的程序在利用可疑端口进行连接，则很有可能就是中了木马病毒。查看端口的方法有几种。

（1）使用Windows本身自带的netstat命令

```
C:\>netstat -an
Active Connections

  Proto    Local Address        Foreign Address      State
  TCP      0.0.0.0:113          0.0.0.0:0            LISTENING
  TCP      0.0.0.0:135          0.0.0.0:0            LISTENING
  TCP      0.0.0.0:445          0.0.0.0:0            LISTENING
  TCP      0.0.0.0:1025         0.0.0.0:0            LISTENING
  TCP      0.0.0.0:1026         0.0.0.0:0            LISTENING
  TCP      0.0.0.0:1033         0.0.0.0:0            LISTENING
  TCP      0.0.0.0:1230         0.0.0.0:0            LISTENING
  TCP      0.0.0.0:1232         0.0.0.0:0            LISTENING
  TCP      0.0.0.0:1239         0.0.0.0:0            LISTENING
  TCP      0.0.0.0:1740         0.0.0.0:0            LISTENING
  TCP      127.0.0.1:5092       0.0.0.0             LISTENING
  TCP      127.0.0.1:5092       127.0.0.1:1748      TIME_WAI
  TCP      127.0.0.1:6092       0.0.0.0:0            LISTENING
  UDP      0.0.0.0:69           *:*
  UDP      0.0.0.0:445          *:*
  UDP      0.0.0.0:1703         *:*
  UDP      0.0.0.0:1704         *:*
  UDP      0.0.0.0:4000         *:*
  UDP      0.0.0.0:6000         *:*
  UDP      0.0.0.0:6001         *:*
  UDP      127.0.0.1:1034       *:*
  UDP      127.0.0.1:1321       *:*
  UDP      127.0.0.1:1551       *:*
```

（2）使用图形化界面工具Active Ports

Active Ports工具可以监视到计算机所有打开的TCP/IP/UDP端口，还可以显示所有端口所对应的程序所在的路径，本地IP和远端IP（试图连接你的计算机IP）是否正在活动。这个工具适用于Windows NT/2000/XP平台。

2．查看win.ini和system.ini系统配置文件

查看win.ini和system.ini文件是否有被修改的地方。例如有的木马通过修改win.ini文件中Windows节的"load=file.exe，run=file.exe"语句进行自动加载。此外可以修改system.ini中的boot节，实现木马加载。例如"妖之吻"病毒，将"Shell=Explorer.exe"（Windows系统的图形界面命令解释器）修改成"Shell=yzw.exe"，在计算机每次启动后就自动运行程序yzw.exe。修改的方法是将"shell=yzw.exe"还原为"shell=explorer.exe"就可以了。

3．查看启动程序

如果木马自动加载的文件是直接通过在Windows菜单上自定义添加的，一般都会放在主菜单的"开始"→"程序"→"启动"处。通过这种方式使文件自动加载时，一般都会将其存放在注册表中下述4个位置上。

HKEY_CURRENT_USER\Software\Microsoft\Windows\CurrentVersion\Explorer\Shell Folders
HKEY_CURRENT_USER\Software\Microsoft\Windows\CurrentVersion\Explorer\User Shell Folders
HKEY_LOCAL_MACHINE\Software\Microsoft\Windows\CurrentVersion\Explorer\User Shell Folders
HKEY_LOCAL_MACHINE\Software\Microsoft\Windows\CurrentVersion\Explorer\Shell Folders

检查是否有可疑的启动程序，很容易就能查到是否中了木马。

4．查看系统进程

木马即使再狡猾，它也是一个应用程序，需要进程来执行。可以通过查看系统进程来推断木马是否存在。

在Windows NT/XP系统下，按Ctl+Alt+Del组合键，进入任务管理器，可看到系统正在运行的全部进程。查看进程中，要求我们要对系统非常熟悉，对每个系统运行的进程要知道它是做什么用的，这样木马运行时，就能很容易看出来哪个是木马程序的活动进程了。

5．查看注册表

木马一旦被加载，一般都会对注册表进行修改。一般来说，木马在注册表中实现加载文件一般是在以下位置。

HKEY_LOCAL_MACHINE\Software\Microsoft\Windows\CurrentVersion\Run
HKEY_LOCAL_MACHINE\Software\Microsoft\Windows\CurrentVersion\RunOnce
HKEY_LOCAL_MACHINE\Software\Microsoft\Windows\CurrentVersion\RunServices
HKEY_LOCAL_MACHINE\Software\Microsoft\Windows\CurrentVersion\RunServicesOnce
HKEY_CURRENT_USER\Software\Microsoft\Windows\CurrentVersion\Run
HKEY_CURRENT_USER\Software\Microsoft\Windows\CurrentVersion\RunOnce
HKEY_CURRENT_USER\Software\Microsoft\Windows\CurrentVersion\RunServices

此外在注册表中的HKEY_CLASSES_ROOT\exefile\shell\open\command=""%1" %*"处，如果其中的"%1"被修改为木马，那么每次启动一个可执行文件时木马就会启动一次，例如著名的冰河木马就是将.TXT文件的Notepad.exe改成了它自己的启动文件，每次打开记事本时就会自动启动冰河木马，做得非常隐蔽。还有"广外女生"木马就是在HKEY_CLASSES_ROOT\exefile\shell\open\command=""%1" %*"处将其默认键值改成"%1" %*"，并在HKEY_LOCAL_MACHINE\Software\Microsoft\Windows\CurrentVersion\ RunServices添加了名称为"Diagnostic Configuration"的键值。

6．使用检测软件

在这里还可以通过各种杀毒软件、防火墙软件和各种木马查杀工具等检测木马。各种杀毒软件主要有：KV，Kill、瑞星等，防火墙软件主要有国外的Lockdown，国内的天网、金山网镖等，各种木马查杀工具主要有：The Cleaner、木马克星、木马终结者等。

5.5.5　特洛伊木马的防范

随着网络的普及，硬件和软件的高速发展，网络安全显得日益重要。对于网络中比较流行的木马程序，传播时间比较快，影响比较严重，因此对于木马的防范更不能疏忽。我们在检测清除木马的同时，还要注意对木马的预防，做到防范于未然。

1．不要随意打开来历不明的邮件

现在许多木马都是通过邮件来传播的，当收到来历不明的邮件时，请不要打开，应尽快删除。并加强邮件监控系统，拒收垃圾邮件。

2．不要随意下载来历不明的软件

最好是在一些知名的网站下载软件，不要下载和运行那些来历不明的软件。在安装软件的同时最好用杀毒软件查看有没有病毒，之后再进行安装。

3．及时修补漏洞和关闭可疑的端口

一般木马都是通过漏洞在系统上打开端口留下后门，以便上传木马文件和执行代码，在把漏洞修补上的同时，需要对端口进行检查，把可疑的端口关闭。

4．尽量少用共享文件夹

如果必须使用共享文件夹，则最好设置账号和密码保护。注意千万不要将系统目录设置成共享，最好将系统下默认共享的目录关闭。Windows系统默认情况下将目录设置成共享状态，这是非常危险的。

5．运行实时监控程序

上网时最好运行反木马实时监控程序和个人防火墙，并定时对系统进行病毒检查。

6．经常升级系统和更新病毒库

经常关注厂商网站的安全公告，这些网站通常都会及时的将漏洞、木马和更新公布出来，并第一时间发布补丁和新的病毒库等。

5.6　中毒后的系统恢复

一旦遇到计算机病毒破坏了系统也不必惊惶失措，采取一些简单的办法可以杀除大多数计算机病毒，恢复被计算机病毒破坏的系统。

1．计算机病毒感染后的一般修复处理方法

计算机病毒感染后的一般修复处理方法。

（1）首先对系统破坏程度有一个全面地了解，并根据破坏的程度来决定采用有效的计算机病毒清除方法和对策。

如果受破坏的大多是系统文件和应用程序文件，并且感染程度较深，那么可以采取重装系统的办法来达到清除计算机病毒的目的。如果感染的是关键数据文件，或比较严重的时候，比如硬件被CIH计算机病毒破坏，就可以考虑请防杀计算机病毒专家来进行清除和数据恢复工作。

（2）修复前，尽可能再次备份重要的数据文件。

目前防杀计算机病毒软件在杀毒前大多都能够保存重要的数据和感染的文件，以便能够在误杀或造成新的破坏时可以恢复现场。但是对那些重要的用户数据文件等还是应该在杀毒前手工单独进行备份，备份不能做在被感染破坏的系统内，也不应该与平时的常规备份混在一起。

（3）启动防杀计算机病毒软件，并对整个硬盘进行扫描。某些计算机病毒在Windows状态下无法完全清除（如CIH计算机病毒），此时应使用事先准备的未感染计算机病毒的DOS系统软盘或U盘启动系统，然后在DOS下运行相关杀毒软件进行清除。

（4）发现计算机病毒后，一般应利用防杀计算机病毒软件清除文件中的计算机病毒，如果可执行文件中的计算机病毒不能被清除，一般应将其删除，然后重新安装相应的应用程序。

（5）杀毒完成后，重启计算机，再次用防杀计算机病毒软件检查系统中是否还存在计算机病毒，并确定被感染破坏的数据确实被完全恢复。

（6）此外，对于杀毒软件无法杀除的计算机病毒，还应将计算机病毒样本送交防杀计算机病毒软件厂商的研究中心，以供详细分析。

2．经验总结

恢复数据要本着以下几项原则。

- 先备份。
- 优先抢救最关键的数据。
- 在稳妥的情况下先把最稳定的数据捞出来，理应先修复扩展分区，再修复C盘，最好修复一部分备份一部分。
- 要先做好准备，不要忙中出错。

其实看来，如果文件分配表没有损坏的情况下，恢复C盘数据是非常容易的，可以编程实现。如果文件分配表损坏了，最容易恢复的当然是只占用一个扇区的小文件和连续占用扇区的文件；如果扇区占用不连续的，比较容易恢复的是文本文件。

在此需要提醒读者，如果没有具备相当的专业知识，千万不要轻易尝试，否则可能会造成数据的彻底无法恢复。大多数情况下应该请计算机病毒防范专家来恢复被计算机病毒破坏的硬盘中的数据。

3．计算机系统修复应急计划

对计算机病毒实施的技术防范，任何一个小小的隐患，都可能导致巨大的损失。所以，防范计算机病毒工作也需要制订应急计划，一旦发生了计算机病毒发作，按预定的应急计划行事，将可能造成的损失降到最小程度。

一个应急计划必须包括人员、分工及各项具体实施步骤和物质准备。

（1）人员准备。首先需要指定一个全局的负责人，一般由领导担当，负责各项工作的分工和协调。

参加应急工作的人员一般应包括网络管理员、技术负责人员、设备维护管理人员和使用者（用户）或值班用户。同时，在发现新的计算机病毒后，可以通过防杀计算机病毒厂商寻求计算机病毒防范专家的支持。

（2）应急计划的实施步骤。

①对染毒的计算机和网络进行隔离。由网络管理员完成，网络使用者提供信息，辅助实施。

②向主管部门汇报计算机病毒。一般可以由全局负责人向计算机病毒防范主管部门，或者计算机病毒防范体系中心汇报计算机病毒疫情，包括发作的时间、规模、计算机病毒名称、传播速度以及造成的破坏。

③确定计算机病毒疫情规模。通常由技术负责人员和网络使用者完成这项工作，可以在不扩大传染范围的情况下与隔离工作同步进行。

④估计破坏情况及制定抢救策略。在负责人的领导和计算机病毒防范专家的指导下，由全体人员参加，确定破坏的情况以及制定抢救策略，如重装系统、恢复备份等方法。

⑤实施计算机网络系统恢复计划和数据抢救恢复计划。在计算机病毒防范专家的指导下，由系统管理员、设备维护管理人员和使用者共同实施恢复计划和数据抢救计划。

（3）善后工作。将网络恢复正常运作，并总结发生计算机病毒疫情后的应急计划实施情况和效果，不断修改应急计划，使它能够很好地解决问题，降低损失。

（4）应急计划。此外，在应急计划中还必须包括救援物质、计算机软硬件备件的准备，以及参加人员的联络表等，以便在发生计算机病毒疫情后能够迅速地召集人手，备件到位，快速进入应急状态。

在此给出的只是制订应急计划所必须考虑的基本内容，用户还应该结合自身的情况，制订合适的应急计划方案。

5.7 本章小结

通过本章的学习使读者对计算机病毒的定义、特征、机制、危害有所了解。随后介绍了计算机病毒的检测和防范的几种方法。通过本章的学习，使读者能够知道仅仅靠发生病毒后进行查杀并不是一个好的方法，因为病毒会不断出现新的变种，新的病毒不断产生，查杀是永远不会彻底杀"干净"的。通过了解病毒的相关知识，做到"未雨绸缪"、"防范于未然"对预防计算机病毒的发生能够起到一个相对好的效果。

5.8 思考与练习

1. 填空题

（1）＿＿＿＿＿＿往往会利用计算机操作系统的弱点进行传播。

（2）＿＿＿＿＿＿是一种特殊的程序，这种程序能将自身传染给其他的程序，并能破坏计算机系统的正常工作。

（3）自1946年第一台＿＿＿＿＿＿体系的计算机ENIAC问世以来，计算机与人们的生活已经越来越息息相关了。

（4）最初的计算机病毒主要是＿＿＿＿＿＿型病毒，具有代表性的是"小球"和"石头"病毒。

（5）1992年，＿＿＿＿＿＿型病毒出现，它们利用DOS加载文件的优先顺序进行工作。

（6）在2003年和2004年的计算机流行病毒列表中，有一半以上是＿＿＿＿＿＿病毒。

（7）计算机病毒不但本身具有破坏性，更有害的是具有_____，一旦病毒被复制或产生变种，其速度之快令人难以预防。

（8）计算机病毒具有很强的_____，有的可以通过病毒软件检查出来，有的根本就查不出来，有的时隐时现、变化无常，这类病毒处理起来通常很困难。

（9）计算机病毒因某个事件或数值的出现，诱使病毒实施感染或进行攻击的特性称为_____。

（10）计算机病毒的机制大致分为_____、_____、_____三种机制。

（11）_____在设计原则、工作原理上与传染机制基本相同。它也是通过修改某一中断向量入口地址，使该中断向量指向病毒程序的破坏模块。

（12）检测病毒方法有：_____、_____、_____、_____。

（13）_____法是检测已知病毒的最简单、开销最小的方法，它的实现是采集已知病毒样本。

（14）在文件使用过程中，定期地或每次使用文件前，检查文件现在内容算出的校验和与原来保存的校验和是否一致，因而可以发现文件是否感染，这种方法叫_____。

（15）利用病毒的特有行为特征性来监测病毒的方法，称为_____。

（16）_____型计算机病毒主要是感染磁盘的引导扇区，也就是常说的磁盘的BOOT区。

（17）_____型计算机病毒一般只传染磁盘上的可执行文件（.COM，.EXE），在用户调用染毒的可执行文件时，计算机病毒首先被运行，然后计算机病毒驻留内存伺机传染其他文件，其特点是附着于正常程序文件，成为程序文件的一个外壳或部件。

（18）所谓_____病毒就是以电子邮件作为传播途径的计算机病毒，实际上该类计算机病毒和普通的计算机病毒一样，只不过是传播方式改变而已。

（19）_____是一个程序，它驻留在目标计算机里，可以随计算机自动启动并在某一端口进行侦听，在对接收的数据识别后，对目标计算机执行特定的操作。

（20）木马需要进程来执行。可以通过查看_____来推断木马是否存在。

2．简答题

（1）计算机病毒是指什么？

（2）根据近期病毒的特征描述计算机病毒具有的新特点。

（3）计算机病毒的主要危害有哪几个方面。

（4）计算机病毒具有的几个特点。

（5）描述计算机病毒的分类。

（6）描述计算机病毒的引导过程。

（7）简述计算机病毒的发生机制。

（8）特征代码法的优点和缺点分别是什么？

（9）通过哪几种方法可以判别文件型计算机病毒。

（10）对于文件型计算机病毒的防范，采用的常用方法。

（11）介绍几种常用的预防电子邮件计算机病毒的方法。

（12）简述特洛伊木马具有的特征。

（13）计算机中木马后的症状主要表现在哪些方面？

（14）简述对特洛伊木马病毒如何进行有效的防范？

（15）简述计算机遭到病毒感染后的一般修复处理方法。

第6章　常用杀毒软件

使用计算机需要安装必要的杀毒软件，已经成为每个用户的常识。互联网让病毒变得更加疯狂，它们变化速度快、传播途径多，如今的计算机病毒，已经不单是地域特色的病毒，而是像一场每天都在发作的全球化瘟疫。"机器狗"、"熊猫烧香"，这些泛滥成灾的病毒都采用了各种各样的传播途径。U盘、手机、MP3、电子邮件、QQ等众多感染方法，都是促成病毒大范围流行的助推剂，大大增加了病毒的生存和传播能力。例如，学生使用U盘去照片打印店打印数码照片，U盘通常都会感染打印店计算机中的U盘病毒，而这个U盘又会通过各种途径感染教室、宿舍和其他地方的计算机。

除了感染传播介质，许多病毒作者也开始兼职黑客，通过入侵网站挂马这种方式进行病毒传播。根据某实验室统计显示，2009年共拦截恶意网站6550000个，8月拦截最多达830000个。被挂马的网站访问量的大小会直接导致中木马机率的高低，所以现在挂木马在流量大的网站已成为病毒传播的新的趋势，病毒已经盯上了所有的传播途径，让人防不胜防。

杀毒软件是用于消除计算机病毒、特洛伊木马和恶意软件的一类软件，通常集成监控识别、病毒扫描、清除和自动升级等功能，有的杀毒软件还带有数据恢复等功能，是计算机防御系统的重要组成部分。每一款杀毒软件都有自身的弱点，如果用户浏览恶意网站的话，终究还是免不了要中毒，所以用户自己要懂得如何保护自己的计算机。

本章重点：

- 杀毒软件的安装过程
- 杀毒软件的功能操作

6.1　瑞星杀毒软件

瑞星杀毒软件是瑞星公司的产品，是目前国内外同类产品中最具实用价值和安全保障的杀毒产品，具有以下主要功能。

拦截：强悍拦截功能，拦截网站、U盘的木马和病毒入侵，将病毒挡在门外。

防御：领先的主动防御技术，智能监控未知木马等病毒行为，抢先化解威胁。

查杀：新一代强力查杀引擎，彻底清除各种木马、病毒，速度更快，占用资源更少。

6.1.1　瑞星杀毒软件的安装

下面介绍在Windows环境下瑞星杀毒软件的安装过程和注意事项。

以安装瑞星杀毒软件下载版为例，其安装过程及说明如下。

（1）启动瑞星自动安装程序，进入"自动安装程序"对话框，如图6-1所示。安装程序的准备工作就绪后，自动进入"瑞星软件语言设置程序"对话框，选择需要安装的语言版本。这里选择"中文简体"选项，如图6-2所示，单击"确定"按钮后进行下一步操作。

说明：通过双击安装目录中的setup.exe可启动安装程序。

图6-1 "自动安装程序"对话框　　　　图6-2 "瑞星软件语言设置程序"对话框

（2）进入"瑞星欢迎您"对话框，如图6-3所示，单击"下一步"按钮。

> 提示：在安装瑞星杀毒软件时候，系统可能还安装有其他杀毒软件，为了保证瑞星杀毒软件的正常安装，避免杀毒软件互相不兼容，要提前卸载其他的杀毒软件。在安装瑞星杀毒软件时，当瑞星安装程序检测到有其他杀毒软件存在时，会由瑞星程序进行卸载，卸载完成后可能需要重新启动计算机系统，重新启动后再次运行瑞星杀毒程序安装文件即可。

（3）阅读如图6-4所示的许可协议后，选择"我接受"选项，单击"下一步"按钮继续安装。

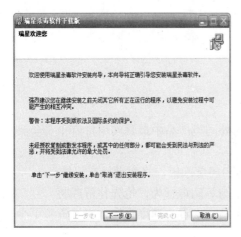

图6-3 "瑞星欢迎您"对话框　　　　图6-4 "最终用户许可协议"对话框

（4）选择安装类型：有两种类型供用户选择，"全部安装"或"最小安装"。默认情况是选择"全部安装"。其中，用户可选择性安装"瑞星监控中心"、"瑞星嵌入式杀毒"、"瑞星工具"、"瑞星资源文件"、"其他组件"，如图6-5所示。

"全部安装"需要至少192MB硬盘空间。这里建议选择"全部安装"，以现在动不动就几百GB的硬盘空间，这些空间还是微不足道的。也可以在这里对一些选项进行勾选或取消选择。

"瑞星监控中心"包括文件和邮件的实时监控，选择这些功能，瑞星杀毒软件可以在打开陌生文件、收发电子邮件时查杀并截获病毒。

"瑞星工具"包括U盘自动杀毒、病毒隔离区、引导区备份、瑞星助手、病毒库U盘备份工具、Linux引导杀毒盘制作工具、账号保险柜等实用功能。

（5）设置完成后单击"下一步"按钮。

说明："全部安装"选项是系统默认的安装选项，是最常用的安装选择类型，建议大多数用户使用这种安装类型。

（6）在如图6-6所示的"选择目标文件夹"对话框中，可以按默认的安装目录进行安装，也可以由用户自定义选择安装瑞星软件的目录。单击"浏览"按钮选择要安装的磁盘位置，更改路径，然后单击"下一步"按钮即可。

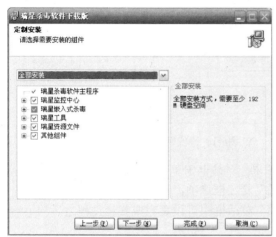

图6-5　"定制安装"对话框

图6-6　"选择目标文件夹"对话框

说明：和其他软件一样，建议将瑞星杀毒软件安装到系统盘以外的其他磁盘上。

（7）选择开始菜单文件夹，在如图6-7所示的"选择开始菜单文件夹"对话框中，可按照默认方式单击"下一步"按钮继续安装，也可根据读者个人的使用习惯进行更改。

（8）在如图6-8所示的"安装信息"对话框中，用户可取消"安装之前执行内存病毒扫描"选项。完成上述操作后，单击"下一步"按钮继续安装。默认情况是进行"安装之前执行内存病毒扫描"。

图6-7　"选择开始菜单文件夹"对话框

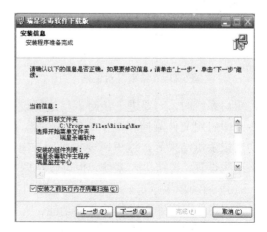

图6-8　"安装信息"对话框

（9）瑞星内存病毒扫描，在如图6-9所示的"瑞星内存病毒扫描"对话框中，用户需等待杀毒软件完成扫描。

（10）在如图6-10所示的"安装过程中…"对话框中为安装进程界面，进行瑞星杀毒软件的复制和安装。

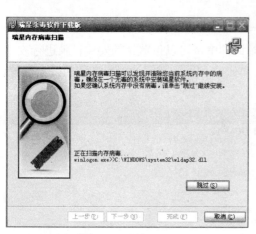

图6-9　"瑞星内存病毒扫描"对话框

图6-10　"安装过程中…"对话框

（11）文件复制完毕后在如图6-11所示的"结束"对话框中单击"完成"按钮，完成对瑞星杀毒软件的安装过程。选择"重新启动计算机"复选框选项，可以立即重启计算机。

（12）重启计算机后在如图6-12所示的"结束"对话框中可设置完成安装过程之后的下一步操作任务。

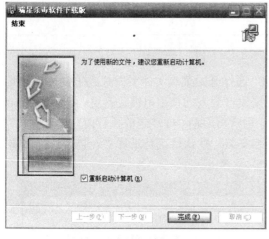

图6-11　"结束"对话框

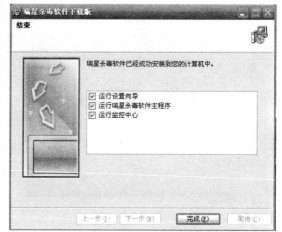

图6-12　"结束"对话框

重启系统时，需要进一步对瑞星进行设置，这里主要设置是否加入瑞星"云安全"计划，是否立即启用文件监控和电子邮件的监控，设置是否自动上报可疑文件、自动上报恶意网址、自动上报杀毒结果等，这里需要提供用户有效的电子邮箱地址。当然，如果用户在这里完全忽略这些设置，直接进入系统，也可以在瑞星的软件设置里，进行详细的设置，其效果相同。

（13）启动瑞星杀毒软件程序后如图6-13所示。瑞星杀毒软件的界面使用了经典的蓝色背景风格，并且支持界面皮肤的变换功能，所有功能菜单均通过快捷方式显示，更加便于操作。与瑞星杀毒同时启动的还有任务托盘中的小绿伞和桌面动感帅气的瑞星小狮子图标。

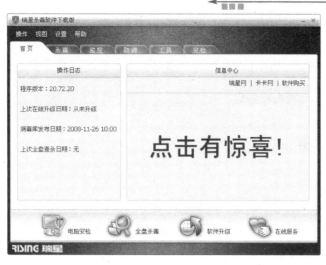

图6-13　瑞星杀毒软件启动界面

6.1.2　瑞星杀毒软件的升级

通过升级设置能保持瑞星杀毒软件及时升级到最新版本，从而可以查杀各种新病毒。

通过如图6-14所示的"详细设置"对话框中的软件"定时升级"选项可以按用户的习惯进行瑞星杀毒软件升级设置。

图6-14　瑞星杀毒软件"定时升级"设置

有如下两种操作方法。

（1）在瑞星杀毒软件主程序界面中，选择"设置"→"升级设置"菜单命令。

（2）在计算机桌面右下角选中小伞图标，用鼠标右键单击选择"详细设置"→"定时升级"快捷菜单命令。

- 升级频率：可以根据需要选择不升级、每月一次、每周一次、每天一次、即时升级这几个选项。即时升级，是指检测到服务器有最新版本，则自动进行升级，在此期间不提示用户。

- 升级时刻：设置定时升级的时间，系统时钟会在到达设定的时间时检测是否有新版本并自动升级。

- 只升级病毒库：选中此选项，则在升级时候，只升级病毒库，而不升级其他部分以减少下载量。
- 静默升级：选中此选项，在即时升级中将不再提示用户升级过程。

注意：必须在联网条件下才能升级成功。

6.1.3　手动杀毒

1．手动杀毒设置

用户可以根据自己的实际需求，对手动查杀时的病毒处理方式和查杀文件类型进行不同的设置。如图6-15所示，在"自定义级别"中，用户也可以使用滑块对安全级别进行设置。单击"默认级别"按钮将恢复瑞星杀毒软件的出厂设置。单击"应用"或"确定"按钮保存用户的全部设置，以后程序在扫描时就能根据相应参数进行病毒扫描。

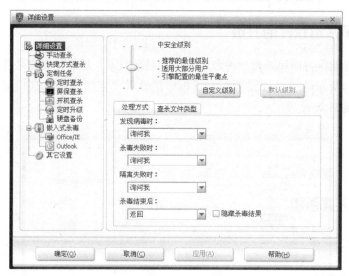

图6-15　"详细设置"对话框

具体设置参数如下。

- 发现病毒时："询问我"、"清除病毒"、"删除染毒文件"或"不处理"。
- 杀毒失败时："询问我"、"删除染毒文件"或"不处理"。
- 隔离失败时："询问我"、"清除病毒"、"删除染毒文件"或"不处理"。
- 杀毒结束后："返回"、"退出"、"重启"或"关机"。

查杀文件类型：所有文件、仅程序文件（*.Exe、*.Com、*.Dll、*.Eml等可执行文件）、自定义扩展名（多个扩展名需用英文状态的分号隔开）。

注意：若勾选"隐藏杀毒结果"选项后，杀毒软件主程序在查杀病毒时，将不显示杀毒结果。

2．进行手动杀毒

如图6-16所示，"查杀目标"一般分为：C、D、E盘和本地所有硬盘及由用户自定义位置（如C盘中的某个文件夹）这几种方式供用户选择。具体的查杀位置，用户应根据自己的实际情况来选择，一般来说初级用户应取出光盘或U盘后再选择对本地所有硬盘进行全面的查杀病毒操作。

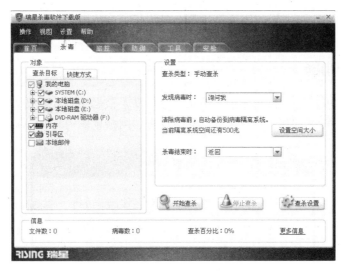

图6-16 "杀毒"设置

查杀范围的可选项还有"我的电脑",杀毒软件会查杀由用户选择的杀毒位置的所有文件。这样由于要查杀的对象较多,从而会慢些,但这样却又最保险,能防止漏查、漏杀病毒,对于新手们来说,一般都要选择此选项。

查杀范围的复选项有:内存、引导区、本地邮件这3个选项,如果计算机内存、和主引导区和分区引导区可能被病毒感染,这时就一定要选择这3个复选项,为了保险起见,用户一般都选择这3个复选项。

用户还可对发现病毒时和杀毒结束时的操作进行设置。

6.1.4 嵌入式杀毒

Office/IE 嵌入式杀毒设置:在"Office/IE"设置页面中,用户可以分别选择瑞星杀毒软件提供的高、中、低这3种安全级别,也可以自定义级别,同时可以设置各种"处理方式",以及"查杀文件类型"。

在"Office/IE"设置页面的"处理方式"中,可以选择发现病毒时是否询问用户,以及发现病毒时的处理方式,如"询问我"、"清除病毒"、"删除染毒文件"或"不处理",如图6-17所示。

图6-17 "嵌入式杀毒"设置

如果启动的Office 2000文件中有病毒存在，会自动弹出提示对话框。用户可以根据自己的需要选择相应的操作，如果清除病毒失败，会提供清除失败后的处理方式供选择。

"Outlook"设置的操作与"Office/IE"类似，在此不再叙述。

6.1.5　监控功能

瑞星监控功能可以进行自我保护，防止自身程序不被恶意程序修改，只有这样才能更好地为用户提供实时保护，防御木马病毒、网络攻击、网络欺骗等，如图6-18所示。

图6-18　"监控"设置

用户可单击图6-18中的"设置"选项，切换到"监控设置"对话框，此时打开"自定义级别"选项，如图6-19所示。

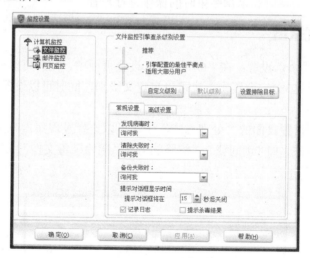

图6-19　"监控设置"对话框

在级别选项中，自动将所有的监控内容以列表的形式为用户展现，并提供是否开启此功能的选择。并按照"高"、"中"、"低"设置了3种默认安全级别的防护和查杀方案。下面是这些方案的具体开启项目。

（1）高安全级别方案

"高安全级别"方案为用户提供最全面的查杀和防护方案，包括监控压缩文件，宏脚本及已知、未知病毒和威胁程序。并对更改注册表、修改组策略进行监控。

（2）中安全级别方案（推荐）

"中安全级别"方案提供对病毒、木马程序的监控。不会开启所有监控，提高启动速度和载入速度。但在查杀方面依然保证能及时清除各种威胁程序，此方案主要适用于普通用户使用。

（3）低安全级别方案

考虑到部分用户的计算机硬件配置不高，特别是内存较小，若开启瑞星软件的所有监控项目，会影响到计算机其他软件的正常使用。选择"低安全级别"方案，会在默认情况下关闭一些防护项目，但会因关闭了部分防护而容易被病毒程序侵袭。

在图6-19中用户可设置在文件监控、邮件监控、网页监控中发现病毒时、清除失败时、备份失败时设置处理方式。

6.1.6 主动防御功能

主动防御功能是瑞星的亮点，包含"系统加固"、"应用程序访问控制"、"应用程序保护"、"程序启动控制"、"恶意行为检测"和"隐藏进程检测"等功能，如图9-20所示。

图6-20 "主动防御设置"对话框

初看到这个功能的名称很容易让人想到HIPS（主机入侵防护系统）类软件，然而经过一段时间的使用，发现HIPS只不过是其中的一部分功能而已，瑞星的主动防御功能更强大。

"应用程序访问控制"、"应用程序保护"和"程序启动控制"这3项可以由用户自定义大量的规则，非常方便高级用户使用。而对于一些新爆发的病毒，通过简单的规则设置，也可以快速的将其阻止。

"系统加固"功能内设置了大量丰富的规则，用户不需要进行手动设置就可以拦截掉大部分的威胁。

而"恶意行为检测"能够自动对程序的行为进行判断分析，并自动隔离带有恶意性质的病毒、木马等程序。

目前，很多病毒会通过结束进程、或修改系统时间的手段攻击杀毒软件。往往一台机器中毒后，最先"挂掉"的是杀毒软件。瑞星杀毒软件通过勾选"启用自我保护"功能后，即使用IceSword等软件也无法结束掉它的进程。

瑞星杀毒软件结合了HIPS类软件以及卡巴斯基的优势于一身，不但能够检测出恶意程序，还可以对恶意行为进行阻止。不仅考虑到普通用户的使用习惯，还给高级用户提供了一个十分灵活而且功能强大的工具，可以说是一款十分完备的主动防御体系，如图6-21所示。

图6-21　"选择规则应用对象"对话框

6.1.7　瑞星账号保险柜

"瑞星账号保险柜"利用主动防御技术自动屏蔽木马、病毒常用的多种恶意行为，包括注入DLL、内存被篡改、注入代码、挂起、强制结束程序、键盘监听等。如果用户感觉不够安全，还可以选择更多的保护规则。软件受保护之后，瑞星就会通过主动防御体系实时监控所有的不安全行为，自动加以屏蔽，用户的账号密码就相当于放入了保险柜，使那些试图窃取账号密码的木马、病毒、恶意软件等无可奈何。

"瑞星账号保险柜"能够将瑞星杀毒软件支持的软件自动加入到应用程序保护功能中，减少了在主动防御的应用程序保护中手动添加规则的步骤。

可分别用以下3种方式启动账号保险柜。

（1）在计算机桌面双击"账号保险柜"图标。

（2）在"工具"页中运行"账号保险柜"。

（3）在安检的详细报告中，双击"账号保险柜"图标。

进入"瑞星账号保险柜"设置对话框，如图6-22所示。

图6-22　"瑞星账号保险柜"对话框

当用户的计算机中新安装了应用软件时，可以双击该图标，将其添加到应用程序保护规则中。若账号保险柜支持该软件，但由于未找到对应的路径而导致列表中该项图标为灰色的情况下，还可以单击"修改路径"按钮选择需要保护的应用程序。

6.2 金山毒霸

金山毒霸融合了启发式搜索、代码分析、虚拟机查毒等经业界证明成熟可靠的反病毒技术，使其在查杀病毒种类、查杀病毒速度、未知病毒防治等多方面达到世界先进水平，同时金山毒霸具有病毒防火墙实时监控、压缩文件查毒、电子邮件病毒查杀等多项先进的功能。

金山毒霸2011的主要功能如下。

（1）极速性能：金山毒霸运用新一代蓝芯II云引擎，内置"微特征识别"人工智能技术，使用极少量的样本查杀大量已知、未知病毒。

（2）主动拦截恶意行为：对于具有恶意行为的已知或未知威胁进行主动拦截，有效地保护系统安全。

（3）主动实时升级：主动实时升级每天自动帮助用户及时更新病毒库，让用户的计算机能防范最新的病毒和木马等威胁。

（4）全面兼容 Windows 7：能够全面兼容Windows 7操作系统，为用户提供基于微软最新操作系统的全面防护服务。

（5）查杀病毒、木马、恶意软件：使用数据流、脱壳等一系列先进查杀技术，打造强大的病毒、木马、恶意软件查杀功能，将藏身于系统中的病毒、木马、恶意软件等威胁一网打尽，保障用户系统的安全。

6.2.1 病毒扫描

根据不同用户的需要，金山毒霸提供了"全盘扫描"、"快速扫描"、"自定义扫描"这3种常用的病毒查杀模式，在"病毒查杀"页面可以直接进行选择，如图6-23所示。

图6-23 病毒查杀界面

全盘扫描：此模式将对计算机的全部磁盘文件系统进行完整扫描。某些病毒入侵系统后不仅破坏系统文件，也会在其他部分进行一些恶意破坏行为，选择此模式将对计算机系统中全部文件逐一进行过滤扫描，彻底清除非法侵入并驻留系统的全部病毒文件。并可强力修复系统异常问题。

快速扫描：此模式只对计算机中的系统文件夹等敏感区域进行独立扫描。一般病毒入侵系统后都会在此区域进行一些非法的恶意修改，针对性地扫描此区域就可发现并解决大部分病毒问题，同时由于扫描范围较小，扫描速度会较快，通常只需几分钟，就可快速查杀木马及修复系统异常问题。

自定义扫描：此模式将只对用户指定的文件路径进行扫描。我们可以根据扫描需求任意选择一个或多个区域。

6.2.2 综合设置

首先进入金山毒霸的"综合设置"界面，单击金山毒霸2011界面上的"设置"，弹出"综合设置"对话框，如图6-24所示。

可以看到左边栏有"杀毒设置"、"防毒设置"、"网购保镖"、"上网保护"、"信任设置"、"会员设置"、"升级设置"、"免打扰模式"、"其他设置"。以下就杀毒设置中的几种常用功能来进行介绍。

杀毒设置主要有以下一些方面。

（1）手动杀毒：是金山毒霸2011中最常用的、操作简易的、能扫描到计算机中的任一角落。

（2）屏保杀毒：屏保杀毒充分利用计算机的空闲时间，在不影响工作的情况下，确保用户计算机免受病毒危害。设置界面如图6-25所示。程序一直运行在后台，一旦金山毒霸屏保被激活，便自动启动病毒扫描程序对当前硬盘所有分区进行病毒扫描。屏保结束时中止查毒，并弹出杀毒结果的对话框。当用户的屏保程序运行时一般情况下是不在计算机旁边的，这段时间也往往正是"不轨之徒"趁虚而入的时间。

图6-24 "综合设置"界面

图6-25 "屏保杀毒"界面

（3）定时杀毒：关于定时杀毒这里不做详细介绍，用户可根据个人的习惯进行修改，设置界面如图6-26所示。

6.2.3 U盘病毒免疫

"U盘病毒免疫"功能可有效阻止病毒通过U盘运行、复制、传播，保证用户计算机的系统文件不被感染或破坏。

由于U盘等移动存储设备已经被计算机用户所广泛使用，经常会因为工作需要在多台计算机之间交换文件、数据，部分病毒正是利用了这点，它们常将自身隐藏于移动设备中在多台计算机之间进行传播。针对性地扫描移动存储设备将有效清除其中的病毒文件源，杜绝多台计算机交叉感染情况，并可修复被病毒木马破坏的文件。

图6-26 "定时杀毒"界面

金山毒霸默认开启了"U盘病毒免疫"功能，当计算机插入U盘等移动存储设备时，会自动弹出对该设备进行快速扫描结果的反馈，如图6-27所示，单击"打开U盘"按钮可安全查看U盘内的数据。

图6-27 嵌入式杀毒界面

6.3 卡巴斯基杀毒软件

Kaspersky（卡巴斯基）杀毒软件是最优秀、最顶级的网络杀毒软件之一。卡巴斯基杀毒软件具有超强的中心管理和杀毒能力，能真正实现带毒杀毒，提供了一个广泛的抗病毒解决方案。它提供了所有类型的抗病毒防护：抗病毒扫描仪、监控器、行为阻段、完全检验、E-mail通路和防火墙。它支持几乎所有的普通操作系统。卡巴斯基控制所有可能的病毒进入端口，它强大的功能和局部灵活性以及网络管理工具为自动信息搜索、中央安装和病毒防护控制提供最大的便利和最少的时间来建构计算机的抗病毒分离墙。卡巴斯基抗病毒软件有许多国际研究机构、中立测试实验室和IT出版机构的证书，确认了卡巴斯基具有汇集行业最高水准的突出品质。

卡巴斯基查杀毒的安装和扫描设置与前述两种杀毒软件类似，在此不再叙述。以下简要介绍卡巴斯基中一些常用设置，帮助读者能更深入地了解该软件的功能。

6.3.1 设置卡巴斯基

在卡巴斯基安全部队2012版本的主界面中，单击"设置"按钮即可进入到对应的设置界面当中，如图6-28所示，其中可以看到对应的设置选项，如图6-29所示。

图6-28　卡巴斯基主界面

图6-29　软件保护中心界面

此时通过对应的设置选项，就可以详细调整软件的相关参数，包括常规设置、文件反病毒、邮件反病毒、网页反病毒、即使通信反病毒、应用程序控制、系统监控、防火墙、主动防御、反网络攻击、反垃圾邮件、反广告。

6.3.2　卡巴斯基使用技巧

卡巴斯基KAV是使用最广也是最厉害的杀毒软件之一，但卡巴斯基有个致命的弱点，就是运行慢，以下介绍几种使用技巧帮助用户更方便使用卡巴斯基软件。

（1）卡巴斯基安装前一定要完全卸载其他杀毒软件。如果已经发生冲突，在正常的Windows环境下不能反安装任何一个杀毒软件，这时需要进入安全模式下，进行反安装操作，卡巴斯基和瑞星有严重冲突，具体表现在开机进入桌面后就死机。

（2）将卡巴斯基"自我保护"勾选上，防止恶意代码修改卡巴。默认是选择的，最好不要进行修改。

（3）在第一次装完卡巴斯基后进行全盘扫描，以后再扫描时，可以对确认安全的文件（如电影文件）不进行扫描，这样可以大大节省扫描时间。

（4）在还原系统或重装系统时，请务必做好病毒库的备份，再进行安装或还原。

（5）卡巴斯基dmp文件是由于卡巴斯基程序中断后生成的临时文件，可以放心删除，丝毫不影响其使用。

（6）卡巴斯基升级时，会影响上网的速度，特别是对网络游戏影响较大。而且，卡巴斯基有时升级失败，会不停地反复连接网络，影响游戏的正常操作。建议设置为手动升级，可以避免以上不便。

6.4　360杀毒软件

360杀毒软件是360安全中心出品的一款免费的云安全杀毒软件。360杀毒软件的优点：查杀率高、资源占用少、升级迅速等。同时，360杀毒可以与其他杀毒软件共存，是一个理想杀毒备选方案。

6.4.1 病毒查杀

360杀毒软件安装完毕后，单击"快速扫描"按钮，软件运行，如图6-30所示，查杀Windows的主要系统文件的病毒，大约3分钟左右就能清扫完毕。

图6-30 "快速扫描"病毒查杀界面

单击"全盘扫描"按钮后系统开始全盘杀毒，如图6-31所示。在界面的下方，有扫描完成后关闭计算机的选项，当然也有前提条件，仅在选择"自动处理扫描出的病毒威胁"时有效。这对于读者在平常晚上工作或者娱乐完，让计算机做一次全面的杀毒后自动关机，非常方便。右方会显示出现在已经扫描了多少时间的提示。具体需要查杀多少时间，还得看用户的计算机中的文件数来确定。

图6-31 "全盘扫描"病毒查杀界面

单击"指定位置扫描"按钮，这项扫描是对用户自行选择的区域进行杀毒，如图6-32所示。有些用户喜欢把特定的文件，如常用的工作软件和游戏放在不同分区中，因为使用率高，会使得这些区域的机率增大。还有些用户喜欢把下载的软件放在一个文件目录中，对于刚下载完或下载时忘记杀毒的文件可以选择指定位置扫描，这给了用户非常大的便利，不必全盘进行查杀，可以节省大量的时间。同样地在扫描完成后也会显示本次杀毒结果。

图6-32　"指定位置扫描"的"选择扫描目录"

6.4.2　360杀毒设置

1．病毒扫描设置

（1）需要扫描的文件类型：让用户决定是否更深入地扫描，扫描所有文件，包括进入压缩包查毒。

（2）发现病毒时的处理方式。由360杀毒自动处理：在计算机扫描出病毒的同时，杀毒软件会自行清除病毒。由用户选择处理：在计算机扫描出病毒后，让用户选择处理病毒。

（3）全盘扫描时的附加扫描选项。

扫描Rootkit病毒：Rootkit是隐藏型病毒，其他病毒、间谍软件也常使用Rootkit来隐藏踪迹，因此Rootkit已被大多数的防毒软件归类为具有危害性的恶意软件。

2．实时防护设置

（1）监控的文件类型：让用户决定是"监控所有文件"还是"仅监控程序及文档文件"。如果选择"监控所有文件"，可能会占用比较大的内存空间和系统资源。而"仅监控程序和文档文件"，只在程序运行时对其监控或者只在文档文件打开时进行监控。

（2）发现病毒时的处理方式：无论用户在以上选项中选择哪项，只要杀毒软件发现病毒，就会有处理方式的操作可以选择，发现病毒时自动清除，如果清除失败，则选择"删除文件，并将原始文件备份到隔离区"或"禁用文件并询问处理方式"。或者直接选择禁止访问被感染文件。

（3）其他防护选项：基本同杀毒设置中的差不多，不过监控间谍文件、拦截局域网病毒、扫描QQ/MSN接收的文件、扫描插入的U盘，这些都是平时用户所需要的，也是很重要的。

3．其他设置

（1）自动升级设置：这是免费杀毒软件的最大好处，可以无限次更新病毒库。让用户选择软件"自动升级病毒特征库程序"或"关闭自动升级，每次升级时提醒"、"关闭自动升级，也不显示升级提醒"、"定时升级"。

（2）定时查毒：让用户在特定的时间来进行查毒杀毒。

6.4.3 实时防护与升级

1．实时防护

在实时防护选项卡中，如图6-33所示，软件会提醒用户开启"文件系统实时防护"功能，如果用户安装有其他杀毒软件，会提醒用户卸载其他杀毒软件，并把已经安装到计算机中的杀毒软件以列表的形式呈现出来。在防护级别设置中，用户可根据自己的情况来选择相应的防护级别。

图6-33 "实时防护"界面

2．产品升级

360杀毒会更新最新的病毒库，并会提醒用户升级。单击"确定"按钮后，会出现病毒库的更新，如果是旧病毒库文件，会出现需要更新的提示。用户也可以单击"检查更新"按钮连接到官网数据库去查询自己病毒库是否是最新的。在下方有显示上次成功升级的时间和病毒库版本，以方便用户核对，如图6-34所示。

图6-34 "产品升级"界面

6.5　本章小结

　　本章主要介绍了瑞星杀毒软件、金山毒霸、卡巴斯基杀毒软件、360杀毒软件的安装和具体功能的介绍。通过本章的学习，读者能够详尽地了解和灵活使用这几款杀毒软件，对于计算机的防护能够起到更加安全的作用。

6.6　思考与练习

1．填空题

　　（1）_____是用于消除计算机病毒、特洛伊木马和恶意软件的一类软件，通常集成监控识别、病毒扫描、清除和自动升级等功能。

　　（2）金山毒霸融合了启发式搜索、代码分析、虚拟机查毒等经业界证明成熟可靠的反病毒技术，使其在查杀病毒种类、查杀病毒速度、未知病毒防治等多方面达到世界先进水平，同时金山毒霸具有病毒防火墙_____、_____、_____等多项先进的功能。

　　（3）根据不同用户的需要，金山毒霸提供了_____、_____、自定义扫描3种常用的病毒查杀模式，在"病毒查杀"页面可以直接进行选择。

　　（4）金山毒霸中的_____功能可有效阻止病毒通过U盘运行、复制、传播，保证系统文件不被感染或破坏。

　　（5）Kaspersky（卡巴斯基）杀毒软件来源于_____，是世界上最优秀、最顶级的网络杀毒软件之一。

　　（6）360杀毒具有以下优点：_____、_____、_____等。

2．简答题

　　（1）简述瑞星杀毒软件的主要功能。
　　（2）简述金山毒霸 2011具有的主要功能。

3．操作题

　　（1）在计算机上按步骤对瑞星杀毒软件进行安装。
　　（2）启动瑞星杀毒软件进行手动杀毒。
　　（3）启动瑞星杀毒软件并操作瑞星账号保险柜功能。
　　（4）安装卡巴斯基并进行相关的设置。
　　（5）使用360杀毒软件中的实时防护设置。

第7章　常用黑客防御技术

随着我们对网络技术依赖性的不断增强，在体验网络所带来的极大便利的同时，黑客入侵和网络安全问题也困扰着网络的发展，如僵尸网络、网络钓鱼、木马及间谍软件、零时间威胁、熊猫烧香、网站挂马事件、木马产业链的曝光等，使得网络安全问题成为大家关注的焦点。

由于互联网本身的设计缺陷及其复杂性、开放性等特点，网络的安全性已成为阻碍信息化进程的重要因素，其影响已从互联网领域逐步扩大到政府、通信、金融、电力、交通等应用领域。网络安全问题已引起了全世界的密切关注，黑客的恶意行为已成为全球新的公害。或许大家都曾碰到过这样的情况，正当自己为精彩的网页着迷时，突然硬盘狂响不止，最后发现所有的程序都不能运行了；正在给网友写E-mail时，突然弹出一个对话框，上面写着"我是幽灵，我要毁了你的计算机！"；正在聊天室里与网友聊天时，突然弹出一堆对话框，无论怎么关都关不掉，最后只能无奈地重新启动计算机。

因此，必须采取有力措施加强网络的自身安全防护性能，以有效抵抗入侵和攻击破坏。但随着攻击手段的日趋复杂，有组织、有预谋、有目的、有针对性、多样化攻击和破坏活动的频繁发生，攻击点也越来越趋于集中和精确，攻击破坏的影响面不断扩大并产生连环效应，这就势必须要构筑一种主动的安全防御，才有可能最大限度地有效应对攻击方式的变化。

通过本章介绍的常用黑客防御技术，读者能够循序渐进地了解黑客入侵防御的关键技术与方法，提高安全防护意识，在遇到黑客攻击时能够做到"胸有成竹"。希望读者能够运用本书介绍的知识去了解黑客知识，进而防范黑客的攻击，使自己的网络更加安全。

本章重点：

- 恶意代码的防范
- 木马的概念及其破解方法
- 防火墙技术及其他安全工具的使用

7.1　恶意网页代码技术

网页是人们获得信息的最基本途径，大量信息也都是通过网页形式展现给用户的。可是如今的网络是很不安全的，就连浏览网页也有可能中招，一不小心就有可能发现自己的IE标题栏、默认主页被莫名其妙地篡改了。一般大家在浏览网站信息的时候，都会在本地机器上残留一些文件，而病毒也经常潜伏在这些文件里面，尤其是一些广告代码，恶意脚本及木马程序。

7.1.1　网页恶意代码概述

网页恶意代码也称为网页病毒，它主要是利用软件或系统操作平台等安全漏洞，通过将Java Applet应用程序、JavaScript脚本语言程序、ActiveX软件部件网络交互技术（可支持自动执行的代码程序）嵌入在网页HTML超文本标记语言内并执行，可以强行修改用户操作系统的注册表配置及系统实用配置程序，甚至可以对被攻击的计算机进行非法控制系统资源、盗取用户文件、删除硬盘中的文件、格式化硬盘等恶意操作。

网页恶意代码的技术以WSH为基础，即Windows Scripting Host，中文称做"Windows脚本宿主"。此概念最早出现于Windows 98操作系统。众所周知，MS-DOS中的批处理命令可以帮助用户简化工作，带来极大的方便，也可以将脚本语言看做批处理命令的升级。随着越来越多的脚本语言不断出现，使得Windows操作系统无论在界面或在DOS命令提示符下，都能直接运行多类脚本文件。微软公司在研发Windows 98时，就在系统内植入了一个基于32位Windows平台和独立于语言的脚本运行环境，并取名为"Windows Scripting Host"。WSH架构于ActiveX之上，充当着ActiveX的脚本引擎控制器。

7.1.2 网页恶意代码的特点

网页恶意代码的攻击形式是基于网页的，如果我们打开了带有恶意代码的网页，所执行的操作就不单是浏览网页了，甚至还可能伴随有病毒的软件下载或木马下载，以达到修改注册表等目的。

在一般情况下，带有恶意代码的网页有如下几个特点。

● 引人注意的网页名称。
● 利用浏览者的好奇心。
● 无意识的浏览。

网页恶意代码主要利用软件或操作平台的安全漏洞，一旦用户浏览含有病毒的网页，就会在不知不觉的情况下中招，给用户的计算机系统带来不同程度的破坏，使中招的计算机用户苦不堪言，甚至造成无法弥补的惨重损失。

根据网页恶意代码的作用对象及其表现的特征，可以归纳为如下两大类。

第一类是通过JavaScript、Applet、ActiveX编辑的脚本程序来修改IE浏览器，此类病毒代码主要有如下特征。

● 修改默认主页。
● 修改默认首页。
● 修改默认的微软主页。
● 将主页的设置屏蔽，使用户对主页的设置无效。
● 修改默认的IE搜索引擎。
● 对IE标题栏添加非法信息。
● 在鼠标右键快捷菜单中添加非法网站广告的链接。
● 使鼠标右键快捷菜单的功能禁止、失常。
● 在IE收藏夹中强行添加非法网站的地址链接。
● 在IE工具栏中强行添加按钮。
● 锁定地址下拉菜单并添加文字信息。
● 禁用IE"查看"菜单下的"源文件"选项。

第二类是通过JavaScript、Applet、ActiveX编辑的脚本程序来修改用户的计算机操作系统，此类病毒代码主要有如下特征。

● 格式化硬盘。
● 非法盗取用户资料。
● 恶意修改、删除、移动用户文件。

- 锁定并禁用注册表，使编辑REG注册表文件的打开方式错乱。
- 锁定IE网址，使其自动调用打开。
- 暗藏病毒，全方位侵害计算机系统，造成计算机系统瘫痪。
- 系统启动时自动弹出对话框或网页。
- 在系统时间前恶意添加广告。

7.1.3　网页恶意代码攻击的形式

由于网页恶意代码都嵌入HTML中，而HTML支持着多种脚本语言，因此网页恶意代码是基于脚本语言的一种攻击方式。下面介绍网页恶意代码常使用的脚本语言及攻击方式。

1．网页恶意代码脚本

网页恶意代码所使用的脚本语言中JavaScript和VBScript最为常见，下面介绍JavaScript与VBScript语言的基础知识。

（1）JavaScript

JavaScript是一种描述语言，可以嵌入HTML文件中。JavaScript可以在不使用任何网络的情况下回应使用的需求事件。例如，当一个用户输入一项资料时，它不需要经过传送给服务器端处理再传回给用户的这个过程，而是直接被客户端的应用程序直接处理。

JavaScript和Java非常类似，Java只是一种比JavaScript更复杂的程序语言，JavaScript相对于Java更容易使用。使用JavaScript可以不太注重程序编制技巧，所以许多Java的特性在JavaScript中是不支持的。

JavaScript程序是以纯文本的方式来编写的，因此不需要编译，任何纯文本的编辑器都可以进行JavaScript程序的编写。不过我们还是推荐使用专门的编辑软件，如Dreamweaver CS软件等，不仅有代码高亮显示功能，同时还具有较全的代码提示和错误提示功能。

JavaScript加入网页的方法有两种。

①第一种是直接加入HTML文档。

此种方法最为常用，一般含有JavaScript的网页都是采用这种方法，其格式如下。

```
<script language="Javascript">
 <!--
 //-Javascript结束-->
</script>
```

其中<script language="Javascript">的作用是告诉浏览器此标签中是使用JavaScript编写的程序，需要调用相应的解释程序进行解释。"//"表示JavaScript的注释部分，即从"//"以后的内容全部被注释掉，将不被运行显示。另外还有一点需要注意的地方，<script>标签并没有固定的位置，可以包含在<head>标签中，也可以出现在<body>标签中的任何一个地方。

②第二种是引用方式。

这种使用方法并不是把代码直接编写在HTML文档中，而是将JavaScript编写成一个扩展名为.js的源文件中，然后再利用<script>标签引用该源文件。这种方法可以提高程序代码的利用率，其基本格式如下。

```
<script src="url" type="text/javascript"></script>
```

其中"url"就是源文件的路径。同样，<script>也可以被放在HTML头部或者主体的任何一个位置。

（2）VBScript

VBScript是微软开发的一种脚本语言，全称为Visual Basic Script，也可被缩写为VBS。它是ASP动态网页默认的编程语言。与ASP内建对象和ADO对象相互配合，就能够使用户快速掌握访问数据库的ASP动态网页开发技术。

我们可以将VBScript看做VB语言的简化版，简单易学。目前在网页和ASP程序的制作方面得到了广泛的应用，也可以直接用来制作可执行程序。另外，VBScript可以通过Windows脚本宿主调用COM，因此它可以随意使用Windows操作系统中所使用的所有程序库，如Microsoft Offices库中的Microsoft Access和Microsoft SQL Server程序库。

此外，VBScript也会被如下3个方面调用。

①Windows操作系统。

在Windows操作系统中，VBScript可以在WSH的范围内运行。它可以不断地自动完成Windows系统任务，VBScript可以适用于扩展名为VBS、WSF、HTA、CHM的文件中，其中Windows操作系统会自动辨认和执行扩展名为VBS和WSF的文件，不过这两种文件完全是文字形式，只能通过少数的几种对话窗口与用户通信；Internet Explorer则可执行HTA和CHM格式的文件，因而HTA和CHM文件也可使用HTML格式，它们的程序代码可以像HTML那样被编辑、检查。

实际上，HTA文件是一种混合有VSB、JavaScript语言的HTML文件；CHM文件是一种在线帮助软件，用户可以使用专门的编辑程序将HTML文件编辑成为CHM文件。

②网页浏览器的客户端。

用户在网页浏览器中所看到的就是VBS程序执行的结果。在网页中VBS与JavaScript可算是竞争者，它们都是用来实现动态HTML的，甚至可以将整个程序结合到网页中。

不过VBS并没有强大的优势，因为它只得到了Internet Explorer浏览器的支持。而JavaScript则被几乎所有的网页浏览器所支持。但在Internet Explorer浏览器中，其使用权限还是相同的，都只能使用Windows操作系统中有限的对象。

③网页浏览器的服务器端。

在网页浏览器方面，VBS是微软的Active Server Pages的一部分，同时与JavaScript Pages和PHP竞争。在网页中VBS的程序代码可以直接嵌入HTML文档中，这样的网页文件扩展名为ASP。网页服务器的Interent信息服务会执行ASP文件内部的程序部分，并将结果转换为HTML格式传递到网页浏览器上，也就是用户在网页浏览器中所看到的最终结果。

由于VBScript由网页浏览器解释执行，因此不会给服务器增加太多的负担。它简单、易学、通用，在Windows 98以后的所有Windows版本都可以直接使用。这些都是VBScript的优点。不过VBScript也有很多不尽人意的地方，如VBS无法作为电子邮件的附件发送，因为Microsoft Outlook拒绝接收VBS的附件。另外，VBS的编辑器也非常有限。操作系统不能对VBS进行特殊的保护设施，也没有监察恶意功能的能力。

2. 网页恶意代码攻击

随着Internet技术的发展，现在越来越多的人都用自己的个人主页来展示自己，可这些个人网站也成了网页恶意代码攻击的对象。从刚开始只是修改IE首页地址，迫使用户一打开IE就进入他的主页来提高主页的访问量，一直到后来发展为锁定IE部分功能阻止用户修改回复，甚至有些网页恶意代码能够造成系统崩溃、数据丢失。

　　网页恶意代码大多数都是通过修改注册表来实现攻击目的的，那么注册表究竟有什么作用呢？注册表是Windows 9x以后所有的操作系统、硬件设备，以及应用程序能够正常运行和保存设置的核心"数据库"；也可以将注册表看做一个巨大的树形分层结构的数据库系统，里面存放着用户安装在计算机上的软件和每个程序之间相互关联的信息，包含了计算机的硬件配置，如即插即用的配置设备及已有的各种设备说明、状态属性，以及各种状态信息和数据等。用户可通过Windows提供的注册表编辑器"REGEDIT.EXE"及注册表文件引入等方法来修改编辑注册表的配置。正确地修改注册表中的配置参数可以优化系统的工作状态，使系统更快、更方便，如果不慎修改失误，就有可能导致系统出错、崩溃。因此，在修改配置注册表之前需要做好备份工作，修改时也要谨慎修改。

　　大部分具有恶意攻击性的网页都是通过修改浏览该网页的计算机用户的注册表，来达到修改IE首页地址、锁定部分功能等攻击目的。我们只是浏览网页，它们如何瞒过我们修改了注册表呢？这就不得不提到微软的ActiveX技术了，ActiveX是微软提供的一组使用COM软件部件在网络环境中进行交互的技术集。ActiveX技术与编程语言毫无关系。它是被用做针对Internet应用开发的重要技术之一，广泛的应用于Web服务器，以及客户端的各个方面。因此，ActiveX技术被广泛应用于网页编制中，使用JavaScript语言就可以很容易地将ActiveX嵌入Web页面中。

　　目前已有很多第三方开发商开始编制各式各样的ActiveX控件，在Internet上，也有上千个ActiveX控件供用户下载使用。这些被下载的ActiveX控件都保存在C盘的SYSTEM目录下。随着ActiveX控件的广泛应用，考虑到Web的安全性，也为了使服务器能够与客户端之间建立良好的信任关系，就规定每个在Web上使用的ActiveX控件都需要设置一个"代码签名"，如果需要正式发布，就必须向相关机构申请。由于"代码签名"技术并不完善，导致了许多攻击性代码能够顺利破解"代码签名"，修改注册表。

　　下面提供一个简单的恶意代码供大家参考。

```
<html>
<head>
<title>网页恶意代码实例</title>
<body>
 <script>
 document.write('<APPLET HEIGHT=0 WIDTH=0 code=com.
ms.activeX.ActiveXcomp onent></APPLET>')
   <!--使用函数调用ActiveX-->
   function f()
   {
   x1=document.applets[0];
   x1.setCLSID('{F935DC22-1CF0-11D0-ADB9-00C04FD58A0B}');
   X1.createInstance();
   xm=x1.GetObject();
   xm.RegWrite('HKCU\\Software\\Microsoft\\Internet
Explorer\\Main\\Start Page','http://www.***.com');
   }
   function init()
   {
   setTimeout('f()',1000);
   }
```

```
init();
 </script>
<h1>恶意代码攻击实验</h1>
<hr>
<h2>你的IE首页已经被修改成为"http://www.***.com"。</h2>
</body>
</html>
```

此段代码就可以修改IE首页地址，主要是通过修改注册表"HKEY_CURRENT_USER\SOFT WARE\Microsoft\Internet Explorer\Main\Start Page"中的键值来完成的。

网页恶意代码的攻击体现在如下几个方面。

（1）篡改IE主页

经常有读者在安装某种小软件后，IE主页被篡改。反病毒专家介绍，近期木马病毒出现了由盗取账号转变为篡改IE浏览器首页的趋势，通过暗地"刷流量"的方式在广告商那里获取利益。其通过篡改攻击的效果是：打开IE浏览器，打开的并不是以前设置的主页。

被修改的注册表项目如下。

HKEY_LOCAL_MACHINE\SOFTWARE\Microsoft\Internet Explorer\Main\Start Page
HKEY_CURRENT_USER\SOFTWARE\Microsoft\Internet Explorer\Main\Start Page

通过修改其中的"Start Page"的键值来达到修改IE浏览器主页的目的。

其解决方法如下。

在"注册表编辑器"窗口中，依次展开"HKEY_LOCAL_MACHINE\SOFTWARE\Microsoft\Internet Explorer\Main"子项，在右侧窗口中找到"Start Page"键值，如图7-1所示。

图7-1　找到"Strat Page"键值

用鼠标双击"Start Page"键值，即可弹出"编辑字符串"对话框，在"数值数据"文本框中输入"about:blank"，如图7-2所示。

图7-2 "编辑字符串"对话框

单击"确定"按钮。使用相同的方法，依次展开左侧窗口"HKEY_CURRENT_ USER\Software\Microsoft\Internet Explorer\Main"子项，在右侧窗口中找到"Start Page"键值，修改其值为"about:blank"。单击"确定"按钮重新启动计算机系统，即可完成对IE浏览器主页的恢复。

（2）篡改IE默认页

攻击效果：打开IE默认网页被修改，即便设置IE选项中的"使用默认页"也没有用。

被修改的注册表项如下。

HKEY_LOCAL_MACHINE\Software\Microsoft\Internet Explorer\Main\Default_Page_URL

其解决方法如下。

打开"注册表编辑器"窗口，在左侧窗口中依次展开"HKEY_LOCAL_MACHINE\Software\Microsoft\InternetExplorer\Main"子项，在右侧窗口中找到Default_Page_URL键值，如图7-3所示。

图7-3 "注册表编辑器"窗口

使用鼠标双击右侧窗口中的"Default_Page _URL"键值，即可弹出"编辑字符串"对话框，在"数值数据"文本框中输入"about:blank"，如图7-4所示。

单击"确定"按钮，重新启动计算机系统，即可打开被修改的IE默认网页。

（3）IE部分设置被禁止

攻击效果：打开"Internet属性"对话框，发现部分功能被禁。

被修改的注册表项如下：

HKEY_CURRENT_USER\Software\Policies\Microsoft\Internet Explorer\Control Panel

其解决方法如下。

打开"注册表编辑器"窗口，在左侧窗口中依次展开"HKEY_CURRENT_USER\Software\Policies\Microsoft\Internet Explorer\Control Panel"子项，在右侧窗口中找到"Settings"、"Links"、"SecAddSites"等键值，如图7-5所示。

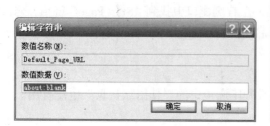

图7-4　"编辑字符串"对话框　　　　图7-5　"注册表编辑器"窗口

依次将"Settings"、"Links"、"SecAddSites"的键值修改为"0"，如图7-6～图7-8所示。

图7-6　修改"Settings"键值　　　　图7-7　修改"Links"键值

图7-8　修改"SecAddSites"键值

（4）IE浏览器默认首页中的按钮被禁用

攻击效果：当打开"Internet 属性"对话框时，发现"主页"区域下的所有功能都被禁止。

被修改的注册表项如下：

　HKEY_CURRENT_USER\Software\Policies\Microsoft\Internet Explorer\Control Panel

其解决方法如下。

打开"注册表编辑器"窗口，在左侧窗口依次展开"HKEY_CURRENT_USER\ Software\Policies\Microsoft\Internet Explorer\Control Panel"子项，在右侧窗口中找到"homepage"键值，如图7-9所示。

用鼠标双击"homepage"键值，弹出"编辑DWORD值"对话框，在其中修改其键值为"0"，如图7-10所示。

单击"确定"按钮，重新启动计算机系统，即可完成对IE浏览器默认首页中按钮的恢复。

图7-9 "注册表编辑器"窗口　　　　　　图7-10 修改"homepage"的键值

（5）篡改IE浏览器的标题栏

攻击效果：在正常情况下，IE浏览器的标题栏后面都会有"Microsoft Internet Explorer"的字样，而一些恶意网站就利用注册表修改成为网址或一些广告信息。

被修改的注册表项如下：

HKEY_LOCAL_MACHINE\Software\Microsoft\Internet Explorer\Main
HKEY_CURRENT_USER\Software\Microsoft\Internet Explorer\Main

其解决方法如下。

在"注册表编辑器"的左侧窗口中，依次展开"HKEY_LOCAL_MACHINE\Software\Microsoft\Internet Explorer\Main"子项，在右侧窗口中找到"Window Title"键值，如图7-11所示。

图7-11 删除"Window Title"键值项

用鼠标右键单击"Window Title"键值，在弹出的快捷菜单中选择"删除"命令，即可弹出"确认数值删除"对话框，如图7-12所示。

单击"是"按钮后，重启计算机系统，即可完成对IE浏览器标题栏的修复。

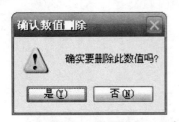

图7-12 "确认数值删除"对话框

（6）禁止计算机功能

攻击效果：开始菜单中的"关闭系统"、"运行"、"注销"都被隐藏；注册表编辑器、DOS程序、任何运行程序都被禁止；"安全模式"无法进入，就连驱动器也被隐藏了。

其解决方法如下。

如果遇到这种情况，系统基本上就崩溃了，建议重装系统。

（7）格式化硬盘

攻击效果：当浏览带有此类恶意代码的网页时，浏览器就会自动弹出警告"当前的页面含有不安全的ActiveX，可能会对你造成危害"，让用户选择是否继续。如果选择了"是"，则硬盘正在被格式化，而格式化时的操作都是最小化进行的，等发现时后悔也来不及了。

其解决方法如下。

只能做到时刻警惕，对弹出的ActiveX的警告页面一定要谨慎处理，看仔细了再选择，不要随便就选择"是"。因为提示的信息也可能是其他内容，如"Windows正在删除临时文件，是否继续"等，因此要特别留意这些信息。

（8）篡改IE鼠标右键快捷菜单

攻击效果：当使用鼠标右键单击浏览器的工作区域时，会发现在弹出的快捷菜单中被加入了一些乱七八糟的内容，甚至有些功能被禁止或直接把鼠标右键的功能屏蔽掉了。

其解决方法如下。

在"注册表编辑器"左侧的窗口中，依次展开"HKEY_CURRENT_USER\Software\Microsoft\Internet Explorer\MenuExt"子项，将其中相关的广告信息删除，如图7-13所示。

图7-13 "注册表编辑器"窗口

如果鼠标右键功能被禁止，其解决方法如下。

打开"注册表编辑器"窗口，在左侧的窗口中依次展开"HKEY_CURRENT_USER\Software\Policies\Microsoft\Restrictions"，在右侧窗口中找到"NoBrowserContext Menu"键值，如图7-14所示。

图7-14　"注册表编辑器"窗口

用鼠标双击"NoBrowserContextMenu"键值，在弹出的对话框中，将其键值修改为"1"，如图7-15所示。

（9）系统启动时弹出对话框或网页

攻击效果：每当系统启动时，就会自动弹出带有广告信息的对话框，或者疯狂弹出大量的网页窗口，关也来不及，甚至可以造成系统瘫痪。

弹出对话框的解决方法如下。

打开"注册表编辑器"窗口，在左侧窗口中依次展开"HKEY_LOCAL_MAHINE\ Software\Microsoft\

图7-15　修改"NoBrowserContextMenu"键值

Windows\CurrentVersion\Winlogon"子项，在右侧窗口中找到"LegalNotice Text"键值和"LegalNoticeText"键值，再将其删除即可。

弹出网页窗口的解决方法如下。

在"运行"对话框中输入"msconfig"命令，即可打开"系统配置实用程序"对话框。打开后的窗口如图7-16所示。

单击"启动"选项卡，在其中取消勾选所有后缀带有"url"、"html"、"htm"的启动复选框之后，单击"确定"按钮，重新启动计算机即可，如图7-17所示。

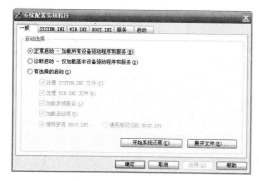

图7-16　"系统配置实用程序"对话框

图7-17　"启动"选项卡

（10）定时弹出IE窗口

攻击效果：中招的计算机会每隔一段时间就自动弹出一个IE窗口，地址指向攻击者设定的主页。

其解决方法如下。

在"系统配置实用程序"对话框中单击"启动"选项卡，在其中取消勾选后缀为"hta"的启动复选框，单击"确定"按钮，重新启动计算机系统即可。

7.1.4　恶意网页代码的修复与防范

要想确保网络安全，了解来自网络的入侵和防御方法是十分有必要的，因为攻击和防范永远是一对密不可分的矛盾。要"知己知彼，百战不殆"，只有这样，才有可能找到安全防范的方法，尽量降低自己的网络被攻击的可能性。

1．恶意网页代码的修复

或许有读者认为通过注册表修复恶意网页的攻击方法并不是很方便，也不太安全。对于一些不太了解注册表的初学者来说，还有许多第三方软件同样可以达到修复效果，且操作简单。下面介绍一些可修复网页恶意代码的软件。

（1）使用金山杀毒套装

对于那些被恶意网页代码攻击破坏的浏览器，金山公司提供了免费的"IE修复工具"，它的功能很强大，具体使用方法如下。

①运行"金山杀毒套装2009"，即可打开如图7-18所示的"金山毒霸2009"主窗口。

②在该窗口的"安全建议"区域下单击"使用清理专家进行诊断"链接，即可打开"金山清理专家2009"窗口，如图7-19所示。

图7-18　"金山毒霸2009"主窗口　　　　　图7-19　"金山清理专家2009"窗口

③单击展开右侧的"在线系统诊断"选项栏，等待系统全面诊断完毕后，选择"浏览器修复"选项，即可打开如图7-20所示的窗口。

④在其中勾选需要修复的对象，就会自动弹出如图7-21所示的信息标签，上面有该对象的详细记录。

⑤单击信息标签中的"清除该项"按钮，即可弹出"确认清除"对话框，如图7-22所示。提示用户清除之后不能恢复并有一定风险，如果确定要进行清除，单击"确定"按钮，即可完成所选项的清除操作。

图7-20　"浏览器修复"选项

图7-21　信息标签

图7-22　"确认清除"对话框

（2）通过网页代码修复

杀毒软件中使用了过多的保护软件功能，在修复时很可能会增加内存的负担。知道了恶意网页攻击的原理，又对注册表比较熟悉的读者完全可以自己编写一个自动恢复注册表的网页，放在比较方便的地方，以便随时对恶意网页的攻击进行修复。

下面提供一个自动恢复注册表的网页代码。

```
<html>
<head>
<title>自动恢复注册表title>
head>
<body>
<script>
document.write('<APPLET HEIGHT=0 WIDTH=0 code=com.ms.activeX.ActiveXCompone nt>APPLET>')
function f()
{
a1=document.applets[0];
a1.setCLSID('{F935DC22-11D0-ADB9-00C04FD58A0B}');
a1.createInstance();
sh1=a1.GetObject();
sh1.RegWrite('HKLM\\Software\\Microsoft\\Windows\\CurrentVersion\Run\\internat.exe','C:\\
Windows\\SYSTEM\\internat.exe');
sh1.RegWrite('HKCU\\Software\\Microsoft\\Windows\\CurrentVersion\Policies\\Explorer\\NoFind','0000000',
'REG_DWORD');//修复查找按钮
sh1.RegWrite('HKCU\\Software\\Microsoft\\Windows\\CurrentVersion\Policies\\Explorer\\NoRecentDocsMe
nu','00000000','REG_DWORD');//修复文档按钮
sh1.RegWrite('HKCU\\Software\\Microsoft\\Windows\\CurrentVersion\Policies\\System\\NoDispCPL','00000
```

```
0','REG_DWORD');//修复显示属性
      sh1.RegWrite('HKCU\\Software\\Microsoft\\Windows\\CurrentVersion\Policies\\System\\NoDispScrSavPage',
'00000000','REG_DWORD');//修复屏幕保护程序设置
      sh1.RegWrite('HKCU\\Software\\Microsoft\\Windows\\CurrentVersion\Policies\\System\\NoDispSettingsPage',
'00000000','REG_DWORD');//修复显示设置页
      sh1.RegWrite('HKCU\\Software\\Microsoft\\Windows\\CurrentVersion\Policies\\System\\NoDevMgrPage','00
000000','DEG_DWORD');//修复设备管理器
      sh1.RegWrite('HKCU\\Software\\Microsoft\\Windows\\CurrentVersion\Policies\\System\\NoConfigPage','000
00000','DEG_DWORD');//修复硬件配置文件
      sh1.RegWrite('HKCU\\Software\\Microsoft\\Windows\\CurrentVersion\Policies\\System\\NoVirtMemPage','0
0000000','DEG_DWORD');//虚拟内存
      sh1.RegWrite('HKCU\\Software\\Microsoft\\Windows\\CurrentVersion\Policies\\System\\NoFileSysPage','000
00000','DEG_DWORD');//修复文件系统
      sh1.RegWrite('HKCU\\Software\\Microsoft\\Windows\\CurrentVersion\Policies\\Explorer\\NoDeletePrinter','0
0000000','DEG_DWORD');//删除打印机
      sh1.RegWrite('HKCU\\Software\\Microsoft\\Windows\\CurrentVersion\Policies\\Explorer\\NoAddPrinter','00
000000','REG_DWORD');//添加打印机
      sh1.RegWrite('HKCU\\Software\\Microsoft\\Windows\\CurrentVersion\Policies\\Explorer\\NoViewConTextM
enu',00,'REG_BINARY');//使用鼠标右键
      sh1.RegWrite('HKCU\\Software\\Microsoft\\Windows\\CurrentVersion\Policies\\Explorer\\NoDesktop','00000
000','REG_DWORD');//桌面图标
      sh1.RegWrite('HKCU\\Software\\Microsoft\\Windows\\CurrentVersion\Policies\\Explorer\\NoRun',00,'REG_
BINARY');//修复RUN按钮
      sh1.RegWrite('HKCU\\Software\\Microsoft\\Windows\\CurrentVersion\Policies\\Explorer\\NoClose',00,'REG_
BINARY');//修复关闭按钮
      sh1.RegWrite('HKCU\\Software\\Microsoft\\Windows\\CurrentVersion\Policies\\Explorer\\NoLogoff',00,'RE
G_BINARY');//修复注销按钮
      sh1.RegWrite('HKCU\\Software\\Microsoft\\Windows\\CurrentVersion\Policies\\Explorer\\NoDives','0000000
0','REG_DWORD');//修复隐藏盘符
      sh1.RegWrite('HKCU\\Software\\Microsoft\\Windows\\CurrentVersion\Policies\\System\\DisableRegistryTool
s','00000000','REG_DWORD');//修复禁止注册表
      sh1.RegWrite('HKCU\\Software\\Microsoft\\Windows\\CurrentVersion\Policies\\WinOldApp\\Disabled','0000
0000','REG_DWORD');//修复切换MS-DOS方式
      sh1.RegWrite('HKLM\\Software\\CLASSES\\.reg\\','regfile');//使用REG文件
      sh1.RegWrite('HKLM\\Software\\Microsoft\\Windows\\CurrentVersion\\Winlogon\\LegalNoticeCaption','');
      sh1.RegWrite('HKLM\\Software\\Microsoft\\Windows\\CurrentVersion\\Winlogon\\LegalNoticeText','');//  设
置开机提示
      sh1.RegWrite('HKLM\\Software\\Microsoft\\Internet Explorer\Main\\Window Title','Microsoft Internet Explo
rer');
sh1.RegWrite('HKCU\\Software\\Microsoft\\Internet Explorer\Main\\Window Title','Microsoft Internet Explorer');//
重设IE标题
      sh1.RegWrite('HKLM\\Software\\Microsoft\\Internet Explorer\Main\\Start Page','about:blank');
      sh1.RegWrite('HKCU\\Software\\Microsoft\\Internet Explorer\Main\\Start Page','about:blank'); //IE首页为空
      sh1.RegWrite('HKCU\\Software\\Microsoft\\Internet Explorer\Main\\Search Page','about:blan k');
      sh1.RegWrite('HKCU\\Software\\Microsoft\\Internet Explorer\Main\\Local Page','about:blan k');
      sh1.RegWrite('HKCU\\Software\\Microsoft\\Internet Explorer\Main\\Search Bar','16878');
      sh1.RegDelect('HKCU\\Software\\Microsoft\\Internet Explorer\\Main\\Search Bar');
      sh1.RegWrite('HKCU\\Software\\Microsoft\\Internet Explorer\Main\\Search Page','16878');
      sh1.RegDelect('HKCU\\Software\\Microsoft\\Internet Explorer\\Main\\Search Page');
```

```
sh1.RegWrite('HKLM\\Software\\Microsoft\\Windows\\CurrentVersion\Winlogon\\LegalNoticeCaption','16878');
sh1.RegDelect('HKLM\\Software\\Microsoft\\Windows\\CurrentVersion\Winlogon\\LegalNoticeCaption');
sh1.RegWrite('HKLM\\Software\\Microsoft\\Windows\\CurrentVersion\Winlogon\\LegalNoticeText','16878');
sh1.RegDelect('HKLM\\Software\\Microsoft\\Windows\\CurrentVersion\Winlogon\\LegalNoticeText');
sh1.RegWrite('HKLM\\Software\\Microsoft\\Windows\\CurrentVersion\\Run\\ qwe','16878');
sh1.RegDelect('HKLM\\Software\\Microsoft\\Windows\\CurrentVersion\\Run\qwe');
sh1.RegWrite('HKLM\\Software\\Microsoft\\Windows\\CurrentVersion\\Run\\ qww','16878');
sh1.RegDelect('HKLM\\Software\\Microsoft\\Windows\\CurrentVersion\\Run\qww');
sh1.RegWrite('HKCU\\Software\\Microsoft\\Windows\\CurrentVersion\Explorer\\Doc Find Spec MRU\\16878','16878');
sh1.RegDelect('HKCU\\Software\\Microsoft\\Windows\\CurrentVersion\Explorer\\Doc Find Spec MRU\\16878'); sh1.RegWrite('HKCU\\Software\\Microsoft\\Internet Explorer\\Default_Search_ URL','16878');
sh1.RegDelect('HKCU\\Software\\Microsoft\\Internet Explorer\\Default_Search_ URL');
sh1.RegWrite('HKCU\\Software\\Microsoft\\Windows\\CurrentVersion\\Run\\ 16878','16878');
sh1.RegDelect('HKCU\\Software\\Microsoft\\Windows\\CurrentVersion\\Run\\');
sh1.RegWrite('HKCU\\Software\\Microsoft\\Internet Explorer\\SearchURL', '16878');
sh1.RegDelect('HKCU\\Software\\Microsoft\\Internet Explorer\\SearchURL');
sh1.RegWrite('HKCU\\Software\\Microsoft\\Internet Explorer\\{8DE0FCD4-5EB5-11D3-AD25-00002100131c}\\16878','16878');
sh1.RegDelect('HKCU\\Software\\Microsoft\\Internet Explorer\\{8DE0FCD4-5EB5-11D3-AD25-00002100131c}\\');
sh1.RegWrite('HKEY_CURRENT_USER\\Software\\Policies\\Microsoft\\Internet Explorer\\Control Panel\\16787','16878');
sh1.RegWrite('HKEY_CURRENT_USER\\Software\\Policies\\Microsoft\\Internet Explorer\\ Control Panel\\');
sh1.RegDelect('HKCU\\Software\\Microsoft\\Windwos\\CurrentVersion\\Polices\\System\\16878','16878');
sh1.RegDelect('HKCU\\Software\\Microsoft\\Windwos\\CurrentVersion\\Polices\\System\\');
sh1.RegWrite('HKEY_CURRENT_USER\\Software\\Microsoft\\Windows\\CurrentVersion\\Explorer\\Doc Find Spec MRU\\16878','16878');
sh1.RegDelect('HKEY_CURRENT_USER\\Software\\Microsoft\\Windows\\CurrentVersion\\Explorer\\Doc Find Spec MRU\\');
sh1.RegWrite('HKCU\\Software\\Microsoft\\Windows\\CurrentVersion\\Policies\\Explorer\\NoRun','00000000','REG_DWORD');
sh1.RegWrite('HKCU\\Software\\Microsoft\\Windows\\CurrentVersion\\Policies\\Explorer\\NoClose','00000000','REG_DWORD');
sh1.RegWrite('HKCU\\Software\\Microsoft\\Windows\\CurrentVersion\\Policies\\System\\DisableRegistryTools','00000000','REG_DWORD');
sh1.RegWrite('HKEY_CURRENT_USER\\Software\\Policies\\Microsoft\Internet Explorer\\Control Panel\\HomePage',00,'REG_BINARY');//恢复修改主页按钮
sh1.RegWrite('HKCU\\Identities\{5BE54740-60B7-11D2-AC3E-9B21A59A1F63}\\ Username','');//清除Outlook Express用户名
sh1.RegWreit('HKCU\\Identities\\{F03D8840-6881-11D2-883C-F2F34157927C}\\ Software\\Microsoft\\Outlook Express\\5.0\\window
Title','');//恢复Outlook Express的标题栏
sh1.RegWrite('KUCU\\Software\\Microsoft\\Internet Explorer\\Toolbar\\ backbitmapie5','0');
sh1.RegWrite('HKCR\\CLSID\\{20D04FE0-3AEA-1069-A2D8-08002B30309D}\\','我的电脑');
sh1.RegWrite('HKCU\\Software\\Classes\\CLSID\\{{20D04FE0-3AEA-1069-A2D8-08002B30309D}','我的电脑');
sh1.RegWrite('HKCR\\CLSID\\{645FF040-5081-101B-9F08-00AA002F954E}\\','回收站');
```

```
sh1.RegWrite('HKCU\\Software\\Microsoft\\Windows\\CurrentVersion\Policies\\Explorer\\NoSetTaskBar','0',
'REG_DWORD');
sh1.RegWrite('HKCU\\Software\\Microsoft\\Windows\\CurrentVersion\Policies\\Explorer\\NoFolderOptions',
'0','REG_DWORD');
sh1.RegWrite('HKCU\\Software\\CLSID\\{01E04581-4EEE-11d0-BFE9-00AA005B4383} \\InProServer32\\',
'C:\\Windows\\SYSTEM\\BROWSEUI.DLL');
sh1.RegWrite('HKCU\\Softwre\\Microsoft\\Windows\\CurrentVersion\Policies\\Explorer\\NoSetFolders','0','R
EG_DWORD');
sh1.RegWrite('HKCU\\Software\\Policies\\Microsoft\\Internet Explorer\\ Restrictions\\NoBrow serContextMe
nu','0','REG_DWORD');
sh1.RegWrite('HKCU\\Software\\Policies\\Microsoft\\Internet Explorer\\ Restrictions\\NoBrow serOptions','0',
'REG_DWORD');
sh1.RegWrite('HKCU\\Software\\Policies\\Microsoft\\Internet Explorer\\ Restrictions\\NoBrow serSaveAs','0',
'REG_DWORD');
sh1.RegWrite('HKCU\\Software\\Policies\\Microsoft\\Internet Explorer\\ Restrictions\\NoFile Open','0','REG_
DWORD');
sh1.RegWrite('HKCU\\Software\\Policies\\Microsoft\\Internet Explorer\\ Restrictions\\NoTheatMode','0','RE
G_DWORD');
sh1.RegWrite('HKCU\\Software\\Policies\\Microsoft\\Internet Explorer\\ Control Panel\\Advan ced','0','REG_
DWORD');
sh1.RegWrite('HKCU\\Software\\Policies\\Microsoft\\Internet Explorer\\ Control Panel\\Cache Internet','0','R
EG_DWORD');
sh1.RegWrite('HKCU\\Software\\Policies\\Microsoft\\Internet Explorer\\ Control
Panel\\Auto Config','0','REG_DWORD');
sh1.RegWrite('HKCU\\Software\\Policies\\Microsoft\\Internet Explorer\\ Control Panel\\Hist ory','0','REG_D
WORD');
sh1.RegWrite('HKCU\\Software\\Policies\\Microsoft\\Internet Explorer\\ Control Panel\\Conn wiz Admin Loc
k','0','REG_DWORD');
sh1.RegWrite('HKCU\\Software\\Policies\\Microsoft\\Internet Explorer\\ Control Panel\\Con tentTab','0','REG_
DWORD');
sh1.RegWrite('HKCU\\Software\\Policies\\Microsoft\\Internet Explorer\\ Control Panel\\Reset WebSettings','0',
'REG_DWORD');
sh1.RegWrite('HKCU\\Software\\Policies\\Microsoft\\Internet Explorer\\ Control Panel\\Settin gs','0','REG_D
WORD');
sh1.RegWrite('HKCU\\Software\\Policies\\Microsoft\\Internet Explorer\\ Restrictions\\NoView Source','0','RE
G_DWORD');
sh1.RegWrite('HKCU\\Software\\Policies\\Microsoft\\Internet Explorer\\ Infodelivery\\Restric tions\\NoAddin
gSubScriptions','0','REG_DWORD');
sh1.RegWrite('HKCU\\Software\\Microsoft\\Windows\\CurrentVersion\Policies\\Explorer\\RestrictRun','0','R
EG_DWORD');
sh1.RegWrite('HKCU\\Software\\Microsoft\\Windows\\CurrentVersion\Policies\\Explorer\\NoFileMenu','0','R
EG_DWORD');
function init()
{
setTimeout('f()',1000);
}
init();
}
script>
```

```
<h1>恢复注册表h2>
<hr>
<h3>你的计算机现在已经重新恢复了注册表，重新启动即可正常运行！h3>
body>
html>
```

（3）使用"超级兔子"

"超级兔子"是国内比较有名的系统优化设置软件，尤其是它所携带的"超级兔子IE修复专家"工具，可以很好地修复受到网页恶意代码攻击的IE浏览器，因此得到许多用户的青睐。

超级兔子的安装及使用说明如下。

①双击"超级兔子"安装程序，即可打开欢迎使用超级兔子的对话框，如图7-23所示。

②单击"下一步"按钮，即可打开选择软件的安装文件夹对话框，可通过单击"浏览"按钮选择软件的安装路径，如图7-24所示。

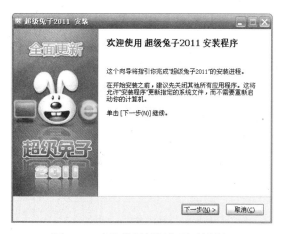

图7-23　欢迎使用超级兔子对话框　　　　图7-24　选择软件的安装位置对话框

③单击"安装"按钮，即可开始安装"超级兔子"。等待安装完毕后单击"完成"按钮，即可打开"超级兔子"主窗口，如图7-25所示。

④如图7-26所示，单击"系统维护"按钮，在页面左侧单击"IE修复"，即可开始检测系统中与IE有关的程序安装情况。在检测完毕之后，即可在右侧显示检测的结果，在其中显示所有需要修复的IE对象。

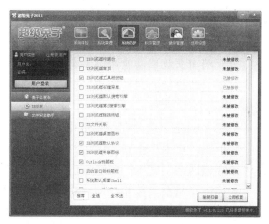

图7-25　"超级兔子"主窗口　　　　　　图7-26　超级兔子"IE修复"窗口

⑤可通过勾选复选框来选择需要修复的对象，单击"立即修复"按钮，即可开始按照要求对IE进行修复。在等待修复完毕之后，单击"完成"按钮退出软件重新启动计算机，即可完成对IE浏览器的修复操作。

2．网页恶意代码的防范

网页恶意代码的攻击常常为用户带来极大不便，为了远离网页恶意代码的骚扰，就需要对症下药，选择适合的防范措施，防患于未然。下面介绍对"网页炸弹"的防范。

目前网上流行各种各样的"炸弹"，其中"网页炸弹"最令人头痛，因为它们会在我们浏览网页时"爆炸"，轻则死机，重则硬盘被格式化，给用户的计算机带来的损失不可估量，要防范"网页炸弹"的攻击，可以通过如下的方法进行防范。

（1）增强IE自身的防护能力

IE自身也有一些防护设置，可以对系统网络连接的安全级别进行设置，可在一定程度上预防某些有害的Java程序或某些ActiveX组件对计算机的侵害。

具体的操作步骤如下。

①在IE浏览器窗口中选择"工具"→"Internet选项"命令，即可打开"Internet 选项"对话框，切换到"安全"选项卡，如图7-27所示。

②单击"自定义级别"按钮，即可打开"安全设置"对话框，如图7-28所示。在"重置为"下拉列表中选择"安全级—高"选项，单击"确定"按钮，即可完成设置。

图7-27　"安全"选项卡

图7-28　"安全设置"对话框

（2）用黑名单拦截恶意网页

对于一些已知的恶意网页，可在IE中进行设置以便永远不进入这些站点，具体的操作步骤如下。

①在"Internet选项"对话框中单击"内容"选项卡，如图7-29所示。

②单击"启用"按钮，即可打开"内容审查程序"对话框，单击"许可站点"选项卡，在"允许该网站"文本框中输入已知的恶意代码网页地址，如图7-30所示。

③单击"从不"按钮，即可将该网址加入黑名单。

在许可站点中不仅可以添加黑名单，而且还可以添加受信任的网站地址。同样，在"允许该网站"文本框中输入网址之后，单击"始终"按钮，即可将该网页添加为可信任网站。

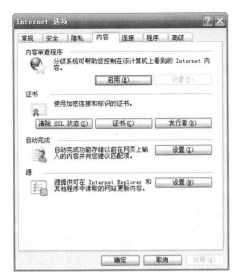

图7-29 "内容"选项卡

图7-30 "许可站点"选项卡

7.2 木马及其破解

木马的工作原理就是在被害者的计算机上安装木马的服务器端程序，然后入侵者利用客户端程序通过网络控制被害者的计算机，可以为所欲为，此时用户计算机上的各种文件、程序以及账号、密码等信息就毫无安全性可言了。

7.2.1 木马的破解方式

木马是随计算机或操作系统的启动而启动并掌握一定的控制权，其启动方式可谓多种多样，令人防不胜防。为了对木马进行破解，就要阻止木马的启动。下面对木马常见的启动方式及其破解方式进行介绍。

1. 通过开始菜单的启动项

很多正常程序都是通过"开始"菜单的启动项来启动的，比如QQ等，但木马却很少用它。因为启动组的所有程序都会出现在"系统配置实用程序"（Msconfig.exe，以下简称Msconfig）中。事实上，出现在"开始"→"程序"→"启动"菜单中的木马很容易引起被害者的注意，所以采用这种启动方式的木马并不多。

破解方法：查看"开始"→"程序"→"启动"菜单，如有可疑的启动程序，用鼠标右键单击并选择"删除"命令将其删除。

2. 通过Win.ini文件启动

同开始菜单的启动项一样，Win.ini文件也是从Windows 3.2开始就使用的方法，在Windows 3.2中，Win.ini文件相当于Windows 9x中的注册表，在该文件中的"Windows"域中的load和run项会在Windows启动时自动加载运行，这两个项目也会出现在Msconfig中。而且，在Windows 98安装完成后它们就会被Windows系统的程序使用了，也不是很适合木马使用的。不过相对通过开始菜单启动组来启动的方法来说，这种方法也算是"高明"了一点。

破解方法：编辑Win.ini文件，去除load和run后面的可疑语句。

3．通过注册表启动

通过注册表启动有两种途径。

第一种途径，通过HKEY_CURRENT_USER\Software\Microsoft\Windows\CurrentVersion\Run，HKEY_LOCAL_MACHINE\Software\Microsoft\Windows\CurrentVersion\Run和RunServices（如BO 2000，GOP，NetSpy，IE thief，冰河等）。

通过注册表加载是木马最常用的方法，一旦提到木马，就会让人想到注册表中的这几个主键，而木马通常会使用最后一个。使用Windows系统自带的程序Msconfig或注册表编辑器（Regedit.exe，以下简称Regedit）都能将其轻易地删除，所以这种方法并不十分隐秘。

不过，可以在木马程序中加一个时间控件，以便实时监视注册表中自身的启动键值是否存在，一旦发现被删除，则立即重新写入，保证下次Windows系统启动时自己还能被运行。这样木马程序和注册表中的启动键值之间形成一种互相保护的状态。木马程序未中止，启动键值就无法删除（手工删除后，木马程序又会自动添加上）。相反，不删除启动键值，下次启动Windows还会启动木马。

破解方法：首先以安全模式启动Windows系统，这时Windows不会加载注册表中的项目，因此木马不会被启动，相互保护的状况也就不攻自破了。此时，就可以删除注册表中的键值和相应的木马程序了。

第二种途径，通过HKEY_LOCAL_MACHINE \Software\Microsoft \Windows \CurrentVersion\RunOnce，HKEY_CURRENT_USER\Software\Microsoft \Windows\ Current Version\RunOnce和HKEY_LOCAL_MACHINE\Software\Microsoft\Windows\CurrentVersion\Run ServicesOnce（如Hap- py99等）。

用这种方法的木马并不多，不过其隐蔽性比上面方法相对要好些，其内容不会出现在Msconfig中。在这个键值下的项目和上一种相似，会在Windows系统启动时启动，但Windows系统启动后，该键值下的项目会被清空，因而不易被发现。为了能发挥效果，木马启动成功后会再在这里添加一次。还有另一种不是在系统启动时添加而是在退出Windows系统时添加，这要求木马程序本身要截获Windows系统的消息，当发现关闭Windows系统消息时，暂停关闭过程，添加注册表项目，然后才开始关闭Windows系统，这样用Regedit也找不到它的踪迹了。这种方法也有个缺点，就是一旦Windows系统异常中止（对于Windows系统来说这是"家常便饭"），木马也就失效了。

破解方法：对于前一种方法可以直接在Regedit中将它删除，后一种则可进入安全模式，然后清除。

> 注意：另外，使用这三个键值并不完全一样，通常木马会选择第一个，因为在第二个键值下的项目会在Windows系统启动完成前运行，并等待程序结束后才继续启动Windows系统。

4．通过Autoexec.bat、Winstart.bat或Config.sys文件

严格来说，这种方法并不适合木马使用，因为上述文件必须在Windows系统启动前运行（即在DOS引导阶段），这时32位木马也失去了意义，而且现在Windows 2000/XP等都不支持这些文件。不过，很多人还是会在上面BAT文件中加入类似"Deltree C:*.*"和"Format C:/u"之类的命令行，这样用户的计算机将会很危险。

破解方法：经常查看这些文件内容，发现可疑的语句就删除掉。

5．通过System.ini文件

在System.ini文件的"Boot"节下的Shell项的值正常情况下是"Explorer.exe"，但有很多人却在"Explorer.exe"后加上木马程序（常包括完整路径），这样Windows系统启动后木马也就随之启动，名噪一时的尼姆达病毒就是采用这种方法。

破解方法：使用进程查看工具中止木马，再修改Shell项Explorer.exe后面的语句。同时，监视System.ini文件的任何变化。

6．通过某特定程序或文件启动

第一种情况是寄生于特定程序之中。即木马程序和正常程序捆绑，程序在运行时，木马程序先获得控制权或另开一个线程以监视用户操作，截取密码等，这需要了解文件结构和Windows系统的底层知识。但随着"病毒捆绑机"这类特殊软件的出现，"制造"出这样的木马并不是很难的事情。

破解方法：升级杀毒程序，并查杀木马。

第二种情况是将特定的程序改名。这种方式常见于针对QQ的木马，例如将QQ的启动文件QQ2000b.exe改为QQ2000b.ico.exe（Windows系统默认是不显示扩展名的，因此它会被显示为QQ2000b.ico，而用户会认为它是一个图标），再将木马程序改为QQ2000b.exe。此后，用户运行QQ，实际是先运行了木马程序，再由木马程序去启动真正的QQ，这种方式实现起来要比上一种简单得多。

第三种情况是文件关联。通常木马程序会将自己和TXT文件或EXE文件关联，这样当用户打开一个文本文件或运行一个程序时，木马也就神不知鬼不觉地启动了。通过这种方式启动的木马其实很聪明，因为它可能在系统中复制了自身的多个副本，只要没有彻底清除这些副本，它都可能随着某类特定文件的打开而再次启动。

破解方法：这类通过特定程序或文件启动的木马，发现比较困难，但查杀并不难。一般只要删除相应的文件和相关注册表键值即可。

7.2.2 木马终结者

以上介绍木马的破解方式都需要用户自己手工进行操作，其实有很多现成的软件工具可以帮助用户完成对木马的破解，而且更专业，功能更强大。其中木马终结者就是这类工具中很有名的一个。

木马终结者的原理十分简单，因为木马都要打开被害者主机的某一个或某几个端口，用来和攻击者的客户端进行通信，所以木马终结者使用的查杀木马的方法是通过对计算机联网端口的扫描进行判断，并不是常规的杀毒软件采用的查杀方法。木马终结者的使用十分简单，其主要功能就是扫描端口。启动程序之后就会自动扫描端口，当扫描到被使用的端口及其类型后将在列表中列出。

值得注意的是，为了扫描结果的准确性，在扫描的过程中不要运行其他访问网络的应用程序，如IE、QQ等，因为这些程序也使用端口，而木马终结者并不能分辨出这些是应用程序使用的端口还是木马病毒使用的端口，而是采取统一列出的方式，会给用户的判断带来负面影响。如果不使用这些合法的程序，那么木马终结者扫描到的结果就很容易判断，这些没经过用户许可的端口访问很可能就是木马了。这时，用户只要关闭该可疑的端口即可。

注意：此时尽管木马软件的服务端并未真正从用户计算机上删除，但是关闭了其与客户端的通信端口，木马服务端也就失去其破坏能力了。

木马终结者的使用就是这样简单，需要注意的是，在使用木马终结者禁用了某个端口之后，可能会出现如下情况。

（1）系统正常启动，一切工作正常，说明用户的判断和修改是正确的。

（2）提示错误信息，说明用户的判断和修改是错误的，很可能错误地关闭了系统必要的端口，可采用如下方法解决：依次单击"开始"→"运行"菜单命令，输入Regedit打开注册表编辑器，找到"HKEY_LOCAL_MACHINE\Software\Microsoft\Windows\CurrentVersion\RunServices"分支，把里面所有的名称和键值复制到"HKEY_LOCAL_MACHINE\Software\Microsoft\Windows\CurrentVersion\Run"里面（仅需改变启动顺序而已），再重新启动，即可消除错误。

（3）某个网络软件使用不正常，说明用户的判断和修改是错误的，很可能禁用了合法软件的访问端口，此时可以退出木马终结者，然后再次启动出现问题的软件，如果此时这个软件可以正常使用，证明用户在使用木马终结者时错误地把该软件使用的端口当做木马使用的端口关闭了，只要恢复该软件使用的端口即可。

7.3 防火墙技术

7.3.1 Norton Personal Firewall

Norton Personal Firewall的安装是非常容易的，在安装过程中有一个选项需要注意，这就是当出现Norton Utilities 2000工具选择的安装界面时，用户可以选择是否在安装Norton Personal Firewall的同时安装Norton Utilities 2000这个工具，如果选择"是"选项就是将它们结合起来使用，共同进行系统的防护与恢复工作。这样两个Norton系列产品强强联手，功能就更加强大了。

安装完Norton Personal Firewall之后需要重新启动一下计算机，此时会发现在系统的托盘区图标栏中多出了一个绿色地球的图标，这意味着这个Norton防火墙已经运行在后台保护用户的系统了。

在正式配置之前，先来看看它的界面。Norton Personal Firewall的界面看起来非常简单，左边只有3个功能按钮，单击之后右边区域中会显示出相应的功能选项。

如果单击按下"状态"按钮之后显示的是Norton Personal Firewall当前运行状态，还可以有选择地对安全性与隐私进行防护。

1. 安全性

Norton Personal Firewall可以保护用户不被黑客与未经许可的连接访问用户的个人信息。在这里可以拖动滑块来调用Norton Personal Firewall附带的几种安全级别。

- "低"等级。可以自动拦截已知的威胁并关闭黑客可以访问的端口，在连接到Internet上的时候不出现警告窗口。
- "中等"等级。可以自动拦截所有Internet访问直到用户指定许可，但是会偶然出现警告窗口。
- "高级"等级。除了拦截所有的网络访问之外还会频繁出现警告窗口，一般选择"中级"即可。

如果用户对Norton Personal Firewall附带的安全级别不满意，还可以单击界面下部的"自定义级别"按钮对安全性自行定义。

在此可以对"个人防火墙"、"Java小程序安全性"和"ActiveX控制安全性"这3个选项进行设置，每个项目列表中都可以选择相应级别的选项，用户可以根据自己的需要来进行组合设置。

2. 隐私

用于在网上保护用户的个人隐私，用户也可以直接通过拖拽滑块来调整个人隐私的级别。

- "低"等级。不对Cookies进行拦截，用户的一些个人信息有可能被对方获取，不过当用户浏览某个站点的时候还是隐蔽的。
- "中级"等级。不对Cookies进行拦截，但是当用户的个人信息传递到网页上的时候，Norton Personal Firewall会进行相应的提示。
- "高级"等级。对Cookies进行拦截，用户的个人信息也是保密的。"高级"无疑是最为安全的，不过也是最不方便的。

如果用户对Norton Personal Firewall附带的隐私级别不满意，单击界面下部的"自定义级别"按钮后，可以设定机密信息和Cookie拦截的等级，而且还有浏览器隐性和启用安全HTTP连接的选项。在"机密信息"中能够看到机密信息设置的窗口。

设置的时候先单击"添加"按钮，然后分别选取"电话"、"电子邮件"、"住址"等和用户个人有关的信息，然后使用键盘分别输入描述和信息关键字，最后单击"确定"按钮即可。在此设置之后，Norton Personal Firewall将会保护用户指定的个人机密信息不会轻易地泄露到网络上。

3. 警告

当用户连接到Internet上后，如果有外部非法连接企图进入用户的计算机系统时，它会自动弹出一个警告窗口。

在这个窗口中显示了企图与用户计算机建立连接的站点名称、IP地址、时间、所使用的端口号等有用的信息，同时还提供了3个解决方案：①为将来配置一个规则、拦截此次网络通信和许可这个网络通信。要是用户正常使用网络下载软件、浏览工具或者是OQ之类的软件时，对方站点必然要和用户建立一个连接，可以选择许可此次通信。②如果经常使用，建议大家为将来配置一个规则，以方便以后的正常使用。③对于来历不明的连接，选择拦截通信。

4. 统计信息

在防火墙使用一段时间之后，如果想对这段时期的运行情况有一个大概的了解，可以在Norton Personal Firewall的主界面上单击"选项"按钮来查看统计信息。

这里有查看事件日志、查看统计、清除统计和高级选项这4个按钮。

- 事件日志中记录了连接到Internet上之后的所有活动情况，比如"内容拦截"中是拦截下来的记录；"连接"中是建立的连接的起始时间、对方地址、接收和发送的字节数等详细清单；"防火墙"则把创建规则与规则运用的情况记录在案；"隐私"中保留了登录到网站之后个人信息的泄露情况；"网络历史"提供的是用户所浏览的所有网站页面地址。
- 统计中用状态窗口的模式提供了许多有价值的数据，比如TCP和UDP接收与发送的字节数、拦截的图形与Cookies、防火墙规则、网络连接状态和当前传输速度等。
- 清除统计将状态窗口中的数据显示全部清除掉。

● 高级设置能够对网站、防火墙和其他一些方面进行定制。

7.3.2　BlackICE防火墙

安装这款软件很简单，一直单击"Next"（下一步）按钮即可，需要注意的是在安装过程中会弹出一个对话框，其上有两个选择"AP OFF"和"AP ON"，建议用户选择"AP ON"。这样软件安装完毕后会扫描本机系统中的所有文件，找出可以访问Internet的程序，以避免在安装之前感染的木马程序、黑客软件继续运行。

1. 软件设置

BlackICE软件安装完毕后，BlackICE会在系统托盘区显示一个图标，以监视每一个通过网络进出的数据包，这里只讲几个重点设置项。

使用鼠标双击托盘中的图标打开BlackICE窗口，依次单击"Tools"→"Edit BlackICE Setting"（进行BlackICE设置）选项，就会打开设置窗口，如图7-31所示。

图7-31　BlackICE设置

"Firewall"（防火墙）选项卡：提供了4个由高到低的防护级别。其中Trusting（完全信任）尽量不要选择，因为一旦选了它，所有的入站信息都能进来，这样用户的防火墙就形同虚设。而其他3个级别可根据需要选择，一般情况下，可选择"Paranoid"（高度警惕）这一项，使防火墙为用户提供最好的安全保护。另外在4个防护级别之外还提供了3个复选框，用以辅助上面的级别设置，其中建议选择"Enable Auto-Blocking"（启用拦截），而其他两项"Allow Internet file sharing"（允许网络文件共享）和"Allow NetBIOS Neighborhood"（允许NetBIOS访问）可以根据用户的具体情况进行设置。

"BackTrace"（回溯）选项卡：如果选中这里的两项复选框，就可以跟踪并分析入侵者的蛛丝马迹。如果要把犯罪证据记录在案，还可以利用"Evidence"（证据日志）选项卡，只要将其中的"Logging enabled"（启用日志）复选框选中即可。

"Application Control"（应用程序控制）和"Communications Control"（通信控制）两个选项卡没有特殊的地方，但是建议将"Enable Application Port"（启用应用程序端口）前的复选框选中，这样就可以防止未经许可的应用程序访问网络，从而防范病毒或木马程序对系统的破坏。

"Intrusion Detection"（入侵检测）等选项卡的设置十分简单，这里就不一一进行介绍。

2. 使用

假如用户打算关闭139端口以防范139端口入侵或者添加21端口开启FTP服务，应依次选择"Tools"→"Advanced Firewall Settings（防火墙高级设置）"，在设置窗口单击"Add"（添加）或"Modify"（修改）就可以新增或修改应用规则。假如想开放一个21端口，单击"Add"（添加）按钮会打开一个窗口，在"Name"（名称）栏中，可给规则起个名字（如"FTP"）；勾选"All Address"（所有地址），表示允许所有IP地址进行访问；去除"All Port"（所有端口）前的勾号，在"Port"（端口号）栏中添加"21"（表示打开21端口）；"Type"（类型）选择"TCP"，并选择"Mode"（模式）为"Accept"（接受）以允许所有IP地址访问21端口（如果想关闭这个端口只需改为"Reject"即可）；"Duration of Rule"（规则持续时间）可根据需要进行选择，最后单击"确定"按钮完成，如图7-32所示。

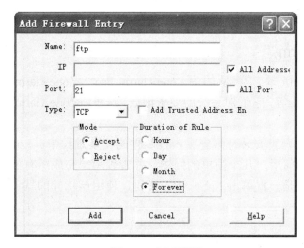

图7-32　规则设置

如果局域网中某个IP地址经常尝试攻击用户的计算机，那么，可以将其IP地址屏蔽，使其再也无法访问用户的计算机。依上法单击"Add"（添加）按钮，在"IP"一栏填入想要禁止的地址，选择"Type"（类型）为"IP"，将"Mode"（模式）勾选为"Reject"（拒绝），"Duration of Rule"（规则作用时间）勾选为"Forever"（永远），这样就将该IP地址永远屏蔽了。

如果想单独控制某个应用程序能否运行，可以进行如下设置。例如想单独禁止QQ运行络，可依次选择"Tools"→"Advanced Application Protection Settings"（应用程序防护高级设置），选择"Known Applications"（已知的应用程序）选项卡，在列表框中选择QQ.EXE这个可执行文件，然后单击"Application Control"（应用程序控制）列中的下拉列表框，选择"Terminate"（终止），最后单击"Save Changes"（保存设置）。如果想再次允许QQ运行，只需要在下拉列表框中选择为空即可。

如果在"Known Applications"（已知的应用程序）选项卡中没有找到新安装的程序，可通过"Baseline"（基线）选项卡，在左侧列表中选择程序所安装的目标盘或目标目录，再单击"Run Baseline"（运行基线）即可扫描出新安装的程序，然后将它们放入"Application Control"（应用程序控制）选项卡中。

如果仅仅是不想让某个应用程序访问网络，可以在应用程序控制的窗口中的"Communication Control"（通信控制）下拉列表框中，选择"Terminate"（终止）或"Block"

（拦截）就可以阻断程序与外界的联系了。

3．报警

如果有人试图攻击用户的计算机，BlackICE会给出报警信息。此时，只要双击系统托盘区的BlackICE图标，就会弹出一个窗口，选择"Events"（事件）就可以看到刚才发生的警告信息，根据这些信息可以判断出遭受的危机是什么性质的。通过浏览"Intruders"（入侵者）选项卡中的内容，用户还可以了解到攻击者的详细信息。如果想要永久拦截该攻击者，只要在入侵者名单上右击，在出现的快捷菜单中选择"Block Intruder"（禁止入侵者）→"Forever"（永久）选项就可以了。

4．统计信息

在"History"（历史）选项卡中左侧的Min（分钟）、Hour（小时）、Day（天数），就可以很直观地看到分别以分钟、小时、天数为单位的事件发生曲线图和网络数据流量图，以此就可判断出木马、病毒程序作案的发生频率、数据包流量。

7.3.3　ZoneAlarm

ZoneAlarm有多个版本，常见的有ZoneAlarm Pro、ZoneAlarm Plus、ZoneAlarm和ZoneAlarm with Antivirus等，它们对系统的要求很低。这里以ZoneAlarm Pro with Web Filtering版为例对其进行介绍。

无论全新安装还是升级安装都很容易，在软件的安装过程中，ZoneAlarm会提供一个简单易用的向导，它会询问用户几个简单的问题，并带领用户完成所有的配置。对于大多数用户来说，最为适合的就是一直单击"下一步"按钮，使用该软件的默认配置来为自己的计算机提供安全保护。

> 注意：在软件安装完成后，用户都可以对这些配置进行随意的修改。

值得一提的是，ZoneAlarm采取了收费与免费共存的路线。ZoneAlarm Pro 4.5之后的版本为用户提供了两种选择，用户可以选择下载免费的ZoneAlarm 4.5版，4.5版不会出现要求用户购买的提示。用户也可以选择ZoneAlarm Pro有效期为30天的免费试用版。在30天的免费试用期满后，如果用户不购买，则该软件会自动转变成4.5版，供用户使用，无须任何重新安装的操作，功能也不会受到限制。

1．主界面

ZoneAlarm采用Windows XP风格的主界面，导航条标签位于窗体的左侧，在单击时会详细地显示出每一项设置的内容。

导航条中包括ZoneAlarm的主要功能如下。

- Overview：常规状态。
- Firewall：防火墙保护。
- Program control：应用程序控制。
- Alerts & Logs：警报和日志查看器。
- Privacy：保护隐私。
- E-mail protection：高级邮件管理。
- Web Filtering：网页过滤。

● ID Lock：逆向追踪黑客的来源。

2．简洁的面板——dashboard

单击"缩放"按钮切换到软件的简洁风格的界面。

该面板中间显示的是当前可用的网络连接，当鼠标指向网络仪表板上相应的网络图标时，相应的参数就会显示出来。

另外该面板上提供了 📵 和 🔳 两个按钮，它们可以分别用来屏蔽一切网络连接和取消保护。📵是相对一切网络通信而言的，比如遭网络攻击时（冲击波病毒等）使用它将切断用户计算机与外界的一切网络连接；🔳是对应用程序而言，可以针对具体的应用程序设置其是否可以访问网络。

3．常规设置

（1）版本信息：Overview中的product info显示当前的版本信息和版权信息，如果Licensing中显示还有××天，表明用户的使用期限将在××天后过期。

（2）自动升级：作为安全产品，及时的升级是必不可少的。可以通过Overview菜单的preference（参数）选项卡的check for updates（检查最新版本信息）来设置自动更新或手工更新。

（3）开机自动运行：在安装中，ZoneAlarm默认设置为下次开机时自动运行，这样的设置保证了计算机开机后立即得到保护，如果要关闭开机自动运行的设置，在Overview菜单的preference（参数）选项卡的general（常规）中取消选择"Load ZoneAlarm Pro with Web Filtering at startup"就可以了。

（4）密码保护和参数备份：密码保护用来保护ZoneAlarm不被意外停止和恶意修改参数，在Overview菜单的preference（参数）选项卡的password中单击set password设置保护密码。

（5）参数备份：参数备份是备份系统自我配置和用户配置的参数，备份时单击Overview菜单preference（参数）选项卡"Backup and Restore Security Settings"选项中的backup或Restore命令来完成备份或恢复工作。备份的文件是一个XML文件。

4．防火墙功能

ZoneAlarm Pro的核心部分，还是它的个人防火墙功能，可以确保任何入侵者都无法通过互联网进入用户的计算机中。

ZoneAlarm的防火墙具有Low（低）、Med（中）和High（高）这3个安全级别，并将其安全分成Blocked Zone（锁定区域）、Trusted Zone（可信任的安全区域）和Internet Zone（因特网区域）3个区域。ZoneAlarm的这种域管理方式，使得用户管理更简单。域的对象可以是一个网段、一个主机、一个网址等。

● 对所有的Internet活动，Zone Lab推荐使用"高"安全级别设置，这样的设置将锁定每一活动，直到用户做出明确授权为止。ZoneAlarm也使用秘密模式，这种模式对端口状态请求（如端口扫描期间遇到的请求）不做出响应，将已授权程序没有使用的所有端口隐藏起来。

● 安全设置"中"最好留给Trusted Zone使用，此设置实施用户设置的所有应用程序特权，但允许本地网络访问Windows服务、共享文件和驱动器。用户必须定义在本地区域中允许使用的资源。这些资源可以包括机器自己的适配器（用于循环回路和其他服务）以及其他计算机。用户不必为每台计算机输入IP地址，因为ZoneAlarm允许用户输入主机/网站名称、单一IP地址、范围或子网归于域。

● 如果用户在网络内部运行服务器，则安全设置"低"为最好的选择。

在FireWall功能页面下，用户可以通过单击"Add"按钮来将指定的计算机或者网络设置为信任主机或者受保护的区域，例如将那些需要进行共享的计算机设置为信任主机。单击"Add"按钮，然后再选择是通过"Add IP address"命令添加指定的主机IP地址还是通过"Add ip range"命令添加局域网中的IP地址范围，或者添加子网掩码，让ZoneAlarm把局域网和Internet分开来管理。如果要取消信任主机或者受保护的网络区域，只要先在该界面的列表上选中指定目标，再单击一下"remove"命令按钮。如果要对这些内容进行编辑，只要单击"edit"命令按钮，设置好后单击"apply"按钮就开始生效了，如图7-33所示。

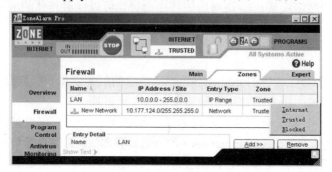

图7-33　添加域成员

在ZoneAlarm中引入域的概念的最大益处是，在使用防火墙保护用户的计算机不受互联网上非法入侵的同时还能够自动检测局域网络的设置，确保来自内部网络的通信不受影响。比如，用户在使用互联网的同时还有一个办公网（内部需要交流文件或打印共享），可以把内部网络归为Trusted Zone域而把互联网归到Internet Zone域，ZoneAlarm对不同的域实施不同的防火墙规则，这样上网、办公两不误，并且都受到防火墙的保护。

在ZoneAlarm中引入域还有其他的好处：把恶意网站的网址输入Blocked Zone就可以达到不能访问恶意网站的目的；把攻击者的IP地址输入Blocked Zone就能阻止其继续攻击。

如果ZoneAlarm在运行过程中碰到一个新程序需要和网络连接的话，它就会跳出一个确认对话框，问用户是否允许该程序访问网络。选择允许或不允许后可以到Program control的Program中设权限。

应用程序的权限包括访问权限和服务权限，访问权限和服务权限含义是不同的，对外而言，访问权限（Access Permissions）是控制是否可以主动访问外部对象，服务权限（Server Permissions）是控制是否允许开启服务端口提供外人连接，区别是发起连接的对象分别是自己和对方。

该设置界面列出了所有可能访问Internet的程序，并且提供程序名、是否允许连接、是否允许使用服务器、是否允许通过锁定应用程序控制功能等控制信息；其中，是否允许连接又分为对本地和Internet的两种连接方式，绿色的"√"为允许连接而无须询问；红色的"×"为禁止连接；问号则是在每次出现连接企图时都会先提出询问。另外，应用程序控制功能允许用户决定哪个软件可以或者不能使用Internet，可以确保欺骗程序（或者说是盗贼程序）不能发送用户的敏感信息给那些不法分子。可以通过鼠标的右键功能来选择允许程序和网络连接、禁止和网络连接、询问后再连接这3种状态。

如果选中"Automatic Lock"（自动锁定）中的"ON"选项，弹出自动锁定对话框，如图7-34所示。

其中，第一个选项是用来设置在停止操作以后多长时间启动锁定功能，程序默认为10分钟；第二个选项确定是否在运行屏幕保护程序的时候启动锁定功能。

下面还有两项设置内容。其中，第一项是在锁定状态下是否允许一些仍然处于激活状态下的程序如E-mail程序保持与INTERNET的联系，例如检查是否有新的邮件到来；第二项是停止所有的与INTERNET相关的操作，单击"Stop"按钮可以在锁定和解锁状态之间切换，如图7-35所示。

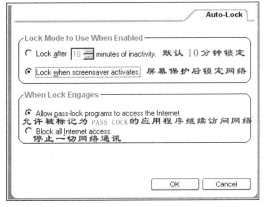

图7-34 自动锁定设置

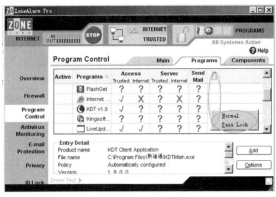

图7-35 锁定设置

ZoneAlarm提供的组件控制是其他防火墙所没有的功能，它将禁止一个程序去控制另一个应用程序的能力，如图7-36所示。

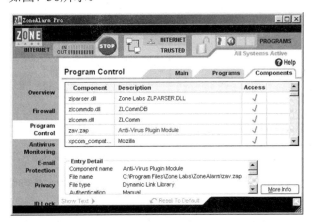

图7-36 组件控制

注意：只有在高级安全模式才启用组件控制功能。

5．其他功能

ZoneAlarm Pro还同时具有一个电子邮件监视器（能够捕捉到可能会群发邮件的病毒或者蠕虫）、一个Cookie管理器、一个弹出或者广告屏蔽器，以及一个ActiveX和JavaScript防御工具。

（1）反病毒监测（Antivirus monitoring）：反病毒监测不是网络防火墙的强项，但是病毒和防火墙的关系越来越亲密，如果安装的是ZoneAlarm with Antivirus那么就具备了反病毒功能。

（2）高级邮件管理（Email protection）：通过电子邮件传播病毒已经是一个严重的网络问题，ZoneAlarm包含一个邮件监视器，它能够对所有接受的和发出的电子邮件都进行监控，以便于能够及时制止那些群发邮件病毒的可疑行为。在侦测到有病毒在进行自我复制后开始向外群发邮件时，它会自动关闭掉用户的电子邮件客户端。MailSafe功能扫描所有电子邮件中出现的Visual Basic脚本附件（如I LOVE YOU病毒）。如果发现此类附件，MailSafe会将其隔离，并在用户试图运行该附件时发出警告。

注意：在默认情况下MailSafe处于活动状态，但可以通过安全面板禁用它。

（3）保护隐私信息（Privacy protection）：ZoneAlarm具备智能管理Cookie能力，Cookie是网站保存到用户硬盘，记录用户冲浪和购买习惯的文本文件。这些数据一般用于根据用户的上网习惯并有针对性地给用户发广告，通常是无害的。但是有些Cookie数据往往涉及用户的隐私，ZoneAlarm为用户提供了决定哪个网站可保存Cookie的功能。

（4）广告拦截（AD BLOCKING）：ZoneAlarm广告拦截能力也是很强的，启用AD BLOCKING后，网站的广告基本上都被成功拦截了，如图7-37所示。

（5）Java和ActiveX拦截：具备破坏性的代码通过网页和电子邮件不断地被下载，而ZoneAlarm具备拦截Java和ActiveX控件并进行分析的能力，保护用户的上网安全，如图7-38所示。

图7-37　广告拦截

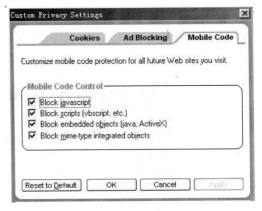

图7-38　Java和ActiveX拦截

（6）缓冲区清理工具（Cache Clean）：缓冲区清理工具能够很方便地将保存在用户计算机上的网络临时文件、浏览器历史纪录以及Cookie全部删掉。

（7）逆向追踪黑客的来源（ID Lock）：在遭到攻击后，可以逆向追踪黑客的来源，另外，ZoneAlarm还新增加了一个汇报工具。

（8）警报和日志查看器（Alerts and Logs）：弹出警报是用户和ZoneAlarm交流的方式，比如有新的应用程序需要访问网络就弹出警报。如果关闭了警报功能，ZoneAlarm使用智能策略实施权限配置，以避免分散用户的注意力，简化用户配置难度。而日志记录的是网络通信和应用程序通信的过程，通过分析日志可以发现木马或受到的攻击及其来源以及应用程序访问网络的情况，而是否记录到日志可以通过面板设置。

（9）网页过滤（Web Filtering）：网页中包括暴力色情等内容时，Web Filtering可以过滤这些不健康的内容，用户要做的就是选择过滤哪些敏感内容，然后启动Web Filtering功能，如图7-39所示。

（10）专家级的规则设定：专家级的规则设定具有独特的功能，突出特点表现在定义组、时间控制和控制到数据链路层3个方面。而且，ZoneAlarm可以工作在ICS/NAT的网关计算机上，针对内部计算机，ZoneAlarm根据设置决定是否对NAT数据包进行过滤，默认设置对所有本地数据包进行过滤，而对NAT转发的数据不做过滤，自定义规则可以针对外部和内部发起的通信分别控制。

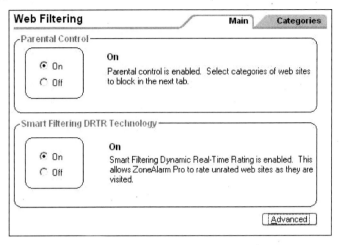

图7-39　网页过滤

> 注意：到目前为止，控制到数据链路层只有ZoneAlarm可以做到。

7.3.4　IE防火墙

IE防火墙是一个保护我们上网安全的小软件，功能主要包括如下。

- 广告屏蔽：清除满天飞的广告的骚扰，但不会屏蔽有用的信息。
- 窗口限制：限定IE窗口能够打开的最多数量，超过数量会自动关闭。
- 恢复误关闭IE窗口：如果不小心单击了IE的关闭按钮，可以方便地帮用户找回来。
- 一键修复：自定义修复项目，也可以在网上下载升级包。
- 网址过滤：屏蔽用户不愿意看到的网页。
- 另外IE防火墙还支持插件，可以无限制扩充功能。

图7-40所示是IE防火墙的主界面，设置非常简单。

上网冲浪，难免会遭遇恶意网站，把IE浏览器的设置改得面目全非，用IE防火墙可以很方便地进行修复，如图7-41所示。

图7-40　IE防火墙

图7-41　一键修复

7.3.5　冰盾DDOS防火墙

图7-42　冰盾DDOS防火墙

冰盾 DDOS 防火墙 （ Bingdun Anti-DDOS Firewall）由华人留学生Mr.Bingle Wang和Mr.Buick Zhang设计开发，采用国际领先的生物基因鉴别技术智能识别各种DDOS攻击和黑客入侵行为，防火墙采用MicroKernel微内核和ActiveDefense主动防御引擎技术实现，工作在系统的最底层，充分发挥CPU的效能，仅耗费少许内存即获得惊人的处理效能。经高强度攻防试验测试表明：在抗DDOS攻击方面，工作于100MB网卡冰盾约可抵御每秒25万个SYN包攻击，工作于1000MB网卡冰盾约可抵御160万个SYN攻击包；在防黑客入侵方面，冰盾可智能识别Port扫描、Unicode恶意编码、SQL注入攻击、Trojan木马上传、Exploit漏洞利用等2000多种黑客入侵行为并自动阻止，是迄今为止在抗DDOS领域功能最为强大的防火墙产品之一，如图7-42所示。

7.3.6　龙盾IIS防火墙

龙盾IIS防火墙是一款专门针对IIS的安全防护软件，主要包括以下功能。

● 专业防SQL注入：不仅可以过滤普通关键字，而且支持"模式匹配"。
● 实用防盗链：只需要简单设置，即可保证用户的网站资源不被其他网站盗链。
● 线程控制：可控制文件下载的线程数量以及下载速度。
● 抗CC攻击：可有效抵御CC软件的攻击。
● 禁用代理：可根据需要，启用或禁用代理服务器的访问。
● IP地址黑名单：可阻止指定IP地址的访问，添加、删除被禁用的IP地址。
● 抗缓冲区溢出攻击：可自定义HTTP头及其长度以及查询串的长度。
● 防止源代码泄露：可防止非法脚本执行，防止源代码泄漏。
● 防止非法执行系统和数据库调用。

众所周知，传统的网络安全产品，诸如防火墙、安全的HTTP通信（SSL）等，这些安全产品只能对非正常应用的数据包进行拦截（比如屏蔽不需要的端口等）。但是，如果数据通过正常访问渠道提交，即使这些数据中存在攻击的信息，传统的安全产品将不会进行任何拦截。这就给了黑客可乘之机，黑客可以精心构造基于Web应用的"合法"数据包，进行SQL注入攻击、CC攻击、缓冲区溢出攻击、盗用网站的资源、进行大流量下载等非法操作。龙盾IIS防火墙能对用户提交的基于Web应用的数据进行分析，拦截隐含在数据包内的非法请求和数据，从而可以有效的杜绝以上类型的攻击。

龙盾IIS防火墙可以设置允许或者阻止请求动词，例如允许POST、HEAD、GET，阻止PUT等如图7-43所示，可以防止攻击者非法上传文件，对IIS服务器造成破坏。

对HTTP请求头的长度进行限制，可以防止缓冲区溢出攻击，超过指定长度的请求将被禁止，如图7-44所示。HTTP头域包括Accept、Referer、Cookie、Host等。

如图7-45所示中是对文件类型的访问控制，通过限制对某些文件扩展名的访问权限，可以防止源代码泄漏、非法执行批处理、非法查看系统日志、缓冲区溢出攻击、非法访问数据库等攻击。

图7-43 允许或阻止请求动词

图7-44 防止缓冲区溢出攻击

SQL注入是黑客对网站进行攻击的最常用也是最有效的手段，如何防止SQL注入，就成为了网站管理员最关心的问题，龙盾IIS防火墙提供了关键字过滤功能，可以通过过滤SQL注入的关键字（包括普通字符和正则表达式），来防止SQL注入攻击，如图7-46所示。

自己网站上的各种资源被非法盗链也是让所有网站管理员很头疼的问题，龙盾IIS防火墙作为一款专业保护IIS服务器的防火墙软件，当然也提供了对网站资源的保护，防止非法盗链。在图7-47中可以看到，我们可以设置需要保护的文件类型，还可以设置信任的友情链接域名、允许访问者自由下载的目录，使用起来非常地方便。

图7-45 限制文件扩展名的访问权限

图7-46 关键字过滤功能

线程控制功能可以限制文件下载的线程个数及速度，如图7-48所示，还可以设置需要保护的文件类型，这样在服务器访问量过大，带宽有限的情况下，可以允许更多的用户访问，防止资源的浪费。

CC攻击是现在很流行的一种DDOS攻击方式，通过代理服务器对目标Web服务器上开销比较大的CGI页面发起很多HTTP请求，从而造成目标主机拒绝服务（Denial of Service）。这种攻击可以通过在网页代码中增加限制刷新频率的功能代码进行限制，但是要人工修改所有的页面代码，对于大型网站来说也非常麻烦，现在人们使用龙盾IIS防火墙就可以实现对页面的刷新频率进行的限制，并且可以很方便地修改限制刷新的时间和次数，以及禁止代理服务器访问，如图7-49所示。

图7-50是龙盾IIS防火墙的防木马上传功能，可以通过禁止ASP、EXE、PHP等文件的上

传，防止攻击者将木马等恶意程序等通过HTTP方式上传到服务器。

图7-47　防止非法盗链

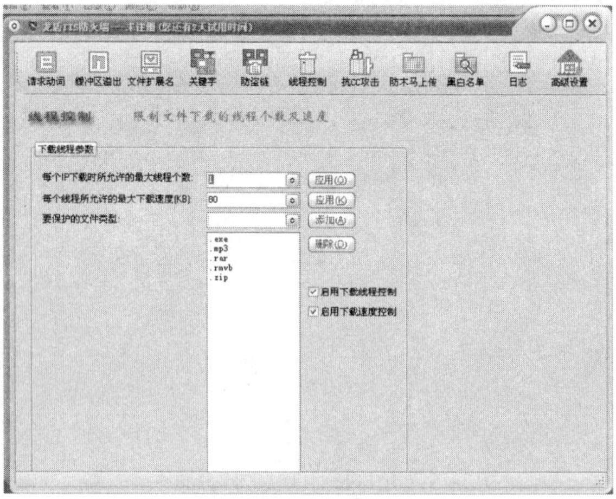

图7-48　线程控制

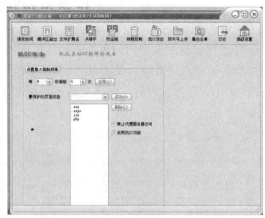

图7-49　抗CC攻击

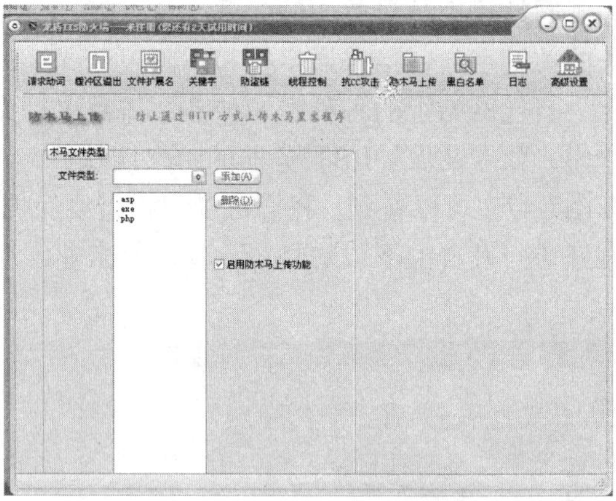

图7-50　防木马上传功能

　　龙盾IIS防火墙还提供对访问者IP进行过滤的黑白名单功能，可以方便的对网站的访问者进行限制，如图7-51所示。

　　此外，在设置中，还可以根据网站的模板类型，选择导入不同的过滤规则库，如图7-52所示，过滤规则库针对不同类型的网站进行了优化，可以提供更加完善地保护。

图7-51　黑白名单功能

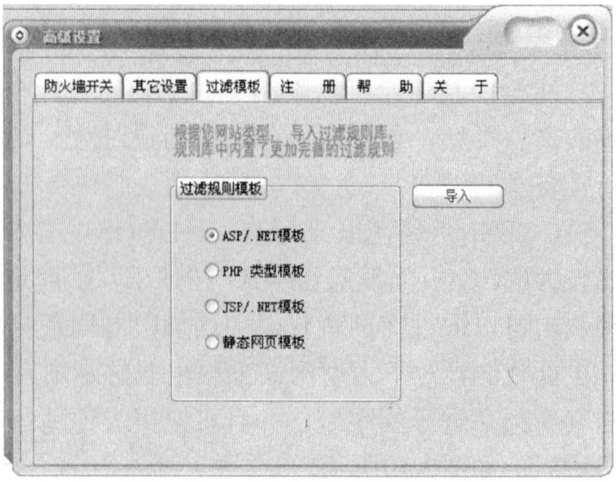

图7-52　过滤规则库

7.3.7　天网防火墙

天网防火墙是一款非常优秀的个人防火墙，它的操作非常简洁，性能非常强大，能为系统提供可靠的保护，而且它消耗的系统资源也非常小。可以说，进行过初始设置以后，几乎不用再管它，天网防火墙就会默默地保护系统的安全，只在必要的时候提示用户如何操作。

图7-53所示是天网防火墙对应用程序访问网络权限的设置，只需要在初次使用应用程序的时候，按提示选择是拦截还是允许通过即可，天网防火墙会自动维护这个列表，用户也可以手动进行修改和备份恢复等操作。

在天网防火墙中可以自定义IP规则，例如对ICMP、IGMP数据包静默，可以使别人无法Ping通本机，从而躲过攻击者的扫描，实现隐藏自己的目的。还可以对共享资源和端口进行限制，并且可以区分局域网用户和因特网用户，如图7-54所示。

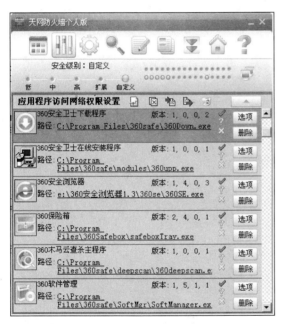

图7-53　天网防火墙应用程序访问网络权限的设置

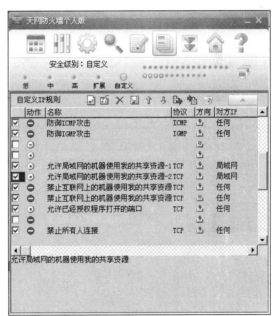

图7-54　自定义IP规则

我们建议用户为天网防火墙设置密码，如图7-55所示，和前面介绍的要为杀毒软件设置密码一样，这样可以防止攻击者或病毒破坏者关闭天网防火墙。设置了密码以后，如果用户需要更改天网防火墙的配置或者关闭天网防火墙时，就会出现如图7-56所示的提示，如果不输入密码，就会按默认禁止操作执行。

天网防火墙还提供了入侵检测功能，当检测到远程主机对本机的某个端口进行访问的时候，就会将报警记录到日志，并且根据设置自动静默入侵主机的数据包，如图7-57所示，及时阻止入侵。

在图7-58中显示的是天网防火墙的日志，详细记录了入侵数据包的时间、攻击者的IP地址和端口、本地的端口和处理情况。日志还可以导出到文本格式，方便进行存档和查看。

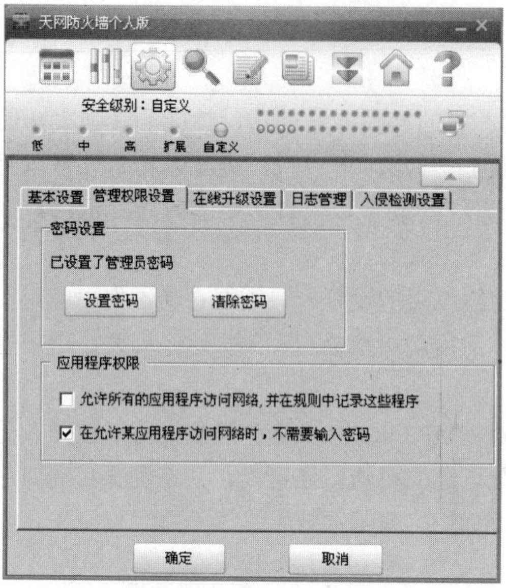

图7-55 管理权限设置

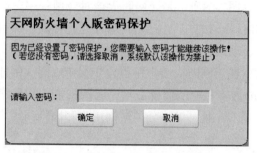

图7-56 密码保护

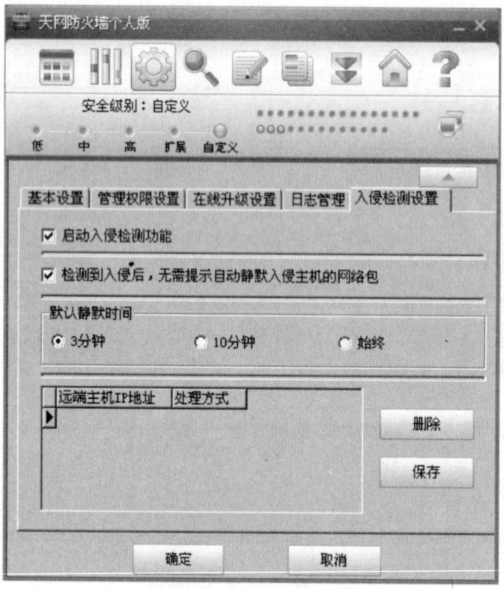

图7-57 入侵检测功能

图7-58 日志功能

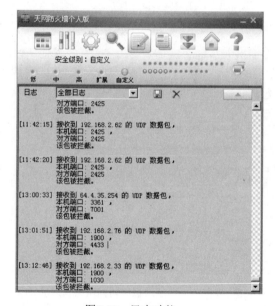

7.4 其他安全工具

7.4.1 奇虎360安全卫士

奇虎360安全卫士并非传统的杀毒软件或防火墙，但是也属于安全软件。360安全卫士可以监控系统的运行状态、漏洞补丁情况、临时文件和系统垃圾、恶意插件等，它与杀毒软件和防火墙配合，将大大提高系统的安全性。

奇虎360安全卫士的主界面如图7-59所示，它也通过评级的方式给系统打分，直观的反映系统的状态，对于普通用户非常容易理解，只需要单击"立即检测"按钮即可对系统进行全面的体检。

奇虎360安全卫士提供了很多病毒专杀工具的下载，如图7-60所示，方便用户处理常规杀毒软件无法处理的病毒。对于一些危害性较大的特殊病毒，用专杀工具有针对性的进行查杀的效果往往要好得多。

图7-59 奇虎360安全卫士的主界面

图7-60 病毒专杀工具

360安全卫士也提供了对IE的修复功能，如图7-61所示，使用非常方便，只要选择需要修复的项目，单击"立即修复"按钮即可，对于被恶意网站破坏的IE浏览器非常有用，修复的效果也非常好。

我们偶尔会遇到一些文件或者文件夹无法删除，有时候是系统或者某个程序使用以后没有及时释放，有时候则是病毒等恶意程序为了保护自己采取的防杀措施，对于这种情况，我们就需要借助于专门的工具——文件粉碎机。除此以外，360安全卫士还提供了LSP修复工具等许多高级工具，方便用户维护系统安全，如图7-62所示。

图7-61 IE的修复功能

图7-62 高级工具

如图7-63所示，奇虎360安全卫士还提供了系统实时保护功能，包括漏洞防火墙、系统防火墙、木马防火墙、网页防火墙、U盘防火墙、ARP防火墙等，对系统进行全面的保护。而且360安全卫士消耗的系统资源极小，可以配合杀毒软件和防火墙对系统构筑立体防线。

最新版本的奇虎360安全卫士还提供了常用软件的管理功能，可以方便地选择需要的软件进行下载安装和管理，对于不熟悉计算机操作的用户来说非常好用，如图7-64所示。

总之，奇虎360安全卫士已经和杀毒软件、防火墙一样，成为计算机系统中不可缺少的一款安全软件。

图7-63　系统实时保护功能　　　　　　　　图7-64　　常用软件的管理功能

7.4.2　IceSword冰刃

IceSword是国内元老级的安全工具之一，由中国科技大学的学生"pjf"开发，可以直接调用Windows底层API进行文件和注册表操作，是检查系统安全不可缺少的工具之一。

IceSword的界面如图7-65所示，左侧是可以选择的检查项目，右侧窗口列出了结果。我们可以用IceSword检查系统进程、端口、内核模块、启动组、服务、SPI、BHO、SSDT、消息钩子，监视进线程的创建和终止等。由于IceSword是直接调用Windows底层API进行文件和注册表操作，所以其操作权限非常高，能够处理在系统下无法直接完成的工作。

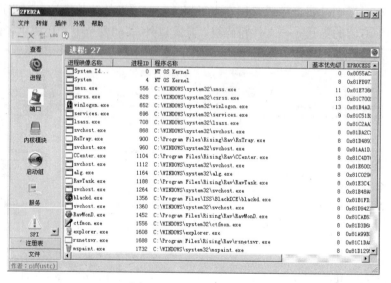

图7-65　　IceSword的界面

在"文件"→"设置"菜单中，我们可以勾选"禁止进线程创建"，如图7-66所示，这样无论是系统还是其他软件，包括病毒木马等恶意程序，都无法再启动运行，这就为我们查杀病毒、木马做好了准备。

因为现在的很多病毒、木马会都通过多线程互相保护的方式防止被查杀，在任务管理器等地方用普通的方式一次只能结束一个进程，这时另一个病毒进程马上就会发现并再次创建这个进程，这样将无法删除病毒文件。所以需要先用IceSword禁用进线程的创建，这样就可以结束病毒进程，进而删除病毒文件了。

另外，监视进线程创建对检查系统中存在的病毒也是十分有用的，如图7-67所示。现在的病毒，为了迷惑被感染的计算机用户，都会伪装自己，有的隐藏在很深的系统路径下，有的将名字起得和系统文件很像或直接感染替换系统文件，以欺骗检查人员。那我们怎么找出哪个是正常的系统文件，哪个是病毒文件呢？除了通过文件创建和修改时间、文件大小等方式判断外，监视系统进程的创建是一个非常准确有效的办法。

在IceSword中，可以看到一个进程是由哪一个进程创建的，这样就可以监视进程的行为，当发现一个已知的病毒进程A由另一个进程B创建，那么就可以肯定进程B也是病毒进程。另外，如果发现一个系统进程C创建了一个不应该由它创建的进程，那么进程C就有可能已经被感染病毒了。

不过，IceSword只是一个能够查看系统底层状态的工具，具体怎样使用还需要用户自己处理，这些都需要丰富的基础知识和经验。

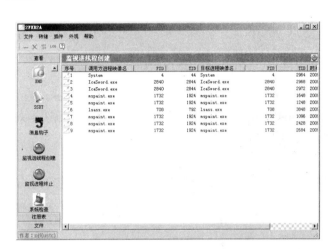

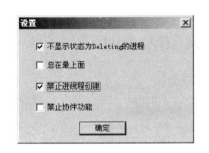

图7-66 "设置"对话框　　　　　　　　　　图7-67 监视进线程创建

7.4.3 AutoRuns

AutoRuns是检查系统启动项目最完全的工具之一，几乎没有什么东西能够逃过它的眼睛而随系统自动启动。病毒、木马为了保证自己在系统关机重启以后仍然可以运行，一般都会通过各种方式实现自动启动，所以查看系统的启动项目，也是寻找病毒木马感染痕迹的有效方法。

程序可以随Windows系统自动启动的方式有很多，例如开始菜单中的"启动"（这是最明显的地方，病毒木马一般不会把自己藏在这里），注册表的Run键，系统服务，驱动程序等。如果人工逐一查找，不仅烦琐，而且很容易漏掉。很多工具也提供类似的功能，但是都不如AutoRuns完全。

启动AutoRuns以后，就可以看见很多选项卡，这里分类列出了当前系统所有的自动启动项目。不仅仅列出了启动程序的名称，还包括详细的文件路径，方便用户定位文件，如图7-68所示。发现不需要启动的项目或者可疑的启动项目后，我们可以方便的禁用这个启动项，下次重启系统时，就不会再启动了。

经常清理启动项，不仅仅可以发现病毒木马，还可以关闭很多不必要自动启动的软件，提高系统的开机速度和运行速度，对系统良好运行大有帮助。

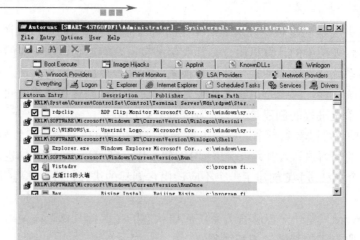

图7-68　AutoRuns

7.4.4　Process Explorer

Windows任务管理器大家都很熟悉，Process Explorer和它类似，不过功能却强大得多。如图7-69所示，Process Explorer启动以后，列出了当前系统运行的进程信息，和Windows任务管理器不同的是，Process Explorer按照进程的"父子"关系进行排列，可以直观地看出进程间的创建关系，便于查看分析。

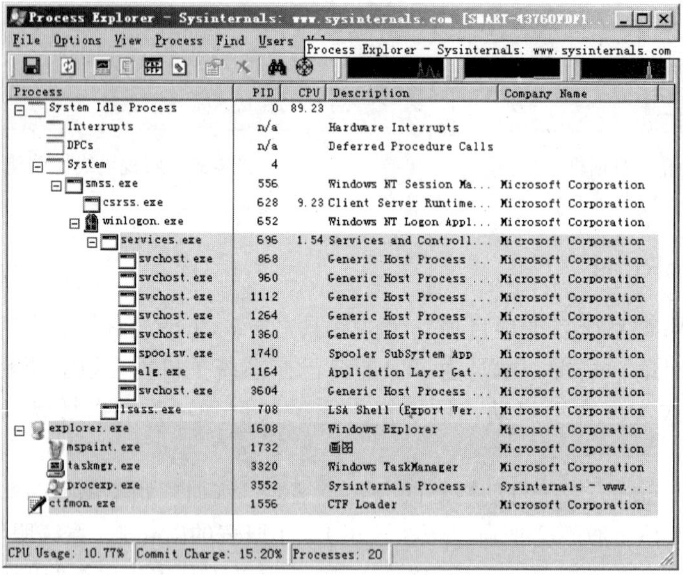

图7-69　Process Explorer

打开CPU使用率监视窗口，如图7-70所示，可以看见Process Explorer比Windows任务管理器多了一部分，那就是系统的读写情况监视（I/O Bytes），这个窗口显示了当前系统对硬盘进行的读写频率和速度。

当鼠标指到对应的窗口，就会分别显示当前占用CPU最高的进程、占用内存最大的进程以及当前进行读写操作的进程。如果发现某一进程连续对硬盘进行读写，而又没有运行相关的程序时，就应该引起注意，进行检查。

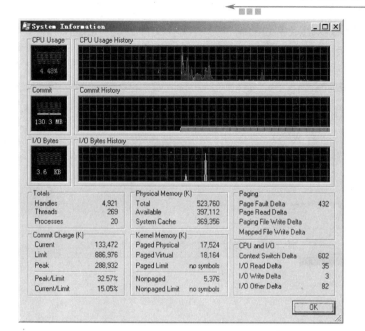

图7-70 CPU使用率监视窗口

7.4.5 Trojan Remover

Trojan Remover是一个专门用来清除木马的工具，软件功能比较简单，但是针对各种木马的特征查杀非常全面。Trojan Remover的界面如图7-71所示，单击"Scan"按钮就可以开始扫描，如图7-72所示。

图7-71 Trojan Remover主界面

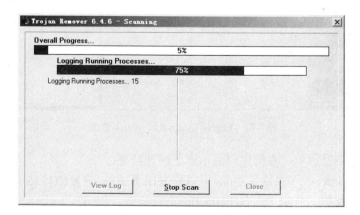

图7-72 扫描过程

另外，我们也可以指定单独的硬盘分区或者文件夹进行扫描，如图7-73所示，可以一次指定多个位置，然后单击"Start Scan"按钮即可。

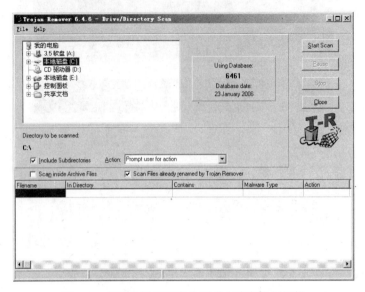

图7-73 指定单独的硬盘分区或文件夹进行扫描

7.4.6 Loaris Trojan Remover

Loaris Trojan Remover是由Loaris公司出品的一款木马清除工具，性能也非常强大。

如图7-74所示，我们可以选择标准扫描、自定义扫描和针对Windows的ActiveX控件等的扫描。

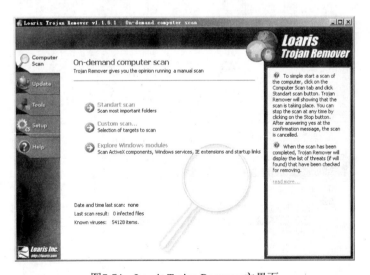

图7-74 Loaris Trojan Remover主界面

扫描过程如图7-75所示，右侧窗口显示出了统计结果。

在Tools目录下，提供了4类修复功能，可以修复IE浏览器、修复HOSTS文件、修复Windows Update策略以及运行第三方安全工具HijackThis进行检查，如图7-76所示。

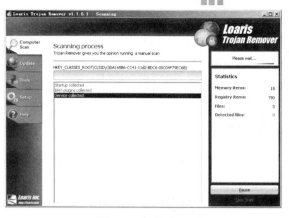

图7-75　扫描过程

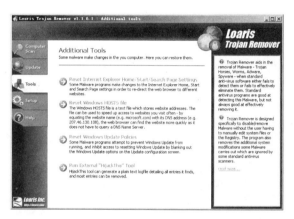

图7-76　修复功能

7.4.7　Microsoft Baseline Security Analyzer（MBSA）

Microsoft Baseline Security Analyzer（MBSA）是由微软公司发布的一个系统安全扫描工具，所以它对于Windows系统是最为熟悉的，对Windows系统的安全检查绝对不能缺少MBSA。

安装好MBSA以后，运行界面如图7-77所示，可以扫描本地的系统，也可以扫描网络上的多台系统，我们在这里只演示扫描本地系统。

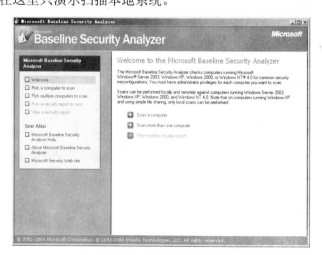

图7-77　MBSA运行界面

选择"Scan a computer"，可以在下拉菜单中选择需要扫描的主机，默认就是本机，如图7-78所示。下面有一些具体的选项，可以根据需要勾选，建议全部选择，然后单击"Start Scan"按钮即可。

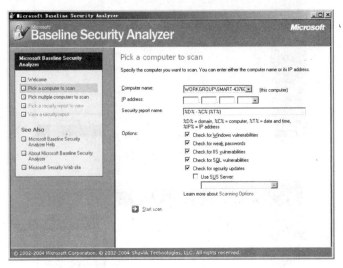

图7-78　运行需要扫描的主机

稍后MBSA会给出一个扫描报告，如图7-79所示，详细列出了系统的问题，分为安全、警告、危险等级别，并提供详细的说明和解决方案。

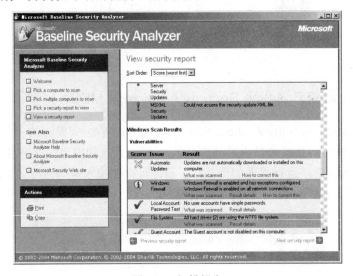

图7-79　扫描报告

7.4.8　KillBox

我们常常会遇到一些文件无法删除，有的是由于系统或者某些软件使用文件时没有及时释放，有时候则是由于病毒木马为了保护自己不被查杀而采取的措施。这时我们需要借助一些专门的工具进行处理，如KillBox。

KillBox的界面非常简单，如图7-80所示，只需要指定要删除的文件路径，可以选择"标准方式删除文件"、"重启后删除文件"、"重启后替换文件"、"删除前先终止Explorer.exe"选项，最后总是有办法将顽固的文件删除干净的。

图7-80　KillBox

7.5　本章小结

本章主要介绍了网页恶意代码的概念以及特点，分析了网页恶意代码的攻击原理，从而引导读者去发现防范恶意网页攻击最有效的方法。我们还分类介绍了木马及其破解方式以及其他一些安全工具，大家可以根据自己的需要选择使用。系统的安全并不是靠一个两个工具就能解决的，更重要的是管理员的技术水平和经验，工具只是帮助管理员进行检查分析，提供更多的便利而已。所以，我们在学习网络安全时，不仅仅要熟练掌握各种工具的使用方法和技巧，还需要丰富的基础知识，才能更好的维护系统的安全。

7.6　思考与练习

1．填空题

（1）由于互联网本身的设计缺陷及其复杂性、开放性等特点，＿＿＿＿＿＿已成为阻碍信息化进程的重要因素，其影响已从互联网领域逐步扩大到政府、通信、金融、电力、交通等应用领域。

（2）＿＿＿＿＿＿也称为网页病毒，它主要是利用软件或系统操作平台等安全漏洞，通过将Java Applet应用程序、JavaScript脚本语言程序、ActiveX软件部件网络交互技术（可支持自动执行的代码程序）嵌入网页HTML超文本标记语言内并执行，可以强行修改用户操作系统的注册表配置及系统实用配置程序，甚至可以对被攻击的计算机进行非法控制系统资源、盗取用户文件、删除硬盘中的文件、格式化硬盘等恶意操作。

（3）＿＿＿＿＿＿主要利用软件或操作平台的安全漏洞，一旦用户浏览含有病毒的网页，就会在不知不觉的情况下中招，给用户的计算机系统带来不同程度的破坏。

（4）由于网页恶意代码都嵌入HTML中，而HTML支持着多种脚本语言，因此网页恶意代码是基于＿＿＿＿＿＿语言的一种攻击方式。

（5）大部分具有恶意攻击性的网页都是通过修改浏览该网页的计算机用户的＿＿＿＿＿＿，来达到修改IE首页地址、锁定部分功能等攻击目的。

（6）木马是随计算机或操作系统的启动而启动并掌握一定的控制权的，其启动方式可谓多种多样，令人防不胜防。为了对木马进行破解，就要阻止＿＿＿＿＿＿＿＿。

（7）ZoneAlarm的防火墙具有＿＿＿＿＿＿＿、＿＿＿＿＿＿＿和＿＿＿＿＿＿＿3个安全级别。

（8）CC攻击是一种DDOS攻击方式，通过代理服务器对＿＿＿＿＿＿＿上开销比较大的CGI页面发起很多HTTP请求，从而造成目标主机拒绝服务（Denial of Service）。

2．简答题

（1）简述网页恶意代码的特点。

（2）根据网页恶意代码的作用对象及其表现的特征，可分为哪两大类？

（3）网页恶意代码的攻击体现在哪几个方面？

（4）"网页炸弹"可以通过哪些方法进行防范？

（5）简述IE防火墙软件的主要功能。

（6）简述龙盾IIS防火墙软件的主要功能。

3．操作题

（1）使用一款修复软件对遭到恶意网页代码进行修复。

（2）使用木马终结者软件完成对木马的破解。

（3）设置并使用BlackICE防火墙。

第8章　轻松实现安全网络支付

对于现代的互联网时代来说，网络购物的大时代已经来临，甚至出现了很多网购达人，如果你也喜欢在网上购物，那么你要小心了，说不定哪天你的网上支付账户上的款项就消失得无影无踪了。据"中国青年报"报道，上海一家软件公司的总经理王先生经常通过网络银行购物、缴费、转账。然而，有一天他的网络银行账户10余万元忽然丢失。这不得不让人们再度关注网络安全问题。尽管网上支付是发展趋势，但近来暴露出来的一些网上安全问题仍然使网络支付蒙上了阴影。

随着国内电子商务的逐渐升温，网上交易的安全性问题日益引起关注，中国互联网络信息中心2010年的调查结果表明，目前用户最关心的问题就是网上交易的安全问题。统计资料显示，在2009年，约有64%的公司因信息系统受到危害性攻击而拒绝服务。国内90%以上的电子商务站点存在严重安全漏洞，与那些不从事在线商务的公司比起来，从事电子商务的公司网站遭遇"黑客"非法入侵的可能性要高出57%。通过这些漏洞，极易造成网上交易用户的账号交易密码出现泄漏情况，恶意攻击者甚至可以使用他人资金进行网上交易，这个安全漏洞直接影响了电子商务网站的信誉度，对国内电子商务的发展进程将产生重大影响。

支付宝，是支付宝公司针对网上交易而特别推出的安全付款服务，其运作的实质是以支付宝为信用中介，在买家确认收到商品前，由支付宝替买卖双方暂时保管货款的一种增值服务。支付宝作为淘宝网交易的资金管理平台，经过这几年的飞速发展已成为使用极其广泛的网上安全支付工具，深受广大用户的喜爱。在此我们需要了解与掌握支付宝的使用，本章详细介绍了淘宝支付宝的各种功能和使用方法。读者在学习本章知识后，能够熟练掌握支付宝的使用方法，更加方便、安全的管理自己的账户。

本章重点：

● 淘宝密码、支付宝密码和网银账户安全设置
● 支付宝的多种使用方法

8.1　淘宝密码安全设置

淘宝网密码用于登录店铺以及对店铺进行各种管理操作，登录淘宝网后，还可以直接进入支付宝查看支付宝交易以及余额信息。对于销售虚拟物品的店铺来说，登录后还能够直接看到充值密码或卡号。因此我们在使用时必须注意保障淘宝密码的安全。

8.1.1　设置密码保护

为了防止密码被盗或者不慎忘记密码而无法登录网店的情况发生，我们有必要为淘宝密码设置密码保护，这样即使遗失了密码也可以方便地找回。淘宝网提供了多种密码保护方式，其中设置安全问题和绑定手机最安全、实用。下面来介绍这两种密码保护的设置方法。

1．设置安全问题

安全问题是最常用的密码保护方式，允许用户设置3个密码保护问题，当忘记或遗失密

码后通过安全问题即可找回密码。采用安全问题保护时，我们必须要牢记自己所选的问题以及所设置的答案，设置安全保护问题的具体操作方法如下。

（1）打开淘宝网，单击页面上方"我的淘宝"按钮，然后在打开的页面中输入淘宝会员"账户名"和"密码"，进入"我的淘宝"页面。单击页面上方的"账号管理"标签，进入账号管理页面，如图8-1所示。

（2）在页面左侧列表中单击"安全保护问题"链接，进入维护安全保护页面，单击"立即设置"链接，如图8-2所示。

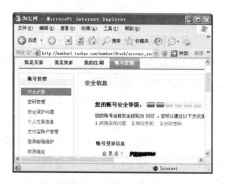

图8-1 账号管理页面

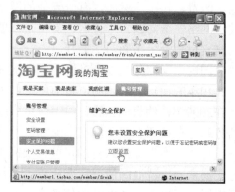

图8-2 维护安全保护页面

（3）打开设置安全保护问题页面，在"身份验证"区域中输入实名认证采用的身份证号码，如图8-3所示。然后在"设置二代安保问题"区域中依次选择安全保护问题（只能按系统默认的几项进行选择），并分别设置相应的答案，如图8-4所示。

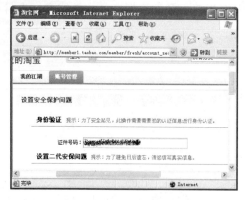

图8-3 输入证件号码

图8-4 选择问题并输入答案

（4）单击"下一步"按钮，在打开的页面中告知用户维护密码安全"设置成功"，如图8-5所示。

2. 绑定手机

我们还可以将自己的手机号码与淘宝账号绑定，绑定后即使密码遗失，也可以通过手机短信方便地找回密码。而且绑定手机号码后，还能够享受来自淘宝网的各种其他服务，如手机登录、手机动态密码等。为淘宝账号绑定手机的具体操作方法如下。

（1）进入"账号管理"页面后，单击页面下方的"手机绑定"区域中的"绑定"链接，如图8-6所示。

图8-5　设置完成

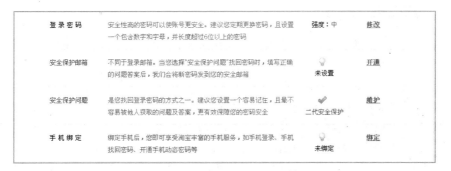

图8-6　单击"绑定"链接

（2）在打开的"手机验证"页面中输入实名认证时的身份证号码，单击"下一步"按钮，如图8-7所示。

（3）在接着打开的页面中输入要绑定的手机号码与随机的验证码，单击"下一步"按钮，如图8-8所示。

图8-7　输入证件号码

图8-8　输入手机号码

（4）稍等片刻之后，手机上将收到一条来自淘宝网的短信息，将收到的短信息校验码在如图8-9所示的页面中输入后，单击"确定"按钮。

（5）如果输入的校验码没有错误，接着将会返回到安全信息页面，在"账号登录信息"区域中即显示绑定后的手机号码，如图8-10所示。

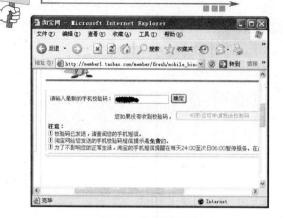

图8-9　输入校验码

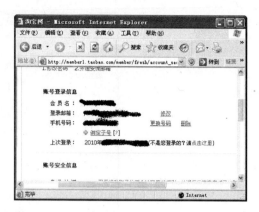

图8-10　绑定成功

8.1.2　修改账户密码

如果用户经常在网吧或其他计算机上登录淘宝网，为了密码安全，我们有必要定期对登录密码进行修改。修改密码时，需要先输入原来的密码。如果密码遗失的话，就需要先找回原密码然后再修改。修改淘宝网登录密码的具体操作方法如下。

（1）在账号管理页面左侧的列表中单击"密码管理"链接，进入密码管理页面，在"当前密码"文本框中输入原始密码，在"新密码"与"确认新密码"文本框中输入新密码，输入完毕后，单击"确定"按钮，如图8-11所示。

（2）在打开的页面中即提示用户"密码修改成功"，如图8-12所示。修改密码后，登录淘宝网、阿里旺旺以及淘宝助理时，都需要输入新的密码。

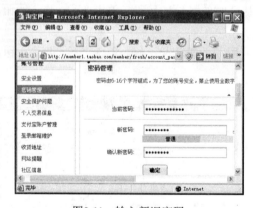

图8-11　输入新旧密码

图8-12　密码修改成功

8.1.3　找回丢失的密码

设置了密码保护后，如果一旦丢失或忘记密码，就可以使用密码保护功能来找回密码。需要注意的是，通过密码保护功能并不能找回原有密码，而是直接要求用户设置新密码。找回淘宝账户密码的具体操作方法如下。

（1）进入淘宝网首页后，单击页面上方的"登录"链接，在会员登录页面中单击"忘记密码"链接，如图8-13所示。

（2）在弹出的提示框中单击"确定"按钮，进入找回密码页面，在"会员名"文本框中输入要找回密码的淘宝账号，单击"下一步"按钮，如图8-14所示。

图8-13　登录页面

图8-14　输入账号

（3）在接着打开的页面中提供了两种找回密码方式，在这里选择使用邮箱找回，然后单击"用邮箱"下方的"马上找回"按钮，如图8-15所示。

（4）在打开的页面中分别输入身份证号码、密保问题答案以及注册淘宝账户时使用的邮箱，接着单击"下一步"按钮，如图8-16所示。

图8-15　选择密码找回方式

图8-16　输入信息

（5）在最后打开的页面中告知用户淘宝网已经将通知信发送到邮箱，如图8-17所示。此时需要进入到我们的电子邮箱完成后续操作。

（6）在浏览器中登录注册账号时使用的电子邮箱后，找到并打开来自淘宝网的电子邮件，单击邮件中的"更改密码"链接，如图8-18所示。

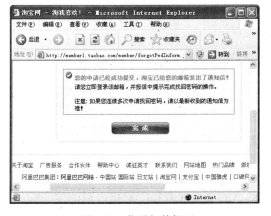

图8-17　发送邮件提示

图8-18　查看邮件

（7）此时将返回淘宝网并进入密码设置页面，在页面中输入与重复输入新密码后，单击"确定"按钮即可，如图8-19所示。

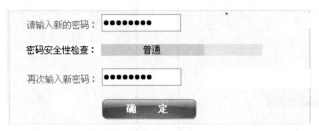

图8-19　设置新密码

8.2　支付宝密码安全设置

支付宝最初作为淘宝网公司为了解决网络交易安全所设的一个功能，该功能为首先使用的"第三方担保交易模式"，由买家将货款打到支付宝账户，由支付宝向卖家通知发货，买家收到商品确认后指令支付宝将货款放给卖家，至此完成一笔网络交易。卖家在开店的过程中，必须要注意支付宝密码的安全，因为支付宝密码一旦丢失或泄露，用户账户的资金安全将没有保障。

8.2.1　修改支付宝密码

如果用户经常在不同场合的计算机中登录支付宝并使用支付宝收款或付款，为了支付宝中资金的安全，建议定期对支付宝密码进行修改。支付宝密码分为登录密码与支付密码，登录密码用于登录支付宝查看账户情况，支付密码则用于通过支付宝收款、付款或提现。

我们在开通支付宝的同时，分别设置了登录密码与支付密码，在使用支付宝的过程中这两个密码是可以随时更改的，具体修改方法如下。

（1）登录支付宝页面后，进入到"我的支付宝"选项卡并单击"我的账户"按钮，如图8-20所示，进入账户管理页面，在页面下方的"安全信息"区域中，单击"登录密码"或"支付密码"后的"修改"链接，如图8-21所示。

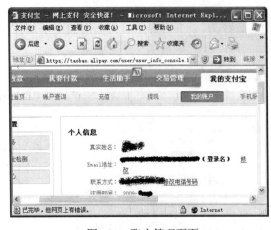

图8-20　账户管理页面

图8-21　查看安全信息

（2）进入相应的密码修改页面，分别输入修改前的"当前密码"和修改后的"新密码"，单击"确定"按钮，如图8-22所示。

（3）在打开的页面中告知用户密码修改成功，下次登录或使用支付宝时，就需要使用修改后的密码了，如图8-23所示。

图8-22 修改密码

图8-23 修改成功

8.2.2 开通手机动态口令

为淘宝账户绑定手机后，也就同时为支付宝账户绑定了手机，这时就可以申请手机动态口令来保障支付宝账户的安全。申请手机动态口令后，当对支付宝账户的资金进行操作时，绑定的手机就会收到相应的动态口令，而只有输入正确的动态口令，用户才能对账户资金进行操作，从而增强支付宝账户资金的安全。开通手机动态口令功能的具体操作方法如下。

（1）在我的支付宝页面中单击"手机服务"按钮，进入支付宝手机服务页面。页面上方显示手机的绑定信息，下方则显示提供的手机服务。在"手机自助服务"区域中单击"手机动态口令"列表右侧的"申请开通"链接，如图8-24所示。

服务类型	描述	状态	操作
手机设置安全问题	如果您忘记了安全问题，您可以通过手机重新设置	已开通	关闭
手机支付	开启手机支付功能，您将可以通过短信或语音方式操作支付宝账户余额或者卡通进行付款。	未开通	申请开通
手机动态口令	有了密码和手机动态口令的双重保护，您的账户安全就得到了全面的提升！	未开通	申请开通
手机号码登录	如果您用手机号码做为支付宝账户名，您可以在此修改	未开通	申请开通
商家营销通知	开通商家营销通知后，支付宝将最新的商家活动等消息第一时间通知给您	未开通	申请开通

图8-24 选择要开通的手机服务

（2）打开如图8-25所示的页面，单击"立即点此开通"按钮。在打开的许可协议页面中阅读相关许可协议后，单击页面下方的"我已阅读并接受协议"按钮，如图8-26所示。

（3）打开设置额度页面，在页面中分别设置单笔支付额度、每日累计额度（在这里分别设置为1000元、3000元，设置的额度可由用户自行设置），并确认绑定的手机号码后，输入支付宝支付密码并单击"下一步"按钮，如图8-27所示。

（4）在最后打开的页面中告知用户手机动态口令开通成功，如图8-28所示。设置手机动态口令后，以后如果交易额度超过了设定额度，那么在交易付款时，就需要在提示页面中单击"短信获取校验码"按钮，然后在页面中输入验证手机收到的动态口令才能完成后面的操作，如图8-29所示。

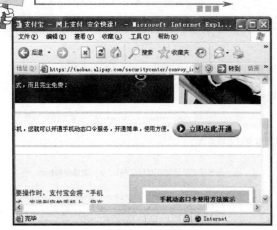

图8-25　确认开通　　　　　　　　　　图8-26　接受许可协议

图8-27　设置额度

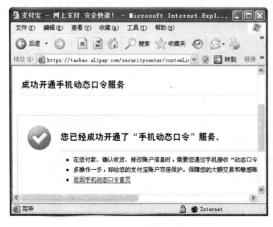

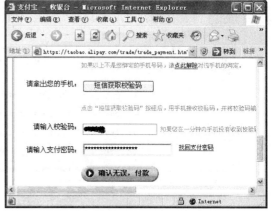

图8-28　开通成功　　　　　　　　　　图8-29　获取并输入校验码

8.2.3　找回丢失的支付宝密码

　　如果不慎遗失或忘记了支付宝的登录或支付密码，我们就可能无法登录支付宝或使用支付宝进行各种交易了，这时可以通过找回密码功能来找回丢失的支付宝登录或支付密码。现在以找回支付密码为例，其具体操作方法如下。

　　（1）进入"我的账户"页面，在页面下方的"安全信息"区域中单击"支付密码"后的"找回支付密码"链接，如图8-30所示。进入找回支付密码页面，确认要找回密码的支付宝账户后，单击"下一步"按钮，如图8-31所示。

图8-30　查看账户安全信息

图8-31　确认账户

（2）如果已经绑定了手机，那么在打开的页面中推荐用户使用手机找回密码，单击页面中的"点此用手机找回"链接，如图8-32所示。弹出如图8-33所示的浮动框，输入验证码，单击"确定"按钮，支付宝会向绑定的手机发送一条验证短信。

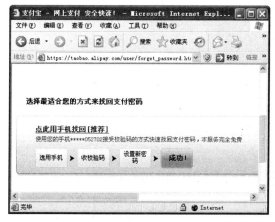

图8-32　选择密码找回方式

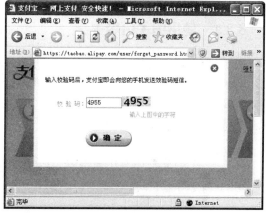

图8-33　输入验证码

收到短信后，在如图8-34所示的页面中输入手机收到的验证码，单击"下一步"按钮。

（3）在打开的设置新密码页面中重新输入新的支付密码后，单击"确定"按钮，如图8-35所示。找回密码后，以后就需要使用新的支付密码来进行支付了。

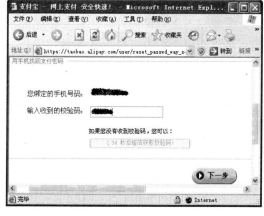

图8-34　输入收到的验证码

图8-35　输入新密码

8.2.4　其他支付宝安全设置

除了上面介绍的几种支付宝的安全设置外，用户还可以通过设置安全问题与使用支付宝证书来保障支付宝账号与资金的安全，在使用支付宝的过程中，不要只使用某一种安全设置，要综合使用支付宝的各种安全功能来更加有效地保障支付宝账户的安全。

对于支付宝账户中经常放置较多资金的卖家来说，在通过各种安全设置保障账户安全的同时，也应该及时将不需要的资金提取到银行卡中，这样即使支付宝账户被盗，资金损失的数额也会较小。

8.3　网银账户安全设置

在网上交易的过程中，不论是付款、提现或者为支付宝充值，都必不可少地要使用到网络银行，因而对网银的安全防范也是非常重要的。网银安全主要体现在付款安全上，目前各大银行的网银都推出了一系列安全措施，常用的主要有电子口令卡与U盾（不同银行名称不同）两种。我们在使用网银时，为了安全起见最好采用电子口令卡或U盾中的任意一种方式支付。

8.3.1　使用电子口令卡

电子口令卡是银行针对网银用户提供的一项支付安全措施，在开通网银的同时可以免费申请电子口令卡。在电子口令卡中，包含行列交叉的密码组合，如图8-36所示为工商银行电子口令卡，分别提供了10列8行的密码表格，如B列与3行交叉处的密码（这里是136）。用于网银支付时进行验证。

图8-36　电子口令卡

图8-37　输入电子口令

当登录网银并进行付款或转账操作时，除了需要输入支付密码外，还需要根据提示输入对应的电子口令卡密码才能继续操作。一般网银需要的电子口令密码为两个序列的组合，也就是6位密码，如提示"B2G1"，则需要按顺序输入B2与G1序列中的密码，如图8-37所示为使用网银支付时要求输入电子口令卡的密码。

注意：每次操作时，网银都会随机产生两个电子口令序列号，此时我们需要对照电子口令卡找到对应的密码并进行输入。

8.3.2　使用U盾

U盾（或U宝等）是目前各大银行推出的一项硬件加密服务，其外观与我们常见的U盘相似，其中存储了账户关联的加密信息，如图8-38所示为建行U盾的外观。

它外形酷似U盘，像一面盾牌，时刻保护着您的网络银行资金安全。从技术角度看，U盾是用于网络银行电子签名和数字认证的工具，它内置微型智能卡处理器，采用1024位非对称密钥算法对网上数据进行加密、解密和数字签名，确保网上交易的保密性、真实性、完整性和不可否认性。

它有以下两个特点。

- 交易更安全：拥有了U盾，在办理网络银行业务时，不用再担心黑客、假网站、木马病毒等各种风险，U盾可以保障网络银行资金安全。办理网络银行对外支付业务时，使用登录密码和支付密码的客户，需要保护好卡号和密码，需要确保登录网络银行的计算机安全可靠，定期更新杀毒软件，及时下载补丁程序，不随便打开来路不明的程序、游戏、邮件，保持良好的上网习惯；如果不能完全做到，也不用担心，使用U盾是最好的选择，只要登录卡号、登录密码、U盾和U盾密码不同时泄露给一个人，就可以放心安全使用网络银行。
- 支付更方便：拥有了U盾，不用再受各种支付额度的限制，轻松实现网上大额转账、汇款、缴费和购物。

当客户使用网银支付时，必须将U盾插入计算机中，并输入U盾密码才能继续交易，如图8-39所示为使用建行网银支付时的输入U盾密码提示。

图8-38　建行U盾的外观

图8-39　输入密码

U盾是目前最安全的加密方式，即使用户银行账户密码被盗，对方在没有U盾的情况下只能对账户查询而无法对资金进行操作。同样，如果我们丢失了U盾，那么就无法对自己账户进行操作了。

8.4　使用支付宝充值与付款

支付宝是一个资金平台，它最大的好处就是"担保交易"，当我们开店并拥有自己的支付宝账号后，就可以通过银行卡向支付宝账户充值。这样以后需要从淘宝购买商品或购买淘宝网提供的各项服务时，就可以直接通过支付宝账户来支付，而无需每次都通过网银进行支付了。

8.4.1　为支付宝充值

为支付宝充值也就是将银行卡中的金额转移到支付宝中，便于以后在淘宝网购物或者购买淘宝服务。不同的银行卡对每天向支付宝充值的金额是有限制的，不过我们一般无需对支付宝进行大额充值，只要够自己日常购买商品就可以。下面以使用建设银行网银为支付宝充值为例，介绍其具体操作方法。

> 注意：对支付宝账户充值有3种方式可以选择。
>
> （1）网银充值：可以选择支付宝公司提供的11家银行（中国工商银行、中国招商银行、中国建设银行、中国农业银行、兴业银行、广东发展银行、深圳发展银行、浦东发展银行、民生银行、中信银行、交通银行）办卡并开通网上支付业务。开通网上支付业务后就可以对支付宝账户进行充值，同时也可以选择办理邮政绿卡开通网上支付业务。并选择支付宝公司为支持使用的商户。只要支付宝账户是通过支付宝实名认证的账户，就可以对支付宝账户进行充值。
>
> （2）卡通充值：开通卡通业务后可以选择支付宝卡通对支付宝账户进行充值，
>
> （3）邮政网汇e充值：可以到中国邮政局办理邮政网汇e业务并设定取款密码，就可以登录支付宝账户对支付宝账户完成充值。

（1）登录淘宝网后，单击"我的淘宝"链接进入我的淘宝页面，在左侧的"支付宝专区"列表中单击"账户充值"选项，如图8-40所示。

图8-40 "我的淘宝"页面

（2）打开"支付宝充值"页面，选择"网络银行"标签，然后在页面中选择要使用的银行卡所属的银行并输入充值金额，单击"充值"按钮，如图8-41所示。

图8-41 选择银行并设置金额

（3）在打开的页面中要求用户确认充值金额是否正确，确认无误后，单击"去网络银行充值"按钮，如图8-42所示。

图8-42　确认充值

（4）在弹出的"安全警告"对话框中单击"是"按钮，将进入建设银行网银订单支付页面，页面左侧显示订单详情，右侧要求用户输入个人信息。在这里输入正确的证件号码、网银登录密码以及验证码，单击"下一步"按钮，如图8-43所示。

图8-43　订单支付页面

（5）在打开的页面中单击"支付"按钮，对于使用了网盾的用户，将弹出对话框要求输入支付密码，输入正确密码后单击"确定"按钮，如图8-44所示。

（6）在接着打开的页面中告知用户付款成功，同时在新窗口中打开支付宝收银台页面，告知用户充值成功，如图8-45所示。

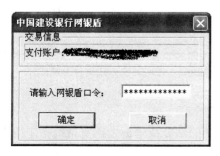

图8-44　输入网盾密码

图8-45　支付成功

（7）如果要查看支付宝余额，则单击页面中的"点此查看您的账户余额"链接，在打开的页面中即可查看支付宝当前余额了，如图8-46所示。

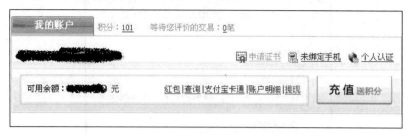

图8-46　查看账户余额

8.4.2　使用支付宝付款

向支付宝中充值后，以后就可以直接使用支付宝中的余额来付款了。使用支付宝付款有两种形式：一种是担保付款，采用这种方式，当买家收到商品并进行确认后，对方才能收到货款，在淘宝网中购物时都是采用这种方式付款的；另一种是向指定的支付宝账户直接付款，采用这种方式，对方立即收到汇款，多在亲朋好友间直接转账时使用。

1. 购买商品时使用支付宝直接付款

之前在淘宝网购买商品时，都是通过网银的方式来支付费用。对支付宝进行充值后，就可以直接使用支付宝中的余额来支付商品费用了。

在选购一款商品并下订单后，将进入支付页面，这里直接选择"支付宝余额付款"选项卡，如果支付宝余额大于应付金额，那么直接输入支付宝支付密码，单击"确认无误，付款"按钮即可支付购买费用，如图8-47所示。

如果支付宝余额少于应付金额，那么将显示应付金额、支付宝余额以及差额部分，在这里可以选择使用网银或其他方式补足差额的部分金额，然后输入支付宝密码并进入到网银站点支付不足部分即可，如图8-48所示。

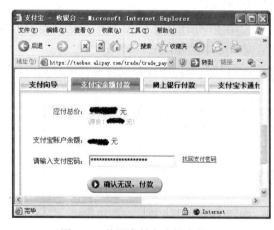

图8-47　使用支付宝直接支付

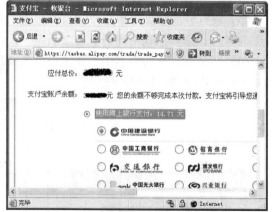

图8-48　使用其他方式支付不足部分

2. 使用支付宝直接付款

通过支付宝的即时到账功能，可以直接将支付宝中的部分或全部余额支付给指定的支付宝账户。采用该支付方式支付时，对方立即收到支付的资金。对于使用支付宝的广大用户来说，该方式适用于熟人之间的转账、合作伙伴之间的付款等，但不适用于网上购物。使用支付宝直接给指定账户付款的具体操作方法如下。

（1）在"我的淘宝"页面中单击"支付宝专区"列表中的"管理交易"选项，进入支付宝管理页面，单击页面上方的"我要付款"选项，如图8-49所示。

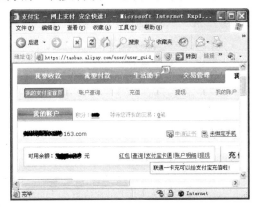

图8-49 支付宝管理页面

（2）在新打开的页面中选择"即时到账"标签，并选中"直接给亲朋好友付钱"单选按钮，单击"下一步"按钮，如图8-50所示。

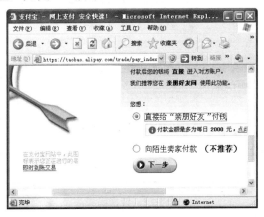

图8-50 选择付款用途

（3）在打开的页面中输入并确认对方的支付宝账号，然后输入付款原因与付款金额，再单击页面下方的"下一步"按钮，如图8-51所示。

图8-51 输入付款信息

（4）在打开的页面中确认支付信息，这里一定要核实对方的相关信息是否准确。确认无误后，在页面下方输入支付宝支付密码并单击"确认付款"按钮，如图8-52所示。

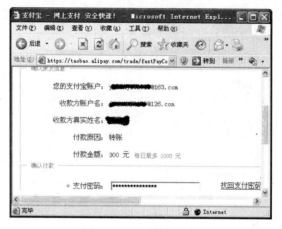

图8-52 确认付款信息

（5）付款成功后，在接着打开的页面中告知用户"即时到账付款成功！"，对方会即时收到用户的付款了，如图8-53所示。

图8-53 付款成功

> 注意：支付宝即时到账付款每日的限额是2000元，也就是我们每天最多只能使用支付宝直接支付2000元。如果需要支付的款项大于2000元，则可以分多日支付，或者采用其他方式来支付。

8.5 支付宝收款与提现

作为第三方资金管理平台，我们除了在淘宝交易中通过支付宝收款外，还可以直接对非淘宝的交易进行收款，并且当支付宝账户中拥有一定资金后，还可以把资金转到自己的银行卡中。

8.5.1 使用支付宝收款

网店销售商品并且买家确认收货后，支付宝就会自动收到买家的货款，这只是支付宝其中的一项收款功能。对于没有经过淘宝网的交易或者合作，我们也可以通过支付宝来收款，且收款方式也有多种。

通过支付宝收款时，先在"我的淘宝"页面中单击"支付宝专区"列表中的"管理交易"选项，进入支付宝交易管理页面。单击页面上方的"我要收款"选项，在收款页面中选择相应的收款方式即可，如图8-54所示。

图8-54 支付宝收款页面

1．担保交易收款

通过网店销售商品时，收款所采用的即为担保交易收款，也就是需要等待对方确认收货后，才能收到货款。如果我们的交易没有通过淘宝，而是采用其他交易方式，也可以使用支付宝来担保交易。其流程与在淘宝购物一样，与对方达成交易协议后向对方发送付款请求，当对方付款后再进行发货，而货款将会在对方收货并确认时收到。创建支付宝担保交易收款的方法如下。

（1）进入"支付宝收款"页面后，单击"担保交易收款"区域中的"立即使用"按钮，进入创建担保交易收款页面，分别输入买家的支付宝账号、交易的商品或服务名称、价格、数量、物流等信息（前面带*号的信息为必填），填写完毕后，单击页面最下方的"确定"按钮，如图8-55所示。

图8-55 创建担保交易收款

（2）担保交易付款创建成功，如图8-56所示。对方将会收到交易通知，我们也可以使用其他途径联系对方完成付款。

图8-56　担保交易收款创建成功

2．即时到账收款

即时到账付款同样可以用于非淘宝网的各种合作或交易付款。与担保交易不同的时，如果对方采用即时到账付款，那么对方付款后我们将会即时收到。创建即时到账收款的具体操作方法如下。

在"支付宝收款"页面中单击"即时到账收款"区域中的"立即使用"按钮，进入创建"即时到账收款"页面，在页面中正确填写对方的支付宝账号及交易与付款信息，如图8-57所示。

图8-57　创建即时到帐收款

填写完毕后，单击页面下方的"确定"按钮，即可创建即时到账交易。同时，对方会收到收款通知，我们也可通过其他途径联系对方完成付款。

3．AA收款

AA收款用于多人集体活动时的费用平摊。收款创建方一般为活动的邀请方或者承担方，通过AA收款方式，可以同时向30人发起付款通知，然后分别设置每个人的应付款，或者所有人平摊费用。对于参加互不相识的集体活动时（如网友之间的聚会、团购活动等），都可以采用支付宝AA收款方式来进行收款，其具体操作方法如下。

（1）在"支付宝收款"页面中单击"AA收款"区域中的"立即使用"按钮，进入创建AA收款页面。在"收款理由"文本框中输入收款理由，然后在"添加AA成员"文本框中输入第一个成员的支付宝账户，并单击"添加"按钮，如图8-58所示。

（2）添加第一个成员后，在右侧的付款金额框中输入该成员的应付款金额。对于AA制付款，可以直接输入公式"总金额/参与人数"，此时下方将直接显示出实际应付金额，如图8-59所示。

（3）继续在下方输入其他成员的支付宝账户，并分别设定每个成员的应付款金额，下方会同步显示总付款金额，如图8-60所示。添加完毕后，单击"发起收款"按钮，所有成员将会收到支付宝付款通知。

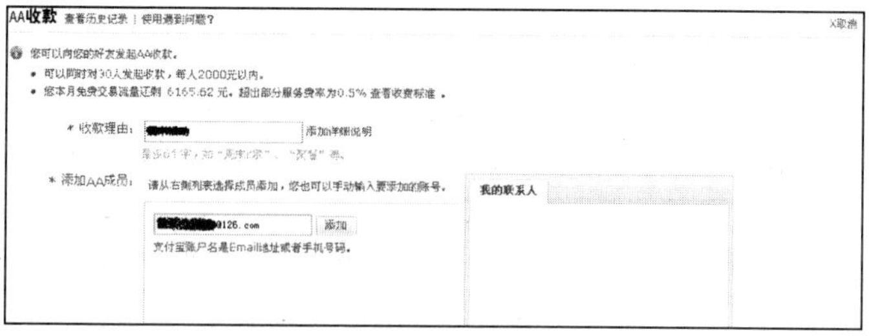

图8-58　输入第一个成员账户

图8-59　输入应付金额或公式

图8-60　添加成员并设置付款金额

4．支付宝收款的付款方法

发起付款交易后，对方进入自己的支付宝管理页面，在交易明细表中即可看到付款条目。如果同意付款，只要在交易管理列表中单击"付款"链接，然后选择通过支付宝或者网银进行付款就可以了，如图8-61所示。

图8-61　支付宝交易明细表

通过支付宝创建的付款交易，与在淘宝网购物时的付款完全相同。不过此类交易只能通过支付宝查看与管理，而不能在淘宝网的"已买到的宝贝"中看到。

8.5.2　从支付宝提现

买家从淘宝店铺购买商品后，会将货款支付到支付宝中，而支付宝中的资金只能用于淘宝网或支付宝交易。如果要取现的话，还需要将支付宝中的资金转到对应的银行卡。对于卖家来说，当店铺销售商品后，就可以定期或者定额将所得款项转到自己的银行卡中，这个过程称为"提现"。从支付宝提现的具体操作方法如下。

（1）在"我的淘宝"页面中单击"支付宝专区"列表中的"管理交易"选项，进入支付宝管理页面，单击页面上方的"提现"按钮，如图8-62所示。

图8-62　申请提现

（2）打开"申请提现"页面，在其中输入提现金额以及支付宝密码，单击"下一步"按钮，如图8-63所示。

注意：提现金额不能大于支付宝余额。

图8-63　输入提现金额和密码

（3）接着弹出对话框要求用户确认提现操作，默认为转账到实名认证的银行卡中，确认无误后单击"确定提现"按钮，如图8-64所示。

（4）此时将转到支付宝登录界面，在其中输入支付宝账号与登录密码后，单击"登录"按钮，如图8-65所示。

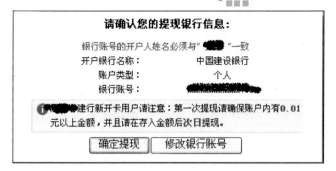

图8-64 确认提现

图8-65 登录支付宝

（5）在转到的页面中告知用户已经提交提现申请，如图8-66所示。此时即可关闭页面，并等待1～2个工作日后，支付宝将提现款转到银行卡中。

图8-66 提交提现申请

注意：支付宝针对个人提现是有每日限额的，每日最多提现3笔，并且每笔提现额度根据银行卡的不同也不同。因而对于数目较大的提现，需要合理规划提现次数与金额。

8.6　查看支付宝交易状况

不论是淘宝网上的交易，还是不经过淘宝网的交易，只要是通过支付宝进行的交易，都会在支付宝中详细记录，并且显示每个交易的状态。通过支付宝提供的各种记录功能，可以查看所有交易记录、所有资金流动记录等，这对于管理交易与资金流动是非常有用的。

8.6.1　查询交易记录

只要是通过支付宝进行的交易，都可以在支付宝中查看交易记录，包括交易类型、交易行为、交易方、交易商品、交易金额以及交易状态等信息。这样我们就可以直观地了解交易明细以及资金流动情况，从而有效地进行统计与预算。

（1）在"我的淘宝"页面中单击"支付宝专区"列表中的"管理交易"选项，进入支付宝"交易管理"页面，在"交易管理"区域中即可查看最近一周内的所有交易记录，如图8-67所示。

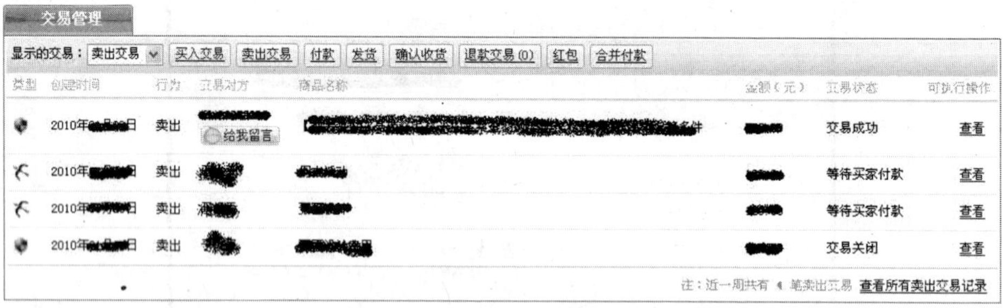

图8-67　最近一周交易记录

（2）在交易列表上方，显示"买入交易"、"卖出交易"、"付款"、"发货"等交易状态按钮，单击其中一个按钮，即可在下方筛选出该状态的交易。如果要查看某个交易详情，则单击交易列表最右侧的"查看"链接，在打开的页面中即可查看详细的交易信息，如图8-68所示。

图8-68　查看交易详情

（3）如果要查看更多交易记录，则单击交易记录列表下方的"查看所有卖出交易记录"

链接，将转到"交易管理"页面，在"交易查询"区域中设置时间范围与交易类型后，单击"查询"按钮，如图8-69所示。

图8-69 设置查询条件

（4）稍等之后，即转入"交易管理"页面，在页面中显示指定时间范围内所有指定交易信息，如图8-70所示。在页面中同样可以单击列表上方的按钮进行筛选，或者单击其中某个交易右侧的"查看"按钮查看交易详情。

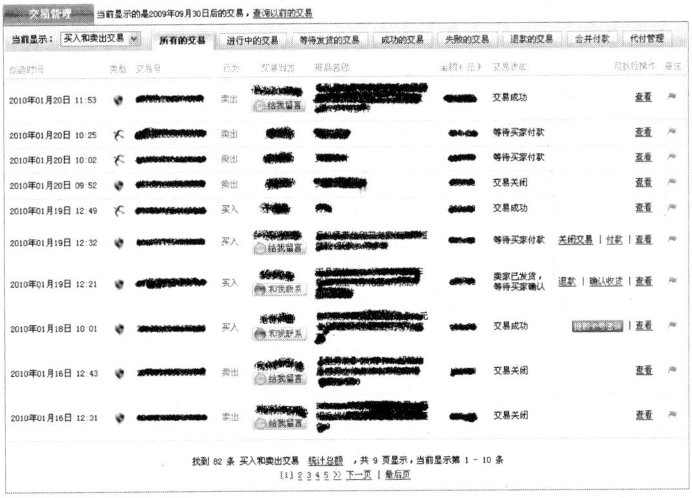

图8-70 查询交易

如果所查询的交易记录无法在一页中全部显示出来，那么交易记录下方将显示分页链接，单击分页数字，即可切换到相应的页面以查看更多交易记录。

对于正在进行的买入或卖出交易（已拍下、已付款、已发货、已收到货），在列表右侧还会显示相应的操作链接，单击链接即可进行对应的操作，如付款、收货、确认收货等，这与"已买到的宝贝"列表中的功能是相同的。

8.6.2 查询资金流动明细

无论是买入或卖出交易，都涉及资金的流动。作为一个卖家，有必要对自己支付宝账户的资金流动明细实时掌握。与交易明细不同，支付宝资金流动明细仅仅提供资金流动的时间、交易场所、类型以及数额等信息，而不会显示交易商品的详情，这就使用户可以将关注的重点放在资金上。

为了便于商家了解自己的资金流动明细，支付宝提供了在线明细表与数据库两种查询方式，前者可以在线浏览与查看资金流动明细，后者则可将数据库下载到计算机中查看资金流动明细。

1. 在线查询资金流动明细

当我们进入支付宝账户后，就可以设置查询条件来查看指定的交易明细状况，并且查看指定交易的详情，其具体操作方法如下。

（1）进入支付宝交易管理页面后，在"我的账户"区域中单击"账户明细"链接，如图8-71所示。

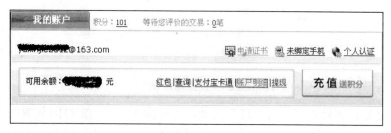

图8-71　"我的账户"区域

（2）进入查询条件设置页面，分别输入要查询账户明细的起始日期与终止日期，单击"查询"按钮，如图8-72所示。

图8-72　设置查询日期

（3）稍等一会儿，将在页面下方显示详细的交易资金流动明细表，如图8-73所示。如果记录太多，还可以单击页面下方的分页链接进行查看。

图8-73　交易明细记录

2. 下载账户明细数据库

在支付宝实名认证时，有两种认证方式，分别是支付宝卡通与确认余额。对于采用支付宝卡通认证的用户，可以下载账户资金明细数据文件，下载后的文件可以使用Excel直接打开并进行各种管理，如排序、筛选、分析与统计等。下载并打开账户资金明细数据库的具体操作方法如下：

（1）在支付宝交易管理页面中单击"账户明细"链接，进入"账户查询"页面，单击右上角的"下载CSV格式账户明细文件"链接，如图8-74所示。

（2）弹出如图8-75所示的"文件下载"对话框中单击"保存"按钮。

图8-74 单击链接　　　　　　　　　　　　　　图8-75 下载文件

（3）打开"另存为"对话框，在"保存在"下拉列表中选择文件的保存位置，在"文件名"文本框中输入文件的保存名称，然后单击"保存"按钮，如图8-76所示。

（4）接着开始下载文件并显示下载进度，下载完毕后，在如图8-77所示的对话框中单击"打开"按钮。

图8-76 设置保存位置与名称　　　　　　　　图8-77 下载完成

如果计算机中安装了Excel程序，那么将默认用Excel打开数据文件，其中显示了支付宝中的每一笔交易数据，如图8-78所示。此时即可使用Excel的各种功能对数据进行综合分析与统计。

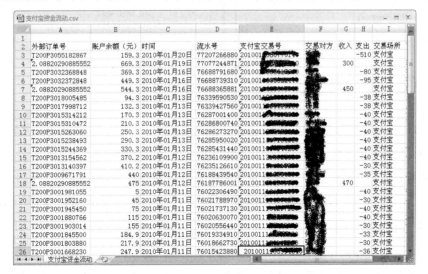

图8-78 打开数据表

8.6.3 交易退款流程

在淘宝宝商品交易的过程中，广大卖家不可避免会遇到交易退款的情况。退款的原因很多，一般如买家不满意、商品在运输过程损坏、运输丢失等。遇到退款时，作为卖家在积极处理商品事宜的同时，对于无法进行弥补的交易，就应该退款给买家。淘宝网中的退款分为两种：一种是买家付款后、发货前的退款，另一种是发货后的退款。

当买家拍下商品并向支付宝退款后，如果当前商品缺货，或者买家不想购买当前商品时，就需要为买家退款。对于这类情况，买家需要等待24小时后才能发出退款请求。当卖家同意后，就可以将买家之前支付的货款退回到买家的支付宝账户。

买家购买商品并付款后，卖家需要根据买家的订单来对商品进行包装并联系物流公司发货。如果买家长时间未收到货，或者对收到的货物不满意，那么在协商未果的情况下，我们也应该为买家退款。

1. 买家发出退款请求

不论是出于卖家或买家的原因，只要当买家付款后无法继续完成交易时，都需要由买家发出退款请求。对于卖家已发货的商品，可以随时发出退款请求，但对于卖家未发货的商品，则需要在24小时后由买家发出退款请求。

出于买家自身原因退款的，一般买家会主动发出退款请求；但如果出于卖家原因，则需要联系买家并进行沟通，让买家发出退款请求。发出退款请求的具体操作方法如下：

（1）买家进入已买到的宝贝页面中，在商品列表中单击要退款商品项目中的"退款"链接，如图8-79所示。

（2）打开"填写退款协议"页面，在其中选择与输入退款原因后，输入支付宝密码并单击"立即申请退款"按钮，如图8-80所示。

图8-79 单击"退款"链接

图8-80 输入退款原因

（3）弹出如图8-81所示的对话框要求用户确认退款操作，单击"确定"按钮。

（4）在打开的页面中提示退款请求发送成功，并等待卖家确认退款，如图8-82所示。

2. 卖家确认退款

当买家申请退款后，一般都会主动联系卖家，卖家确认后，才能成功退款。另外，如果卖家已经登录阿里旺旺，那么当买家发出退款请求后，旺旺会弹出消息框提醒卖家，如图8-83所示；并且卖家进入已卖出的宝贝页面后，可以看到商品状态显示为"退款中"，如图8-84

所示。

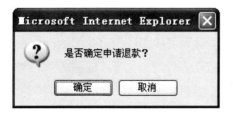

图8-81　确认退款操作　　　　　　图8-82　申请提交成功

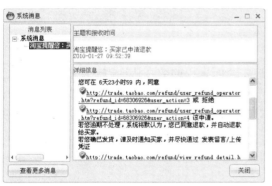

图8-83　退款提醒　　　　　　　图8-84　商品状态为"退款中"

如果此次退款已经经过双方协商并同意，那么卖家就可以确认退款，其具体操作方法如下：

（1）在退款提示对话框中单击同意退款所对应的地址链接，或者在已卖出的宝贝页面中单击商品列表中的"退款中"链接，在打开的页面中单击"同意退款申请"按钮，如图8-85所示。

（2）在接着打开的页面中显示退款信息，确认无误后，选中"同意买家的退款协议"单选按钮，并输入支付宝支付密码后，单击"同意退款协议"按钮，如图8-86所示。

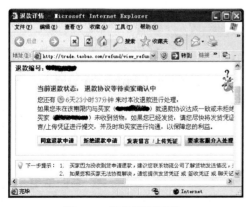

图8-85　退款详情页面　　　　　　图8-86　同意退款

（3）弹出对话框要求卖家确认退款操作，单击"确定"按钮，如图8-87所示。

（4）接着打开如图8-88所示的页面，告知卖家退款成功，此时买家支付宝账户即会收到相应的退款金额。

图8-87　确认退款操作　　　　　　　　　图8-88　退款成功

8.7　支付宝数字证书

支付宝数字证书是为了保障用户支付宝账户安全而采用的数字认证方式。在经常登录支付宝的计算机中安装数字证书后，在通过支付宝支付或转账时，只能在安装有数字证书的计算机中操作，而使用其他计算机登录后，只能对账户进行查询操作，因此最大限度地保障用户支付宝账户资金的安全。

8.7.1　申请与安装数字证书

只要开通了支付宝账户的用户，都可以申请并安装支付宝数字证书。但是需要注意的是，一旦申请并使用数字证书，那么使用其他计算机登录支付宝账户就无法进行支付与转账操作。因此，用户应该选择自己常用的计算机来安装证书。申请与安装支付宝数字证书的具体操作方法如下。

（1）进入"我的淘宝"页面，单击"支付宝专区"列表中的"安装数字证书"链接，如图8-89所示。

（2）打开"安全校验"页面，在"身份证号码"文本框中输入实名认证时采用的身份证号码，然后单击"确定"按钮，如图8-90所示。

图8-89　"我的淘宝"页面　　　　　　　　　图8-90　安全校验

（3）打开支付宝证书申请页面，单击左侧"支付宝数字证书"区域中的"申请支付宝数字证书"按钮，如图8-91所示。

（4）在打开的页面中输入之前设置的密码保护问题答案并单击"提交"按钮，如图8-92所示。

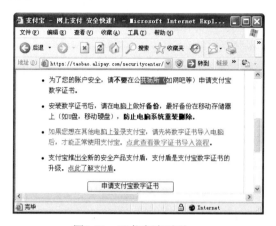

图8-91 证书申请页面

图8-92 输入密码保护问题答案

（5）在接着打开的页面中要求重新设置3个密码保护问题并输入答案，单击"确定"按钮，如图8-93所示。需要注意的是，这里设置的密码问题会覆盖原来的密码保护问题。

（6）在打开的页面中提示用户要牢记所设置的密码保护问题，确认无误后，单击"确认"按钮，如图8-94所示。

图8-93 设置密保问题与答案

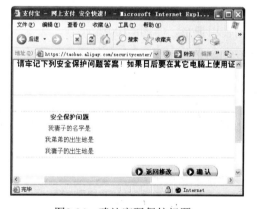

图8-94 确认密码保护问题

（7）打开证书下载页面，使用鼠标右键单击窗口上方显示出的信息栏，在弹出的快捷菜单中选择"安装ActiveX控件"命令，如图8-95所示。

（8）弹出"安全警告"对话框提示安装证书，直接单击"安装"按钮，如图8-96所示。

（9）安装完成后，在返回的页面中要求用户设置证书的使用地点，这里任意输入一个自己熟悉的名称，单击"确定"按钮，如图8-97所示。

（10）在接着打开的页面中要求用户确认个人信息是否准确，无误后单击"确定"按钮，如图8-98所示。

（11）此时将要求用户重新登录支付宝，登录后进入"数字证书管理"页面，单击"查看证书"链接，如图8-99所示。

图8-95 安装控件

图8-96 确认安装

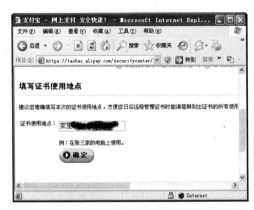

图8-97 填写使用地点

图8-98 确认个人信息

（12）在打开的"查看证书"页面中显示当前数字证书的相关信息，页面下方则显示证书的使用记录，如图8-100所示。

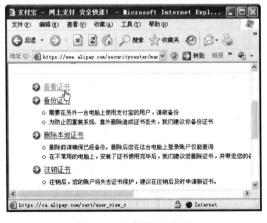

图8-99 证书管理页面

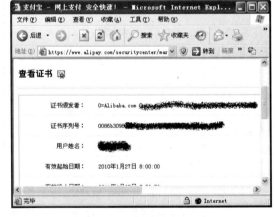

图8-100 查看数字证书

8.7.2 备份数字证书

当申请了支付宝数字证书后，建议用户对证书进行备份。备份证书的用途主要有两个：一是用户可能需要在其他计算机中使用支付宝；二是重新安装系统之前，需要对证书进行备份，便于重装后还原使用。另外，为了避免意外情况导致的系统崩溃，建议用户在申请证书后最好立即对证书进行备份。备份支付宝数字证书的具体操作方法如下。

（1）在"我的淘宝"页面中单击"支付宝专区"列表中的"安装数字证书"链接，在打开的页面中提示已经安装数字证书，然后单击"点此管理数字证书"链接，如图8-101所示。

（2）打开"数字证书管理"页面，在页面中单击"备份证书"链接，如图8-102所示。

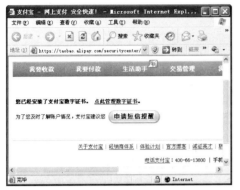

图8-101 提示证书已安装

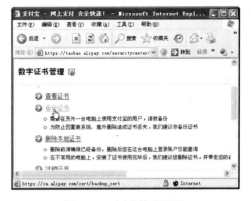

图8-102 证书管理页面

（3）打开"数字证书备份"页面，输入与确认备份密码后，单击"备份"按钮，如图8-103所示。

（4）在弹出的提示对话框中单击"确定"按钮，打开"另存为"对话框，分别设置证书备份文件的保存位置与名称后，单击"保存"按钮，如图8-104所示。

图8-103 设置备份密码

图8-104 设置保存选项

（5）稍等一会儿，在打开的页面中提示证书备份成功，如图8-105所示。此时通过"我的计算机"窗口进入备份目录，就可以看到备份的数字证书文件了，如图8-106所示。

图8-105 备份成功

图8-106　查看备份文件

8.7.3　删除数字证书

在指定的计算机中安装数字证书后，如果以后不再使用这台计算机，为了支付宝账户的安全，就应当将计算机中已经安装的数字证书删除。删除支付宝数字证书的具体操作方法如下：

（1）进入"支付宝证书管理"页面，单击"删除本地证书"链接，如图8-107所示。

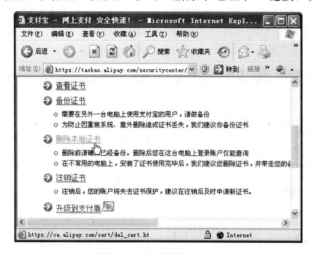

图8-107　证书管理页面

（2）在弹出的提示对话框中单击"确定"按钮，进入备份提醒页面，直接单击页面右下角的"确认删除"按钮，如图8-108所示。

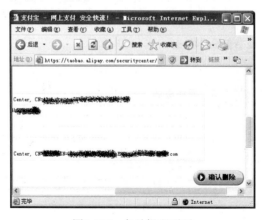

图8-108　备份提醒页面

（3）弹出提示对话框要求用户确认操作，单击"是"按钮。返回支付宝登录界面，输入账户名与密码并登录后，即提示用户证书删除完成，如图8-109所示。

图8-109　证书删除成功

8.7.4　导入数字证书

当用户对支付宝证书进行备份后，以后无论是更换计算机、重装系统或者由于系统损坏等情况，都可以导入之前备份的数字证书继续使用，导入证书的具体操作方法如下。

（1）在"我的淘宝"页面中单击"支付宝专区"列表中的"安装数字证书"选项，由于之前已经申请了证书，因此在打开的页面中将提示导入数字证书，单击"点此导入数字证书登录"链接，如图8-110所示。

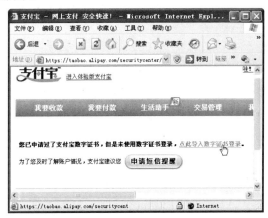

图8-110　提示导入证书

（2）进入"导入证书"页面，单击"浏览"按钮选择之前备份的数字证书文件，并输入证书备份密码后，单击"导入"按钮，如图8-111所示。

图8-111　证书导入页面

（3）在弹出的提示对话框中单击"确定"按钮，要求用户重新登录支付宝，登录后进入安全校验页面，这里选择"使用密保问题校验"标签，并正确输入保密问题答案，单击"确定"按钮，如图8-112所示。

（4）在接着打开的页面中输入使用地点名称，单击"确定"按钮，即打开如图8-113所示的页面，提示用户数字证书安装成功。

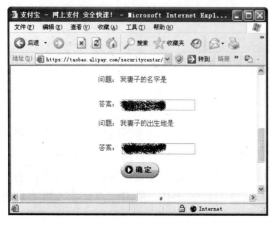

图8-112　输入密保问题

图8-113　证书导入成功

8.8　本章小结

通过以上的介绍，我们已经了解了淘宝密码、支付宝密码网银账户的安全设置，以及关于支付宝的充值与付款、收款与提现、查看交易状况和数字证书的大部分功能，通过本章学习，读者可以通过在网上实现真实的交易，进而更加充分的了解这些功能的使用。

8.9　思考与练习

1．填空题

（1）_____作为淘宝网交易的资金管理平台，经过这几年的飞速发展已成为使用极其广泛的网上安全支付工具，深受广大用户的喜爱。

（2）支付宝最初作为淘宝网公司为了解决网络交易安全所设的一个功能，该功能为首先使用_____模式，由买家将货款打到支付宝账户，由支付宝向卖家通知发货，买家收到商品确认后指令支付宝将货款放于卖家，至此完成一笔网络交易。

（3）支付宝密码分为_____密码与_____密码。

（4）支付宝是一个资金平台，它最大的好处就是"担保交易"，当我们开店并拥有自己的支付宝账号后，就可以通过_____卡向支付宝账户充值。

（5）淘宝网中的退款分为两种：一种是_____退款，另一种是_____退款。

（6）_____是为了保障用户支付宝账户安全而采用的数字认证方式。

（7）一旦申请并使用数字证书，那么使用其他计算机登录支付宝账户就无法进行_____与转账操作。

（8）申请了支付宝数字证书后，建议用户对证书进行_____。

2．简答题

（1）简述U盾的两个特点。

（2）简述使用支付宝付款的两种形式。

（3）简述备份数字证书的用途。

（4）简述备份支付宝数字证书的具体操作方法。

（5）简述删除支付宝数字证书的具体操作方法。

3．操作题

（1）为一个淘宝账号设置密码保护。

（2）修改支付宝密码。

（3）为支付宝进行充值操作。

（4）从支付宝中进行提现操作。

（5）在支付宝中查看交易记录。

（6）请用户亲自进行支付宝申请与安装数字证书操作。

第9章 计算机系统维护和数据恢复工具

系统维护就是为了保证系统中的各个要素随着环境的变化始终处于最新的、正确的工作状态，系统维护的目的是保证管理信息系统正常而可靠地运行，并能使系统不断得到改善和提高，以充分发挥作用。而数据修复的目的是恢复丢失的数据。计算机用户出现的任何灾难性的事件都是有可能。当出现安全事件以后，如何最快的恢复系统和数据，将损失降低到最低，也是我们必须要掌握的重要技能。本章将介绍一些常用的系统和数据的备份与恢复方法，养成及时、定时备份的习惯是非常有必要的。

本章要点：

- 系统和网络的管理维护
- 系统的备份与恢复
- 各类数据的恢复

9.1 备份和恢复

据统计，80%以上的数据丢失情况都是由于人们的错误操作引起的。随着计算机和网络的不断普及，人们更多的通过网络来传递大量信息。在网络环境下，还有各种各样的病毒感染、系统故障、线路故障等，使得数据信息的安全无法得到保障。在这种情况下，数据备份就成为日益重要的措施。备份如今已不是一件烦琐的事情，软、硬件产品的不断推出，使得数据备份具有了速度快、可靠性高、自动化强等特点。如果合理的利用数据备份，那么无论网络硬件还是软件出了问题，都能够轻松地恢复。

9.1.1 用Ghost备份和恢复系统

Ghost软件是美国赛门铁克公司推出的一款出色的硬盘备份还原工具，其功能非常强大，可以实现FAT16、FAT32、NTFS、OS2等多种硬盘分区格式的分区及硬盘的备份还原，俗称克隆软件。使用它我们能很方便地安装备份还原系统，这是应用计算机必会的知识。

Ghost软件既然称为克隆软件，说明其Ghost的备份还原是以硬盘的扇区为单位进行的，也就是说可以将一个硬盘上的物理信息完整复制，而不仅仅是数据的简单复制；Ghost能克隆系统中所有的数据，包括声音、动画、图像，连磁盘碎片都可以复制。它支持将分区或硬盘直接备份到一个扩展名为.gho的文件里（这种文件称为镜像文件），也支持直接备份到另一个分区或硬盘里。

我们要用Ghost来为操作系统做备份，所以不能在当前系统下进行，通常我们会制作一张包含Ghost工具的DOS启动光盘，用光盘启动计算机，如图9-1所示，进入Ghost。

如图9-2所示就是Ghost的界面，是在DOS下的图形界面，有简单的提示，操作并不复杂，确认后单击"OK"按钮。

Ghost可以分别将整块硬盘复制到另一块硬盘或一个镜像文件，也可以将一个单独的分区复制到另一个分区或者一个镜像文件。由于现在硬盘的容量飞速增长，我们很少会用到整盘复制了，最常用的是对系统分区进行备份，镜像到一个.gho文件，下面我们以此为例来进行介绍。

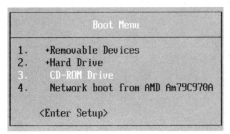

图9-1 Boot Menu

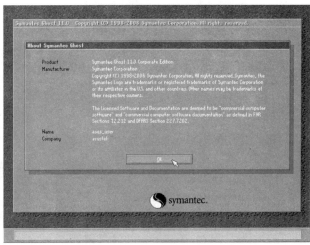

图9-2 Ghost确认界面

单击"OK"按钮后，就可以看到Ghost的主菜单，如图9-3所示。

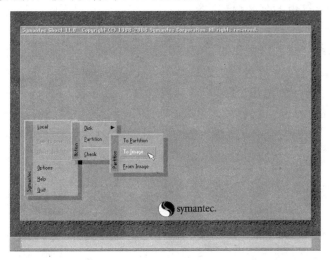

图9-3 选择"To Image"

在主菜单中，有以下几个选项。

● Local：本地操作，对本地计算机上的硬盘进行操作。

● Peer to peer：对于个人用户作用不大，不再说明。

● GhostCast：对于个人用户作用不大，不再说明。

● Option：使用Ghsot时的一些选项，一般使用默认设置。

● Help：一个简洁的帮助。

● Quit：退出。

用Ghost备份的方法如下。

（1）通过菜单选择"Local→Partition→To Image"，如图9-3所示，这表示我们要将一个分区做成一个镜像文件。

（2）在图9-4中可以看到，Ghost让我们选择本地源驱动器，就是我们需要备份的分区所在的驱动器。这里我们只安装了一块硬盘，如果我们的计算机上安装有多块硬盘，要注意区分。

（3）如图9-5中，我们可以选择需要进行镜像的分区，这里我们只镜像第一个主分区，就是操作系统所在的分区。注意，不要将多个分区混淆，选择好了以后单击"OK"按钮即可。

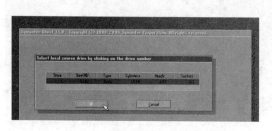

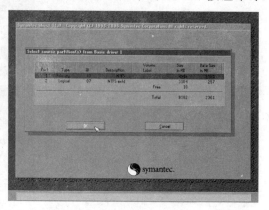

图9-4　选择本地源驱动器　　　　　　　　　　　图9-5　选择需要镜像的分区

（4）然后需要我们选择的就是保存镜像文件的位置，在窗口上方的下拉菜单中选择分区，如图9-6所示。注意：这里的分区编号（盘符）和系统中看到得不同。通过前面的数字来表示，"1.1"表示第一个硬盘的第一个分区，"1.2"表示第一个硬盘的第二个分区，后面跟着的字母表示分区的文件系统格式。这里我们如果把将要生成的镜像文件保存到第二个分区上，要选择"1.2[]NTFS drive"。分区很多，容易混淆，我们可以通过分区中的文件内容来判断所选择的分区。另外，这个分区的可用空间大小一定要足够，通常Ghost制作的镜像文件大小大约是源分区已用空间的80%～90%的容量，可以参考这个源分区的使用情况选择目标位置。

图9-6　选择保存镜像文件的位置

（5）选择好了分区，再设置保存的文件名，单击"Save"按钮即可，如图9-7所示。文件名可以任意指定，不过建议注明源分区和制作的时间，便于识别和管理。备份的镜像文件要保存好，方便以后系统出现问题时，及时准确地进行恢复。

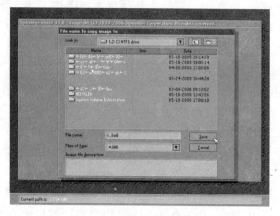

图9-7　设置保存的文件名

（6）Ghost会提示我们选择制作镜像的模式，如图9-8所示，是快速模式（Fast）还是高压缩模式（High）。快速模式对镜像的压缩较小，速度较快；高压缩模式生成的镜像文件较小，但是制作过程需要更长时间。

图9-8 设置制作镜像的模式

（7）稍等一会，就可以把一个硬盘分区，做成一个镜像文件保存起来了。如图9-9所示，就是镜像制作过程的图像。

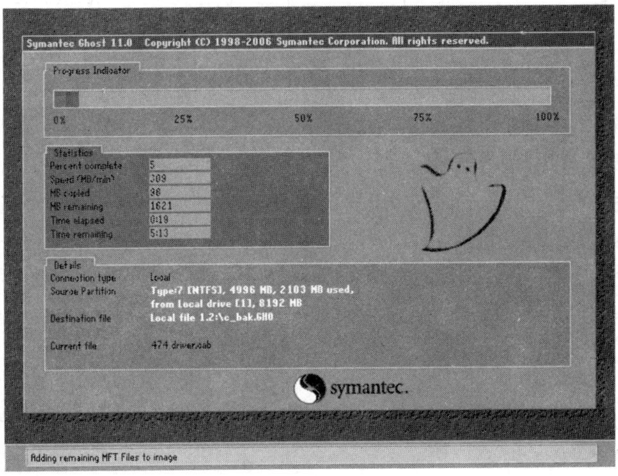

图9-9 镜像制作过程

制作好的镜像文件为.gho格式，我们可以将它刻盘备份或者复制到任何地方保存。一旦系统出现问题，比如被计算机病毒感染破坏，或者其他故障无法使用，我们就可以用很短的时间将其恢复到备份时的状态，不用再重新安装系统，也省去了安装驱动程序和各种软件的麻烦。

恢复备份的方法与制作镜像类似，就是将镜像文件恢复到硬盘分区上，如图9-10所示。先选择"From Image"，然后选择保存镜像的分区，找到镜像文件，选择打开即可，如图9-11所示。选择"Local"→"Disk"→"From Image"选项，同样能对镜像进行恢复，但它是把镜像恢复到整个硬盘中，恢复完后，只有一个C盘。说明它是适合多硬盘的用户使用。如果是单硬盘的计算机千万不要用这方法恢复镜像，否则硬盘全部数据会丢失。

最后，按照提示选择需要恢复到的目标分区，即可开始恢复。

Ghost操作并不复杂，我们应该在新安装好操作系统、驱动程序和常用软件以后，制作一个Ghost的镜像文件保存，这样下次就不需要重新安装系统了，只需要短短几分钟时间，就可以恢复成新安装的系统，大大节省了时间和精力。

Ghost克隆前的注意事项如下。

很多用户在使用Ghost恢复系统时常出现很多问题，比如恢复时出错、失败，恢复后资料丢失、软件不可用等。在此介绍使用Ghost进行克隆前要注意的一些事项供大家参考。

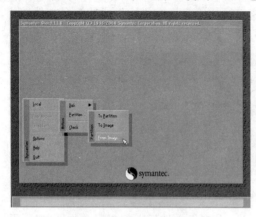

图9-10 选择"From Image"

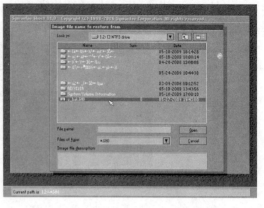

图9-11 单击"Open"按钮

- 最好为Ghost克隆出的映像文件划分一个独立的分区。把Ghost.exe和克隆出来的映像文件存放在这一分区里,以后这一分区不要做磁盘整理等操作,也不要安装其他软件。因为映像文件在硬盘上占有很多簇,只要一个簇损坏,映像文件就会出错。有很多用户克隆后的映像文件开始可以正常恢复系统,但过段时间后却发现恢复时出错,其主要原因也就在这里。
- 一般先安装一些常用软件后才作克隆,这样系统恢复后可以免去很多常用软件的安装工作。为节省克隆的时间和空间,最好把它们安装到系统分区外的其他分区,仅让系统分区记录它们的注册信息等,使Ghost真正快速、高效。
- 克隆前用Windows优化大师等软件对系统进行一次优化,对垃圾文件及注册表冗余信息作一次清理,另外再对系统分区进行一次磁盘整理,这样我们克隆出来的已经是一个优化了的系统映像文件,将来如果我们要对系统进行恢复,便能直接拥有一个优化了的系统。

众所周知,Ghost可以快速地备份与恢复硬盘数据,如果硬盘上的操作系统瘫痪、数据丢失了,可以用Ghost快速地恢复,免去了重新安装系统和各种软件的烦恼。其实Ghost算得上是一款功能强大的软件,除了常规的备份、恢复数据之外,还有许多其他功能。

1. 用Ghost快速格式化大分区

如今硬盘的容量是越来越大,每次对大分区进行Format时,都要花费很多时间,其实Ghost可以对大分区进行快速格式化。首先在硬盘上划分一个很小的分区(如40MB),然后用Format命令对这个分区格式化,注意以后不要在该分区上存放任何文件,接下来用DOS启动盘重启计算机,运行Ghost,选择菜单"Local"→"Disk"→"To Image"选项,将这个分区制作成一个GHO映像文件,存放在其他分区中。以后需要格式化某个大分区时,即可用DOS启动盘重启计算机,运行Ghost,选择菜单"Local"→"Disk"→"From Image"选项,选中上述制作好的GHO镜像文件,选择要格式化的大分区,单击"OK"键,最后再单击"YES"键即可。

2. 用Ghost整理磁盘碎片

用Ghost备份硬盘分区时,Ghost会自动跳过分区中的空白部分,只把其中的数据写到GHO映像文件中。恢复分区时,Ghost会把GHO文件中的内容连续地写入分区中,这样分区的头部都写满了数据,不会夹带空白,因此分区中原有的碎片文件也就自然消失了。Ghost整理磁盘碎片的步骤是先用Scandisk扫描、修复要整理碎片的分区，然后使用DOS启动盘重启机器，进入DOS状态，在纯DOS模式下运行Ghost，选择"Local"→"Disk"→"To Image"选项，把该分区制成一个GHO映像文件，再将GHO文件还原到原分区即可。

注意：在还原GHO映像文件时一定要选对分区，否则会覆盖原来的分区，造成数据的丢失。

3．用Ghost同时给多台PC克隆硬盘

Ghost在原来一对一的克隆方式上，增加了一对多的恢复方式，能够透过TCP/IP网络，把一台PC硬盘上的数据同时克隆到多台PC的硬盘中，而且还可以选择交互或批处理方式，这样就可以给多台计算机同时安装系统或者升级，节省了时间。

4．给Ghost文件加密码

对备份文件进行加密其实也不是什么难事，在Ghost后加上相应的参数就可以完成。在启动Ghost时，在其后面加上参数"ghost –pwd"，例如，ghost -pwd=1234（1234是要设置的密码），这样启动的Ghost和平常没有什么两样，只是在输入备份文件名后会有所不同。此时会提示我们输入保护密码，输入完毕后还需要重复输入确认，若两次输入密码不相同，会需要重新输入，最后完成对备份文件的加密。在进行恢复时，当选择加密的备份文件后，会提示输入密码，只有输入正确的密码才能进入下一步，然后就可以按照平时的操作进行系统恢复了。如果觉得这样输入密码太麻烦，那么还可以在命令行中直接输入密码，例如"ghost -pwd=用户所设置的密码"，这样在恢复的过程中就不会再提示输入密码了。

5．减少Ghost文件大小

Ghost为在系统出现问题时，快速恢复系统提供了很大的方便，但有些用户的Ghost文件比较大，怎么来减少Ghost镜像文件的体积，可以从以下两点来做。

- 在进行Ghost镜像文件前，要删除WindowsTemp文件夹下的所有文件，同时可以使用系统清理软件进行垃圾文件清理。
- 进行Ghost操作时，可以采用压缩方式来有效的缩减Ghost镜像文件的体积。

有些时候用户在使用Ghost出现问题，根据多方经验所得认为导致这原因有以下几点。

- 可能光驱的原因（通过更换数据线或光驱解决）。
- 可能是光盘不行（通过更换系统盘解决）。
- 可能是内存原因（放电，拔出内存条，再插上去，重装系统查看，如果还是有问题，只能更换内存）。
- 可能Ghost版本的问题（换一个比较稳定版本的Ghost）。
- 可能是硬盘的问题（通过更换数据线或硬盘解决）。

9.1.2　Windows系统的备份工具

现在网络上有各种各样的第三方备份工具，性能参差不齐，其实Windows系统自带的备份功能就非常强大，下面我们做一些简单的介绍。

（1）在Windows系统中打开"开始"→"程序"→"附件"→"系统工具"→"备份"命令，就可以启动"备份或还原向导"，如图9-12所示。

（2）首先要选择是进行备份还是还原操作，在这里我们勾选"备份文件和设置"选项，如图9-13所示。

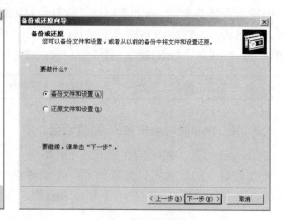

图9-12　备份或还原向导　　　　　　　　　图9-13　备份或还原

（3）在图9-14中选择需要备份的内容，可以仅备份本用户的"我的文档"、"收藏夹"、桌面和Cookies以及用户设置；还可以备份所有用户的文档和设置，或者备份所有数据，并创建还原磁盘，当然我们也可以手工指定需要备份的内容，如图9-15所示。

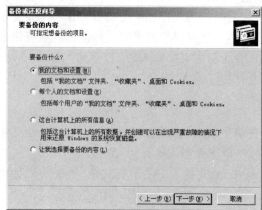
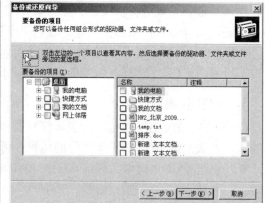

图9-14　要备份的内容　　　　　　　　　　图9-15　要备份的项目

（4）设置备份的路径及文件名，如图9-16所示。

（5）在单击"完成"按钮以前，我们还可以单击打开"高级"按钮，进行高级设置，如图9-17所示。

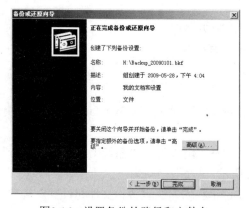
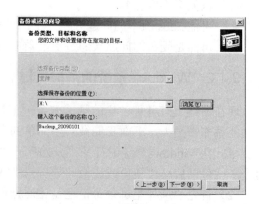

图9-16　设置备份的路径和文件名　　　　　　图9-17　高级设置

（6）如图9-18所示，可以选择备份类型，有正常、副本、增量、差异、每日几种类型。

关于备份类型介绍如下。

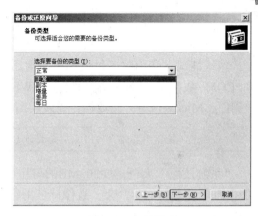

图9-18　备份类型

- 正常：正常备份用于复制所有选定的文件，并且在备份后标记每个文件为已备份的。使用正常备份，只需备份文件的最新副本就可以还原所有文件。
- 副本：副本备份可以复制所有选定的文件，但不将这些文件设置为已经备份。如果要在正常和增量备份之间备份文件，复制是很有用的，因为它不影响其他备份操作。
- 增量：增量备份仅备份自上次正常或增量备份以来新创建或进行了更改的文件。它将文件标记为已经备份。需要具有上次的正常备份和所有增量备份才能还原数据。
- 差异：差异备份用于复制自上次正常或增量备份以来所创建或更改的文件。它不将文件标记为已经备份。还原文件和文件夹需要上次已执行过正常备份和差异备份。
- 每日：每日备份用于复制执行每日备份的当天修改过的所有选定文件。备份的文件将不会标记为已经备份。

（7）如图9-19所示，我们可以选择现在进行备份，也可以设置为计划任务，在将来的某一个时间，系统不繁忙的时候，自动进行备份操作。

（8）单击"设定备份计划"按钮后，会弹出如图9-20所示的窗口，在"计划作业"对话框中可以设置计划任务的时间、重复周期等。

（9）操作系统将会在指定的时间，自动的执行备份计划，无需人工干预，非常方便快捷。

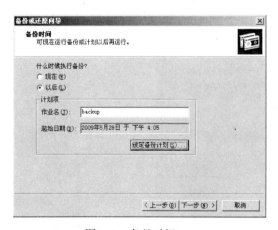

图9-19　备份时间

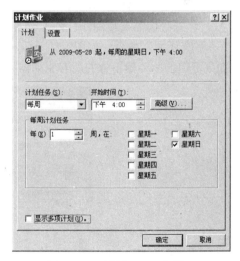

图9-20　"计划作业"对话框

9.1.3　Windows系统还原

除了备份用户的文档和设置，Windows也提供了对于系统文件自身备份的"系统还原"功能。"系统还原"是Windows提供的一种故障恢复机制，"系统还原"的目的是在不需要重新安装系统，也不会破坏数据文件的前提下使系统回到工作状态。实用程序在后台运行，并在触发器事件发生时自动创建还原点。触发器事件包括应用程序安装、AutoUpdate 安装、Microsoft 备份应用程序恢复、未经签名的驱动程序安装以及手动创建还原点。

默认情况下实用程序每天创建一次还原点。"系统还原"可以恢复注册表、本地配置文件、COM+数据库、Windows文件保护（WFP）、高速缓存（wfp.dll）、Windows 管理工具（WMI）数据库、Microsoft IIS 元数据，以及实用程序默认复制到"还原"存档中的文件。

注意：还原并不能指定要还原的内容。要么都还原，要么都不还原。

"系统还原"大概需要200MB的可用硬盘空间，用来创建数据存储。如果没有200MB的可用空间，"系统还原"会一直保持禁用状态，当空间够用时，程序会自己启动。"系统还原"使用先进先出（FIFO）存储模式（在数据存储达到设定的阀值时，程序会清除旧的存档，为新的存档腾出空间。）。"系统还原"监视的文件类型很多，包括安装新软件时通常看到的大多数扩展名（例如.cat、.com、.dll、.exe、.inf、.ini、.msi、.ole 和 .sys）。

如果知道或"能大概确定"导致问题出现的原因（例如，一个最近安装的设备驱动程序）时，系统恢复会很简单。有些情况下，对于遇到的某些问题，使用"系统还原"可能不是最好的解决方法。"系统还原"会更改许多不同的文件和注册表项目，而且有时由于替换的文件或注册表项目过多，可能会出现更复杂的问题。

以安装Office为例，当安装时会触发"系统还原"创建一个还原点，而且安装后软件包运行得很好。但是，下载并安装了一个更新的视频驱动程序，而且由于驱动程序是经过签署的，所以其安装并没有触发"系统还原"创建还原点。而就在此时，系统死机了，而确信新安装的视频驱动程序是导致这一问题的原因。在这种情况下，应当使用"返回设备驱动"实用程序，因为它可以解决设备驱动问题而不会更改系统上其他任何东西。而"系统还原"则会将计算机恢复到安装 Office之前的状态，因此在解决完驱动程序问题后必须重新安装整个软件包。所以遇到具体的问题还需要用户自行分析使用哪种还原更合理。

（1）首先我们需要启用系统还原功能，在桌面的"我的计算机"图标上单击右键，选择"属性→系统还原"命令，如图9-21所示，单击取消勾选"在所有驱动器上关闭系统还原"选项，如果可用的驱动器下方的所有驱动器状态为"监视"时，就表示已经启用了系统还原功能。

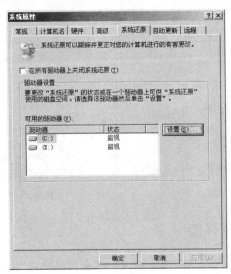

图9-21　系统属性

注意：启用系统还原后，会在每个硬盘分区下产生一个名为System Volume Information的系统隐藏文件夹，并且是系统权限，管理员用户也无法访问。这里就是保存系统还原备份信息的地方，会占用少量硬盘空间，无需理会。

（2）单击"设置"按钮，打开如图9-22所示的窗口，设置允许系统还原功能使用的最大硬盘空间，超出部分将不被保存。

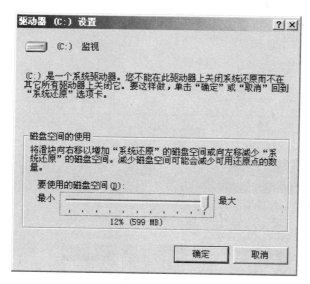

图9-22　驱动器设置

（3）现在我们可以使用系统还原功能了，选择菜单"开始"→"程序"→"附件"→"系统工具"→"系统还原"，就可以打开如图9-23所示的窗口。单击"勾选创建一个还原点"选项，并单击"下一步"按钮，接着我们需要输入描述信息，按照提示即可创建还原点。

图9-23　系统还原

（4）如果我们要进行恢复，则单击勾选"恢复我的计算机到一个较早的时间"，如图9-24所示。

（5）然后在日历中选择需要恢复到的时间，并且在右侧的窗口中选择对应的还原点，如图9-25所示。

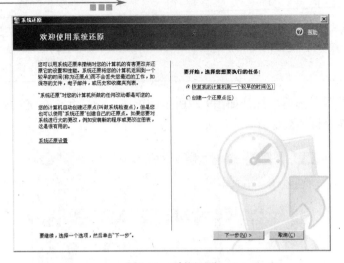

图9-24　系统还原

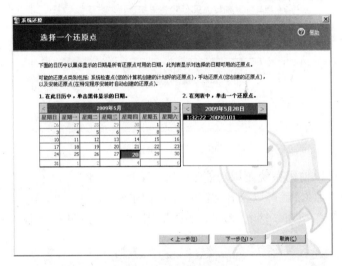

图9-25　选择还原点

（6）确认相关选择信息，避免出现错误，如图9-26所示。单击"下一步"按钮以后，就会开始恢复，系统会自动重启，无需人工干预。

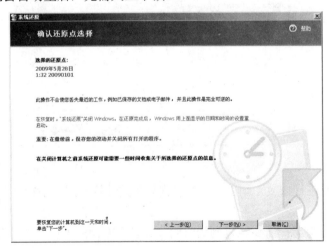

图9-26　确认还原点选择

（7）系统重新启动以后，会出现如图9-27所示的画面，表示恢复成功。

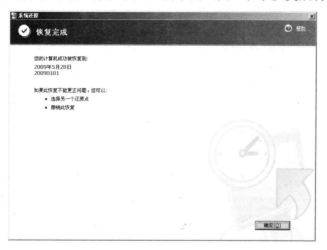

图9-27　系统还原

　　Windows的系统还原功能只还原系统自身的文件，会丢失用户文件，所以还原之前应该做好备份。为了防止意外，应该养成定期备份重要文件的习惯。

9.1.4　蚂蚁驱动备份专家

　　蚂蚁驱动备份专家是一个专门用来备份驱动程序的小软件，执行效率高，占用内存小，其主要功能就是备份操作系统中目前已安装的最新驱动程序，并添加了修复IE浏览器的功能。

　　在重新安装操作系统之前，我们可以先将计算机中的各种驱动程序备份起来，重新安装操作系统时，可以直接将Windows安装程序搜索驱动的路径指向备份的驱动程序所在路径，即可快速完成各种硬件设备的驱动安装工作。

　　蚂蚁驱动备份专家的界面如图9-28所示，其功能非常简单。在"驱动搜索"菜单中，可以选择"搜索所有驱动"或者"搜索需要备份的驱动"。选中需要备份的驱动，单击"驱动备份"按钮即可。

图9-28　蚂蚁驱动备份专家

蚂蚁驱动备份专家还提供了其他功能，包括备份注册表、备份Cookies、备份收藏夹、修复IE浏览器等。

9.1.5 Windows注册表的备份与恢复

注册表是Windows的一个内部数据库，是一个巨大的树状分层的数据库。它容纳了应用程序和计算机系统的全部配置信息、系统和应用程序的初始化信息、应用程序和文档文件的关联关系、硬件设备的说明、状态和属性以及各种状态信息和数据。注册表中存放着各种参数，直接控制着Windows的启动、硬件驱动程序的装载以及一些Windows应用程序的运行，从而在整个Windows系统中起着核心作用。

它包括如下一些内容。

- 软、硬件的有关配置和状态信息，注册表中保存有应用程序和资源管理器外壳的初始条件、首选项和卸载数据。
- 联网计算机的整个系统的设置和各种许可、文件扩展名与应用程序的关联关系，硬件部件的描述、状态和属性。
- 性能记录和其他底层的系统状态信息，以及其他一些数据。

如果注册表受到了破坏，轻者使Windows系统在启动的过程出现异常，重者可能会导致整个系统的完全瘫痪。因此，正确地认识、使用，特别是及时备份以及有问题时恢复注册表，对Windows用户来说就显得非常重要了。

注册表受损的原因主要有以下几条。

- 用户反复添加或更新驱动程序时，多次操作造成失误，或添加的程序本身存在问题，安装应用程序的过程中注册表中添加了不正确的项。有些应用程序拥有一个名为Setup.inf的说明文件，其中包括安装该应用程序需要什么磁盘，有哪些目录将被建立，从哪里复制文件，所需的正常工作要建立的注册表信息等。如果安装时磁盘或系统不满足条件，或是用户选择错误，那么就会造成故障。
- 驱动程序不兼容。计算机外设的多样性使得一些不熟悉设备性能的用户将不配套的设备安装在一起，尤其是一些用户在更新驱动时一味追求最新、最高端，却忽略了设备的兼容性。当操作系统中安装了不能兼容的驱动程序时，就会出现问题。
- 通过"控制面板"→"添加/删除程序"来添加程序时，由于应用程序自身的反安装特性，或采用第三方软件卸载自己无法卸载的系统自带程序时，都可能会对注册表造成损坏。另外，删除程序、辅助文件、数据文件和反安装程序也可能会误删注册表中的参数项。
- 当用户经常安装和删除字体时，可能会产生字体错误，会造成文件内容根本无法显示。
- 硬件设备改变或者硬件失败。如计算机受到病毒侵害、自身有问题或用电故障等。
- 用户手动改变注册表导致注册表受损也是一个重要原因。由于注册表的复杂性，用户在改动过程中难免出错，如果简单地将其他计算机上的注册表复制过来，可能会造成非常严重的后果。

Windows注册表是系统的心脏，一旦损坏，系统很可能崩溃，所以对注册表进行定期备份是必要的。网络上也有很多对注册表进行备份的软件，其实Windows注册表自己就可以完成备份工作。

（1）在"开始"菜单中打开"运行"对话框，输入"regedit"按回车键，如图9-29所示，即可打开注册表编辑器。

（2）打开注册表后的界面如图9-30所示。

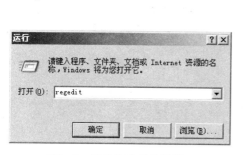

图9-29 启动注册表编辑器

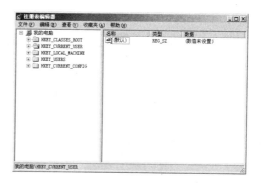

图9-30 注册表编辑器界面

在注册表编辑器中我们可以对注册表进行各种操作，如果不是很熟悉注册表，建议不要轻易对注册表进行修改，否则极有可能造成系统崩溃。

（3）选择并单击"文件"→"导出"命令，弹出图9-31所示的窗口，选择保存路径和文件名，在"导出范围"中选择"全部"，单击"保存"按钮即可。

这样注册表就被完整的备份到文件了，我们可以将这个备份文件保存在安全的地方。

（4）在弹出的"导出注册表文件"窗口中选择保存导出文件的路径和地址，注意在"导出范围"中勾选"全部"单选项，否则默认的是当前"所选分支"单选项，这样导出的注册表不完整，是不能用来恢复原注册表的。

如果只想备份分支，则选中"所选分支"单选项，单击"保存"按钮，导出注册表。

恢复操作同样简单，选择菜单单击"文件"→"导入"命令，选择需要恢复的备份文件，单击"打开"按钮即可，如图9-32所示。另外也可以直接双击需要恢复的注册表文件，会弹出提示，确认将本文件信息导入注册表，也同样完成了导入。

图9-31 导出注册表文件

图9-32 导入注册表文件

需要注意到是，对注册表的导入和恢复操作是追加进行的，也就是说，在备份以后，注册表中被修改和删除的内容会被恢复，但是新增加的内容，并不会被删除。

9.1.6 专业级的Windows注册表优化和管理软件——Registry Help Pro

Registry Help Pro是一款高级的Windows注册表优化和管理软件，可以对注册表进行检查和修补、搜寻、备份、比较、浏览和编辑等操作。

Registry Help Pro的扫描和修复功能，可以选择标准扫描、完整扫描、自定义扫描，扫描的具体内容下方的列表已经列出，如图9-33所示。

图9-33　Registry Help Pro

扫描停止以后，可以选中需要修复的项目，单击"修复错误"按钮。

Registry Help Pro还提供增强列表，如图9-34所示，注册表比较和恢复等功能，包含了很多额外的工具，方便用户使用。

图9-34　Registry Help Pro

9.2　数据恢复工具

文件数据丢失的常见原因有如下几种：①文件数据的误删除；②格式化或重新分区造成文件数据丢失；③由于感染病毒造成文件数据损坏和丢失；④由于断电或瞬间电流冲击造成

数据毁坏和丢失；⑤由于程序的非正常操作或系统故障造成的数据毁坏和丢失。通过以下几款数据恢复工具的介绍，在以后碰到文件数据丢失的情况时我们就会有补救的方法了。

9.2.1 EasyRecovery

EasyRecovery是一款著名的数据恢复软件，功能十分强大，而且操作简单，普通用户完全可以自己动手恢复一些文件。

如图9-35所示是EasyRecovery程序的主界面。磁盘诊断功能主要包括：驱动器测试、SMART测试、跳线查看、分区测试、空间管理器、数据顾问®等，用于对硬件状态进行检查分析。

图9-35 EasyRecovery界面

我们常用的数据恢复功能，包括删除恢复、格式化恢复、RAW恢复等，如图9-36所示。

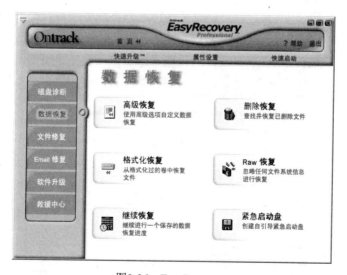

图9-36 EasyRecovery

首先介绍一下删除恢复，如图9-37所示，只需要选择要恢复的分区，指定文件类型即可。如果快速扫描没有找到需要的文件，也可以启用完整扫描进行尝试。

如图9-38所示的是EasyRecovery正在扫描文件的窗口。

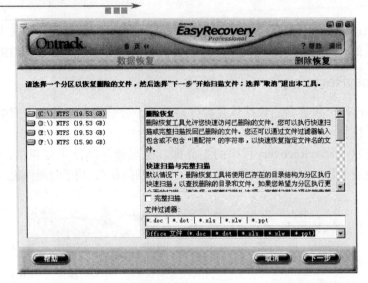

图9-37　EasyRecovery

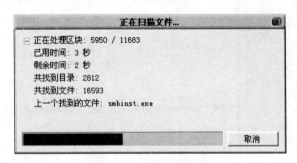

图9-38　正在扫描文件

　　扫描完成以后，列表中会出现找到的目录及分区结构，选择需要恢复的文件，单击右键选择恢复，即可打开图9-39的窗口。可以将文件恢复到本地驱动器，不过必须是别的分区，如果本地不方便保存，也可以直接恢复到FTP服务器或者进行压缩。

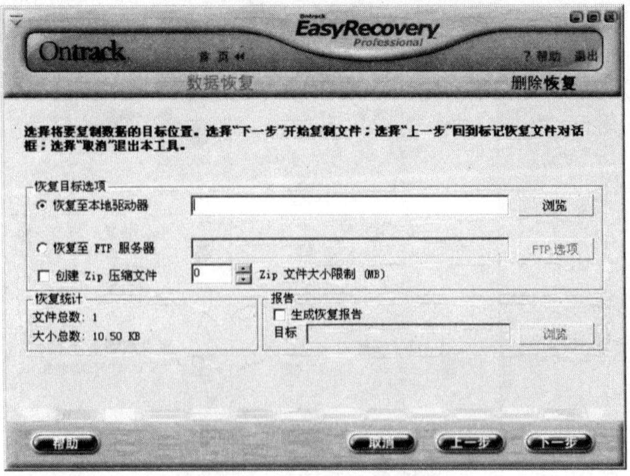

图9-39　EasyRecovery

　　我们辛辛苦苦恢复出来的文件，有时候是损坏的，无法打开，这时可以试试EasyRecovery的文件修复和邮件修复功能，如图9-40所示。可以修复Access、Excel、PowerPoint、Word文档及Zip压缩文件，还可以修复Outlook邮件。

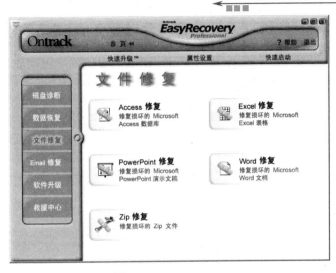

图9-40　EasyRecovery

9.2.2　FinalData

FinalData是一款韩国产的数据恢复软件，其功能简单，但是恢复能力却非常强，并在数据恢复领域享有盛名。数据恢复工具FinalData以其强大、快速的恢复功能和简便易用的操作界面成为IT专业人士的首选工具。当文件被误删除（并从回收站中清除）、FAT表或者磁盘根区被病毒侵蚀造成文件信息全部丢失、物理故障造成FAT表或者磁盘根区不可读，以及磁盘格式化造成的全部文件信息丢失之后，FinalData都能够通过直接扫描目标磁盘抽取并恢复出文件信息（包括文件名、文件类型、原始位置、创建日期、删除日期、文件长度等），用户可以根据这些信息方便地查找和恢复自己需要的文件。甚至在数据文件已经被部分覆盖以后，专业版FinalData也可以将剩余部分文件恢复。不过FinalData扫描速度并不特别快，特别是现在硬盘的存储容量大幅度提高时。所以我们通常只有在使用其他工具无法恢复所需文件时，最后尝试使用FinalData进行全盘扫描，也许还有恢复的机会。

安装向导可以帮助用户自动完成安装（除了提供产品序列号和安装目录外无需用户其他干预），甚至不经过安装也可以通过单击安装光盘上的执行程序直接运行FinalData来进行数据文件恢复。类似Windows资源管理器的用户界面和操作风格使Windows用户几乎不需要培训就可以完成简单的数据文件恢复工作。用户既可以（通过通配符匹配）快速查找指定的一个或者多个文件，也可以一次完成整个目录及子目录下的全部文件的恢复（保持目录结构不变）。

（1）打开FinalData以后，如图9-41所示，我们先选择打开，在弹出的如图9-42所示窗口中选择驱动器，选择好我们需要进行恢复的分区或者硬盘以后，单击"确定"按钮。

（2）稍后需要选择要搜索的簇范围，如图9-43所示，为了尽可能多的恢复文件，我们通常选择从最小到最大范围进行扫描。如果只需要恢复特定的文件，也可以缩小搜索范围。

（3）单击"确定"按钮以后，FinalData就会开始漫长的扫描过程，如图9-44所示。通常需要几个小时甚至更久，请耐心的等待。

（4）FinalData在完成所有的检查后将目标任务驱动器的所有文件分类后以表格形式详细列出来，包括正常的目录、已删除的目录和删除的文件等大类。在表格右边的详细列表中列明了所有的文件资料，包括文件的名称、大小、目前状态（是否破损）和创建时间，最关键是文件所在的物理簇位置，这样恢复这个文件就不是什么问题了，如图9-45所示，在右侧窗口找到所需的文件，并依次单击选中，右键单击，在弹出的下拉菜单中选择"恢复"选项，即可将文件恢复到指定位置。

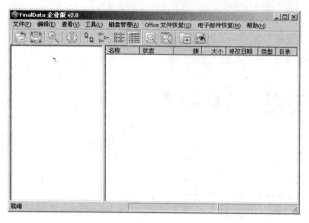

图9-41　FinalData

图9-42　选择驱动器

图9-43　选择要搜索的簇范围

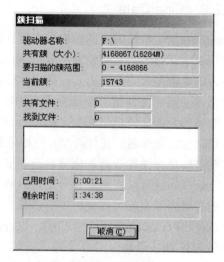

图9-44　簇扫描

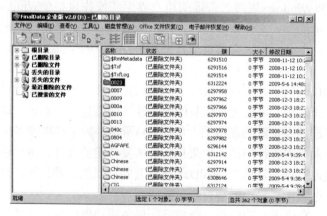

图9-45　已删除目录

此外，FinalData还提供了一些例如文件删除管理器、文件夹保护、Office文件恢复、电子邮件恢复等功能。

注意：FinalData恢复已被删除文件不能移至原目标驱动盘。

9.2.3　R-Studio

R-Studio虽非一款专一的数据恢复软件，但它在数据恢复方面确有其独到之处。该程序除了支持常见的FAT12/16/32、NTFS、NTFS5文件系统之外，还支持Ext2FS（Linux或其他系统）文件系统及UFS1和UFS2（FreeBSD、OpenBSD、NetBSD等系统），其跨平台恢复能力很强。且还可以连接到网络磁盘进行数据恢复。

其基本功能如下。

- 可以恢复本地及网络硬盘、CD、DVD、软盘、USB、记忆棒、Zip硬盘及其他移动存储介质中的数据。
- 支持恢复被意外删除的文件，格式化或用其他磁盘工具删除过的数据、病毒破坏的数据、MBR破坏后的数据，还能够重建损毁的RAID阵列。

其特色功能如下。

- 远程恢复数据：在R-Studio程序中能连接到远程主机（支持Win95/98/ME/NT/2000/XP、Linux、UNIX系统），例如，可搜索局域网中的其他计算机（输入计算机名或IP地址）执行数据恢复操作。
- 图形化显示扫描状态：当我们执行扫描操作后，会发现R-Studio程序会如同Windows进行磁盘碎片整理时一样实时显示当前的分区扫描状况。图例中各颜色区块代表的意思可参看下面的注释，如深绿色表示NTES文件夹项，粉色表示特定的文件文档，黄色表示FAT文件夹项等。
- 超强恢复功能：R-Studio不仅能够恢复刚刚删除的文件及格式化分区上的文件、病毒破坏的文件，而且对于恢复FDISK或其他磁盘工具删除数据的效果很好，这点或许与其自身也具有磁盘工具的功能有一定关联。

（1）打开R-Studio以后，就可以看见所有的分区，如图9-46所示。

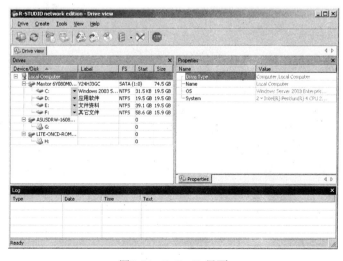

图9-46　R-Studio界面

（2）选择要恢复的分区，使用鼠标右键单击，在弹出的下拉菜单中选择"扫描"（Scan）命令，如图9-47所示。

（3）弹出如图9-48所示窗口，一般情况不需要修改默认设置，单击"扫描"按钮，即开始扫描分区。

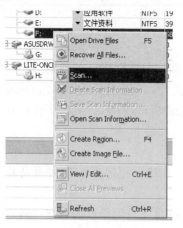

图9-47　选择恢复的分区

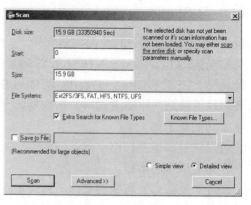

图9-48　默认配置

（4）如图9-49所示的是扫描分区的过程，在窗口右侧可以看见扫描进度以及硬盘上文件的存储情况，采用不同颜色表示。

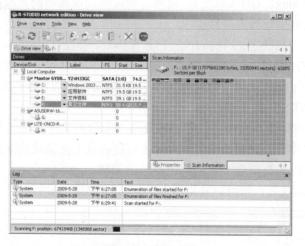

图9-49　扫描过程

（5）扫描完成以后，可以看见已经被删除的目录和文件被红色叉号标记出来，如图9-50所示。

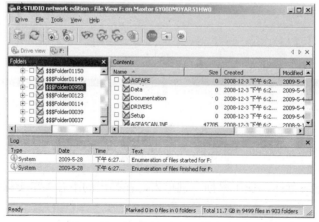

图9-50　扫描完成

（6）选中需要的文件或文件夹，单击右键在弹出的下拉菜单中选择"恢复"（Recover）命令，如图9-51所示，即可将文件恢复到指定路径。

9.2.4 CD DVD Data Recovery

我们常常会遇到光盘磨损或者光驱老化而无法正常读盘的情况，CD DVD Data Recovery就是为了解决这个问题而开发的。CD DVD Data Recovery通过控制激光头反复读取的方式将光盘读取的成功率提高到最大可能。

CD DVD Data Recovery运行后如图9-52所示。通过添加文件夹和添加文件，可以将需要读取的光盘上的文件选中，然后通过速度（品质）控制，选择恢复的精度，最快则品质最差，最慢则品质最好。

最后指定目标目录，单击"开始"按钮即可开始恢复。在恢复过程中可以看见精确的文件复制进度，直到恢复成功为止。

图9-51 文件恢复指定路径

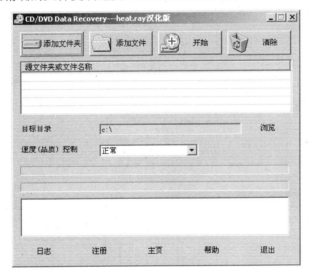

图9-52 CD/DVD Data Recovery

9.2.5 RecoverMyFiles

RecoverMyFiles可以恢复由于用户冒失操作删除的文档，甚至还可以恢复磁盘格式化后的文件。在RecoverMyFiles用户可以自定义搜索的文件夹、文件类型，从而可以提高搜索速度并节约时间。在搜索过程中，它提供了大量的数据信息，其中包括文件名、文件目录、大小、相关日期、状态，对于一般性文档还可以直接进行预览，从而可以让用户更好地选择要恢复的文件。

下面我们就来看看它的具体操作过程。

（1）下载了安装文件之后，使用解压工具对压缩文件解压，解压缩就可以直接使用，双击RecoverMyFiles.exe就可以运行该软件进行数据恢复了。运行后出现在最前面的是"每日一贴"对话框，提供一些该软件的帮助信息，如图9-53所示。单击取消"启动显示每日一贴"的勾选，以后启动就不会出现每日一贴了。

（2）单击"关闭"按钮，此时出现恢复向导对话框，从中有"快速搜索"、"完全搜索"、"格式化恢复"和"选项设置"4个选项，如图9-54所示。其中"快速搜索"和"完全搜索"的区别在于："完全搜索"能够全部彻底地搜索硬盘中所有以簇丢失的文件，它比"快速搜索"能够恢复更多的潜在性文件。"格式化恢复"用于搜索由于意外格式化硬盘分区中的文件，或者以完整的扇区方式搜索硬盘中丢失的文件，它的搜索时间比较长。

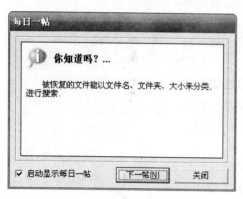

图9-53 "每日一贴"对话框   图9-54 "向导"对话框

（3）单击"设置选项"按钮，用户可以设置高级选项，调整搜索参数。此时出现一个"选项"对话框，它有"文件类型"、"常规"和"搜索"3个选项卡，分别用于设置搜索的"文件类型"、"常规"选项和"搜索"选项。"文件类型"中要搜索的文件类型有图形图像、文档文件、压缩文件、多媒体文件、邮件和数据库及数据文件这几个选项，读者可自行展开每一项来具体选择要搜索的文件类型，如图9-55所示。

（4）在"常规"选项卡中有启动加载、日志、显示、保存和操作这几个选项来由用户进行勾选，如图9-56所示。

图9-55 "文件类型"选项卡

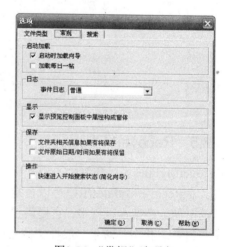

图9-56 "常规"选项卡

（5）在"搜索"选项卡中有删除文件、丢失文件、高级和搜索方式这几个选项来由读者进行勾选，也可单击"恢复成默认"按钮，按照系统默认方式进行，如图9-57所示。

（6）设置好搜索选项之后，在"快速搜索"、"完全搜索"和"格式化恢复"几个恢复选项中选择一个类别之后，单击"下一步"按钮，就可以选择搜索的驱动器和文件夹了，如图9-58所示。选中驱动器或者文件夹前面的复选框即可选择搜索范围，双击最下面的"搜索其他文件夹，请双击这里添加…双击文件夹可移除"文字还可以选择需要搜索的文件夹。

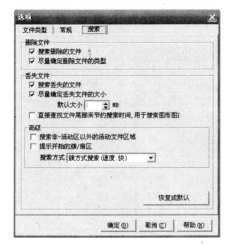

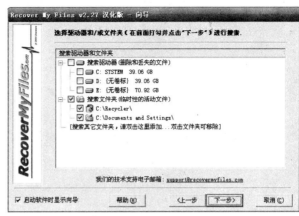

图9-57　"搜索"选项卡　　　　　　　　图9-58　选择搜索的驱动器和文件夹

（7）单击"下一步"按钮，此时出现选择修复文件类型的对话框，用户可以从中选择需要修复的文件类型，单击文件类型前面的复选框即可选中该文件类型，此时文件类型复选框中被打上勾，再次单击即可取消选择，如图9-59所示。

图9-59　选择恢复文件类型

（8）单击"开始"按钮，此时就开始了文件的搜索过程，如图9-60所示。

图9-60　搜索文件

（9）搜索完成之后，在上部左侧的搜索结果列表中可以选择搜索到的文件类型的列表，此时上部右侧显示了搜索结果的详细信息。选中某个能够恢复的文件之后，此时下部会显示文件的预览和事件日志，在预览中用户可以从中查看文件的详细信息，在事件日志中用户可以查看事件的记录，分别如图9-61和图9-62所示。

图9-61　预览文件

图9-62　事件日志

（10）在文件列表中的文件名称之前选中复选框，单击菜单栏处的"恢复"→"保存文件"打开"浏览文件夹"对话框，从中选择恢复文件的保存目录，如图9-63所示。

图9-63　保存文件

（11）单击"确定"按钮，文件就被恢复到恢复文件的保存目录了，如图9-64所示。

图9-64　选择恢复文件保存目录

9.3　本章小结

数据恢复有相当大的风险性，如果操作不慎，很可能进一步损坏数据，所以一定要多加练习，熟练掌握以后，再实际进行恢复尝试。最好的办法还是及时做好备份，数据恢复永远是下下策。掌握数据恢复技术，还是可以在意外发生时，最大程度地避免损失。

9.4　思考与练习

1．填空题

（1）＿＿＿＿＿就是为了保证系统中的各个要素随着环境的变化始终处于最新的、正确的工作状态，它的目的是保证管理信息系统正常而可靠地运行，并能使系统不断得到改善和提高，以充分发挥作用。

（2）数据修复的目的是＿＿＿＿＿。

（3）在网络环境下，有各种各样的病毒感染、系统故障、线路故障等，使得数据信息的安全无法得到保障。在这种情况下，＿＿＿＿＿就成为日益重要的措施。

（4）＿＿＿＿＿软件是美国赛门铁克公司推出的一款出色的硬盘备份还原工具，其功能非常强大，可以实现FAT16、FAT32、NTFS、OS2等多种硬盘分区格式的分区及硬盘的备份还原。

（5）Ghost能克隆系统中所有的数据，包括声音、动画、图像，连磁盘碎片都可以复制。它支持将分区或硬盘直接备份到一个扩展名为＿＿＿＿＿的文件里，也支持直接备份到另一个分区或硬盘里。

（6）除了备份用户的文档和设置，Windows也提供了对于系统文件自身备份的＿＿＿＿＿功能。

（7）蚂蚁驱动备份专家是一个专门用来备份驱动程序的小软件，执行效率高，占用内存小，其主要功能就是＿＿＿＿＿，并添加了修复IE浏览器的功能。

（8）＿＿＿＿＿中存放着各种参数，直接控制着Windows的启动、硬件驱动程序的装载以及一些Windows应用程序的运行，从而在整个Windows系统中起着核心作用。

（9）Registry Help Pro是一款高级的Windows注册表优化和管理软件，可以对＿＿＿＿＿＿进行检查和修补、搜寻、备份、比较、浏览和编辑等操作。

（10）RecoverMyFiles可以恢复由于用户冒失操作删除的文档，甚至还可以恢复＿＿＿＿＿＿的文件。

2．简答题

（1）在Ghost的主菜单中简述Local的含义。

（2）简述注册表包括的内容。

（3）Windows注册表自己就可以完成备份工作，简述其操作过程。

3．操作题

（1）使用Ghost软件对计算机进行备份。

（2）使用Registry Help Pro软件的扫描和修复功能。

（3）RecoverMyFiles软件的具体操作过程。